高等院校油气人工智能教育教学丛书

# 油气人工智能理论与应用场景
## （第一辑）

肖立志　宋先知　主　编

电子工业出版社
Publishing House of Electronics Industry
北京·BEIJING

## 内 容 简 介

本书作为油气人工智能教育教学成果，收录油气人工智能理论和应用场景的研究论文 18 篇，作者是中国石油大学（北京）人工智能学院首届毕业生和他们的毕业设计（论文）指导老师。内容涉及地球物理测井、地球物理勘探、钻井与开发工程、管网与油气储运、石油炼制与化工等油气行业全产业链的部分智能点。

本书可供高等学校本科生、研究生参考。

未经许可，不得以任何方式复制或抄袭本书之部分或全部内容。
版权所有，侵权必究。

图书在版编目（CIP）数据

油气人工智能理论与应用场景. 第一辑 / 肖立志，宋先知主编. —北京：电子工业出版社，2023.3
ISBN 978-7-121-45030-3

Ⅰ. ①油… Ⅱ. ①肖… ②宋… Ⅲ. ①人工智能－应用－油气勘探－文集 Ⅳ. ①TE1-39

中国国家版本馆 CIP 数据核字（2023）第 024655 号

责任编辑：孟　宇
印　　刷：北京虎彩文化传播有限公司
装　　订：北京虎彩文化传播有限公司
出版发行：电子工业出版社
　　　　　北京市海淀区万寿路 173 信箱　　邮编：100036
开　　本：787×1 092　1/16　印张：12.5　字数：320 千字　彩插：8
版　　次：2023 年 3 月第 1 版
印　　次：2023 年 3 月第 1 次印刷
定　　价：79.80 元

凡所购买电子工业出版社图书有缺损问题，请向购买书店调换。若书店售缺，请与本社发行部联系，联系及邮购电话：（010）88254888，88258888。

质量投诉请发邮件至 zlts@phei.com.cn，盗版侵权举报请发邮件至 dbqq@phei.com.cn。
本书咨询联系方式：mengyu@phei.com.cn。

# 前言
## PREFACE

　　以大数据、机器学习和强大算力为基础的新一代人工智能是具有全局性变革及颠覆性潜力的技术体系，正在加速对人类社会生活的方方面面产生广泛而深刻的影响，受到科技界、产业界、教育界及各国政府的高度重视。

　　油气行业涉及上游领域勘探开发生产环节的离散工业和中下游领域储运管网及炼油化工环节的流程工业，受到绿色、环保、节能等社会环境苛刻制约和降本、增效、提质等经营目标不断优化的强大驱动，对新科技、新理念保持高度开放的态度，客观上会拥抱人工智能对油气行业带来的潜在变革。同时，油气行业科技含量高、专业知识成熟、技术标准完备、有较好的信息化和自动化基础、数据更新迅速、历史数据丰富，为新一代人工智能技术应用提供了一定的条件。但是，总体来说，油气行业的长期惯性发展模式是基于严格的技术专业分工来取得规模化效率的，面对数字经济时代基于信息技术赋能作用获取多样化效率的发展模式，其长期形成的数据烟囱、信息孤岛以及小样本、少标签的数据形态和对可解释性及高准确度的客观要求，使试错式数据驱动的人工智能在油气行业的规模化及流程性落地应用面临巨大的挑战和难度。因此，与其他行业相比，油气行业的人工智能进展相对缓慢。

　　油气行业人工智能的理论和应用场景统称油气人工智能，其困难之处，除了技术本身，还面临着人才的严重稀缺，特别是既懂人工智能又懂油气行业的复合型人才！中国石油大学（北京）敏锐地感受到了教育领域这一强大、长远、战略和迫切的需求，于2018年12月成立人工智能学院，按照"高层次、高水平、新体制、新机制、小实体、大平台"的理念，创建一个全新学院。在深入调研的基础上，我们提出"油气+AI"的学科建设思路，开始油气人工智能复合型人才培养模式和课程体系、培养油气人工智能的开拓者和领军人才的大胆探索与实践，并于5个月以后招收了第一批"油气人工智能本硕博一体化培养"学生。在全校大二本科生中，通过层层考核，遴选出29名真正热爱人工智能、具有大胆探索精神的学生，进入刚刚成立的人工智能学院学习。

　　这批学生是勇敢的。面对油气人工智能培养体系不成熟、师资力量不配套的情况，他们凭着对人工智能美好前景的满腔热情，凭着对学校及学院的信任，义无反顾地选择参与油气人工智能科技探索和学科建设。"勇敢"，是他们的个性特征，也奠定了人工智能学院的核心品质。

　　这批学生是幸运的。面对汹涌兴起的人工智能科技和处于探索中的人工智能学院，他们获得很多额外的成长、成才的机会。学院安排他们参加与多种人工智能相关的学术会议，并带领他们到美国哈佛大学、麻省理工学院等学校访学，感受和了解世界顶级大学及人工智能研究机构的学术氛围。

　　这批学生是优秀的。他们个个努力学习，课堂内外表现出极强的求知欲和对人工智能的好奇心，深受授课教师的喜爱和好评，在各种学科竞赛中屡获佳绩。学院因材施教，兼顾思考的严谨性和思维的发散性，组织了校内外和国内外的优质教育教学资源，特别是在本科毕业设计阶段，按照"会学、会做、会写、会说"的四会原则，制定了个性化培养方案，配备全校最优秀的指导教师，参与中国石油天然气集团公司人工智能战略合作项目的实际课题研究。

本论文集选择收录了人工智能学院本硕博一体化培养的第一届 17 位同学在其本科毕业设计基础上撰写的论文。每篇论文的后面都注明了执笔人，即毕业设计的学生和其指导教师。这些论文是学生的处女作，可以看出他们的稚嫩和朝气。出版这个文集的初衷，是记录和展示油气人工智能复合型人才培养的历史轨迹，激励学生未来在更高的平台上继续探索。与电子工业出版社合作出版"高等学校油气人工智能教育教学丛书"，为相关专业的学生以及油气人工智能从业人员提供参考。

本论文集在编写过程中，得到论文作者及其指导教师的大力支持，罗刚、高杨、胡诗梦、叶山林等学生付出了很多时间和努力，在此一并致谢。此外，特别感谢中国石油大学（北京）校长张来斌院士、人工智能学院名誉院长刘合院士及中国石油天然气集团公司科技发展部在"物探、测井、钻井人工智能理论与应用场景关键技术研究"战略合作项目中给予的指导和各种帮助。

肖立志

博士、教授、博士生导师

中国石油大学（北京）人工智能学院 院长

2022 年 12 月

# 目录 CONTENTS

## 专题一 地球物理测井

基于机器学习的致密储层流体识别方法研究 ·········· 2
DT、SVM 和 ANN 融合算法的测井岩性识别方法研究 ·········· 14
基于成像测井图像的小样本裂缝智能识别 ·········· 26
基于改进的集成学习的测井岩性智能识别方法——以大牛地气田致密砂岩气藏为例 ·········· 36

## 专题二 地球物理勘探

基于深度学习的地震相自动识别 ·········· 50
基于自适应阈值密度聚类的叠加速度拾取方法 ·········· 62

## 专题三 钻井与开发工程

机械钻速智能预测模型优选 ·········· 73
基于数据驱动模型的水下气田产量预测 ·········· 83
基于无监督聚类分析的均衡压裂布缝位置优选 ·········· 95
基于机器学习的抽油机井工况诊断 ·········· 101
基于人工智能算法的 $CO_2$ 原油体系 MMP 预测模型及主控因素分析 ·········· 110

## 专题四 管网与油气储运

基于均值特征提取与机器学习的管道泄漏检测 ·········· 123
基于深度学习的管道漏磁图片智能识别技术 ·········· 133
原油储罐智能化完整性管理系统设计 ·········· 149
基于格拉姆角场的滚动轴承智能诊断方法 ·········· 156

## 专题五 石油炼制与化工

基于自助聚合神经网络的柴油加氢精制反应过程氢耗预测 ·········· 169
基于粒子群优化算法的化工稳态流程模拟参数优化 ·········· 180

# 专题一　地球物理测井

# 基于机器学习的致密储层流体识别方法研究

**摘 要** 本文针对储层流体识别问题，提出了基于机器学习算法的高效解决方案。采用长短期记忆（LSTM）网络和卷积神经网络（CNN）分别表征测井曲线时序特征以及多条测井曲线之间的相互关联关系。考虑到油气储层识别任务的类别分布不均衡问题以及不同储层的价值排序有所差异，本文采用加权交叉熵损失函数，在模型训练中更注重学习少样本类别的特征，进一步提升含油储层的识别准确度。依据储层物性差异和相似度，设计了多层级储层流体识别方法，将 LSTM 和 CNN 的模型结构应用于层级 II（含油储层、含水储层和干层）和层级 III（油层、油水同层、差油层、水层和含油水层）的识别。最终将多种基于机器学习的储层识别方法应用于实际油田的数据中，实验结果表明，该方法对于帮助地质专家和工程师寻找地下储层、完成储层评价具有一定实用价值。

**关键词** 测井资料；储层流体识别；机器学习；加权交叉熵损失函数

## Machine Learning for Reservoir Fluid Identification with Logs

**Abstract** This paper presents an efficient solution using machine learning algorithm to solve the problem of reservoir fluid identification. Long and short-term memory (LSTM) networks and convolutional neural networks (CNN) are used to characterize the time series characteristics of logging curves and the correlation between multiple logging curves. Considering the unbalanced distribution of categories and the different values of different reservoirs categories, this paper uses the weighted cross-entropy loss function to improve the weight of small sample categories in model training, which further improves the identification accuracy of oil-bearing reservoirs. According to the difference and similarity of reservoir physical properties, a multi-layer reservoir fluid identification method is designed. The model structure of LSTM + CNN is applied to the prediction of layer level II (oil-bearing reservoirs, water-bearing reservoirs, and dry layer) and layer level III (oil layer, oil-water layer, poor oil layer, water layer, and oily water layer). Finally, a variety of reservoir identification methods based on machine learning are applied to the logging data of natural oil fields. The experimental results demonstrate that this method can effectively overcome many of the problems in reservoir fluid identification. It has specific practical value to help geological experts and engineers find underground reservoirs and complete reservoir evaluation.

**Keywords** logging data；reservoir fluid identification；machine learning；weighted cross entropy loss function

## 1. 引言

测井是识别地下流体性质、储层岩性及物性的有效途径，通过对测井资料的分析解释可以极大加深对地下情况的认知，因此测井资料是辅助专家寻找和评价储层的重要资源。但由于测井资料的处理及解释以岩石物理机理和模型为基础，需要许多先验条件，在实际应用中会出现不适应性从而引起误差。测井数据和地层模型等的不确定性，使资料处理和解释具有明显多解性。随着大数据时代的到来，学者相继提出通过数据驱动的方法实现测井资料处理与解释，以避免人为误差，提高生产效率[1]。

源于20世纪50年代初的机器学习依次经历了推理期、知识期和学习期3个历史阶段，1943年，神经科学家麦卡洛克和数学逻辑学家皮兹提出了MCP模型[2]，使人工神经网络迎来了发展时期，在夯实了神经网络模型理论基础的同时也标志着深度学习的开端。21世纪以来，随着信息化、大数据时代的到来，传统的机器学习算法在语音识别、图像识别、目标检测等领域的发展遇到了瓶颈，而计算能力的提升，使深度学习突破了机器学习所面临的局限性，与此同时也扩充了人工智能所涉及的领域。

随着机器学习理论及其技术的快速发展，其应用的场景和范围越来越广，效果也越来越明显，将机器学习相关理论应用到测井资料的处理和解释中，进一步提高解释结果的精度和可靠性，将具有重要的实际意义和研究价值。越来越多的学者提出使用邻近算法（KNN）、委员会机器、支持向量机、分布式梯度提升（XGBoost）等数据驱动方法完成测井数据的处理与解释。Bestagini等人（2017）应用XGBoost模型根据测井数据预测岩相[3]；Ao等人（2018）提出用随机森林法解决岩相分类问题[4]，Zhou等人（2020）提出用合成少数过采样技术（SMOTE）平衡已标记的测井数据，并使用梯度提升决策树法识别岩相[5]。白洋等人（2021）选用分类委员会机器预测致密砂岩气藏流体类别，提升预测精度和泛化能力[6]。

1986年，Rumelhart等人提出了BP神经网络，解决了单层感知器网络模型无法处理线性不可分的问题，从而掀起了人工神经网络研究的热潮[7]。Hinton和Salakhutdinov提出利用深度自动编码网络学习得到初始权值的方法，有效地实现深层网络的数据降维，开启了深度学习广泛研究的序幕[8]。近年来，深层神经网络已经成为研究热点，也提出了一系列网络模型，其中卷积神经网络在图形图像处理领域已取得巨大成功，也是目前应用较为广泛的网络模型[9]。最近，（CNN）也被应用于测井资料的处理与解释。廖广志（2020）等人结合智能聚类、主成分分析等预处理方法对毛管压力数据进行处理，通过CNN实现储层微观孔隙结构的预测并应用于储层的划分[10]。

传统的机器学习方法在处理测井数据时将每个采样点都视作一个独立的样本，每个隐藏层的多个神经元互不相连，而多个隐藏层的神经元可以相互传递参数，因此无法获取前后采样点的内在联系，难以表征测井数据的序列特征。循环神经网络（RNN）通过构建循环体结构使隐藏神经单元的数据与当前输入和过去输出均有关，从而学习序列化数据前后采样点的关联特征。Hochreiter和Schmidhuber在常规循环神经网络的基础上进行优化改进，提出了长短期记忆（LSTM）网络，并由Graves（2012）进行了改良和推广[11]。LSTM网络改进了常规循环神经网络简单的循环体结构，增加了三个门限（输入、遗忘和输出），使模型的权重可变，训练过程中避免梯度消失和爆炸的问题。安鹏等人（2019）将多条测井数据作为输入，应用LSTM循环神经网络进行泥质含量和孔隙度预测，结果表明基于LSTM网络模型的稳定性和准确度要明显优于传统全连接神经网络[12]；张东晓等人（2018）证明LSTM网络模型能够在序列数据中充分提取信息，并在合成测井曲线时优于其他模型[13]。

随着油气田勘探开发的不断深入，机器学习算法在测井资料处理和解释方面已有了进一步提高，也取得了相应成果[14]。但是，大部分研究都将算法应用于储层参数预测，在此基础上对测井曲线进行分析得到分层解释结论。对于识别集储层流体任务而言，依旧没有规避解释精度不高、储层物性相近容易混淆的问题。本文目的在于充分利用机器学习方法的最新理论和成果，用测井数据特征工程及石油解释结论实现储层流体的自动识别。本文结合CNN和LSTM网络表征测井数据随深度域变化的时序特征以及多条测井曲线之间的相关性[15]。针对目前存在的问题，采用加权交叉熵损失函数解决实际应用场景中类别分布不均衡的问题；基于储层物性差异和相似度设计了多层级储层流体识别方法，提升易混淆储层的识别准确度，最终用真实油田的测井数据验证本文提出方法的有效性。

## 2. 原理与方法

测井数据是典型的序列式数据，随着井深增加，相邻采样点测井响应存在相关性，后续采样点受到前序采样点的影响[16]。由于地质条件复杂多变，地质运动会导致褶皱、断层等构造，地下层位局部重叠，其对应的物理、化学性质也会发生相应改变，反映在测井曲线上的响应值也会随之变化，这就导致局部深度空间中的测井曲线呈现剧烈变化。地下储层厚度不一，不同深度区间测井响应值对单一深度尺度下地质特征具有明显易变性[16]；同时测井曲线特征相互依赖关联，如自然电位与声波特征对地下岩层特征描述的共同作用等。本文将讨论用以表征测井数据时序特征以及多条测井曲线相互关联关系的机器学习算法。

### 2.1 长短期记忆网络

长短期记忆（LSTM）网络是一种适用于处理序列数据 $x^{(1)},\cdots,x^{(n)}$，表征数据时序关系的神经网络，其可以处理变长度的序列，因此 LSTM 网络适用于处理测井数据，可以对测井数据所蕴含的层位信息进行更充分的挖掘。

LSTM 网络主要由遗忘门（$f$）、输入门（$i$）、输出门（$o$），以及与隐藏状态形状相同的记忆细胞（$c$）构成，可以记录额外的信息，其循环结构如图1所示。

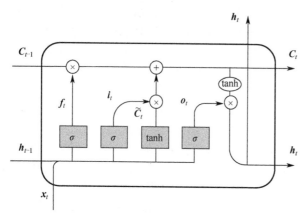

图 1　LSTM 网络的循环结构

Fig.1　LSTM networks' recurrent structure

遗忘门用于查看上一输入和当前输入，选择性丢弃部分信息，表达式为

$$f_t = \sigma\left(W_f \cdot [h_{t-1}, x_t] + b_f\right) \quad (1)$$

输入门将新信息存放到单元状态中，表达式为

$$i_t = \sigma\left(W_i \cdot [h_{t-1}, x_t] + b_i\right) \quad (2)$$

$$\tilde{C}_t = \tanh\left(W_C \cdot [h_{t-1}, x_t] + b_c\right) \quad (3)$$

单元状态包含小的线性相互作用使信息稳定向下传输，这种链式结构是 LSTM 网络的关键，表达式为

$$C_t = f_t \cdot C_{t-1} + i_t \cdot \tilde{C}_t \quad (4)$$

输出门决定本时刻需要输出的信息，表达式为

$$o_t = \sigma\left(W_0 \cdot [h_{t-1}, x_t] + b_o\right) \quad (5)$$

$$h_t = o_t^* \tanh(C_t) \quad (6)$$

LSTM 神经元的输入向量为 $x_t$；遗忘门的激活向量为 $f_t$；输入门的激活向量为 $i_t$；输

出门的激活向量为 $o_t$；LSTM 神经元的输出向量为 $h_t$；神经元细胞状态向量为 $C_t$；权重矩阵为 $W$；偏置项为 $b$；$\sigma$ 表示 sigmoid 函数；tanh 表示双曲正切函数；下标 $t$ 表示当前时刻，$t$–1 表示前一时刻。

## 2.2 卷积神经网络

输入层、卷积层、池化层、全连接层和输出层构成了卷积神经网络（CNN）的基本结构，池化层一般为多组且交替设置，多个特征平面（Feature Map）组成卷积层，卷积核用于卷积操作提取特征，将上一层特征面的局部区域与每个神经元相连，在卷积层中每个神经元都通过局部加权传递给饱和非线性 ReLU 函数并输出，可以解决梯度膨胀或梯度消失的问题，加快收敛速度。

在 CNN 中，经过多个池化层组后往往连接 1 个或多个全连接层。上一层所有神经元均与全连接层进行全连接，整合池化层组中具有类别区分性的关键局部信息，输出层接收最后一个全连接层的输出值，通过激活函数（softmax）使得输出结果在[0,1]之间，其中 $w$ 为网络权值，$M$ 表示储层类别数，最终输出为不同类别的概率向量 $P$，即

$$P(i)=\frac{\exp(w_i^\mathrm{T})}{\sum_{m=1}^{M}\exp(w_i^\mathrm{T}x)} \tag{7}$$

CNN 在多条测井曲线上的卷积过程如图 2 所示，卷积核横向滑动学习多条测井曲线关联性，同时纵向滑动学习测井曲线局部深度响应特征。因此，CNN 适用于处理测井数据，在表征多条曲线关联性和深度局部变化上具有显著优势。

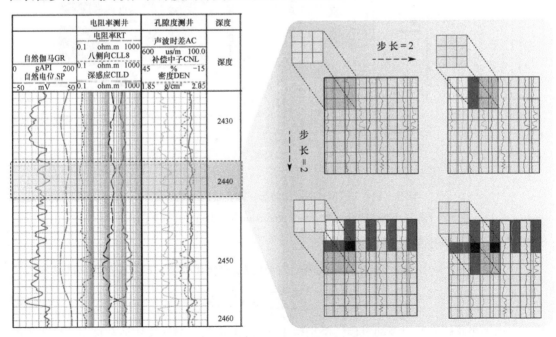

图 2　CNN 在多条测井曲线上的卷积过程
Fig.2　Convolutional process of CNN on multiple logging curves

## 3. 多层级储层流体识别方法

### 3.1 网络结构

网络输入为多段测井数据序列 $x_t = [x_t^1, x_t^2, \cdots, x_t^n]$,每段由 $N$ 条测井曲线组成,每条测井曲线包含 $M$ 个采样点,每段储层的测井曲线采用二次插值法,使得 $M = 60$,因此网络输入数据为 $N×60×K$,其中 $K$ 表示储层数量。

设置 CNN 和 LSTM 并行网络,其中将 CNN 设置为 8 通道卷积,卷积核大小为 3×3,步长为 2,使用 SAME 卷积方式,应用 ReLU 激活函数输出 8 个 8×60 的矩阵,将 8 个矩阵展开成一维向量并连接,送入隐藏层,通过 Dropout 随机丢弃一些神经元,不更新其网络权值,再输入一层隐藏层,通过全连接后得到长度为 64 的向量。在 LSTM 层中,每个单元中隐藏层数量设置为 128,数据通过 LSTM 网络输出长度为 128 的一维向量,再输入一层具有 60 个神经元的隐藏层,输出长度为 64 的一维向量。

将 LSTM 网络与 CNN 输出的一维向量拼接,通过全连接层后用交叉熵损失函数输出储层类型标签向量 $P$,其具体流程如图 3 所示。

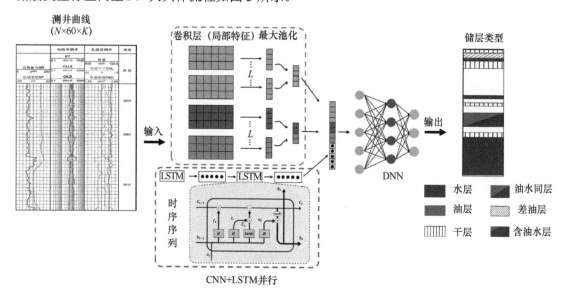

图 3 基于 LSTM+CNN 的储层预测流程图(见彩插)

Fig.3 Flow chart of reservoir prediction based on LSTM + CNN

### 3.2 加权交叉熵损失函数改进

在传统分类任务中,通过最小化交叉熵损失函数 $L_{\text{ori}}$ 来优化模型,提升模型预测准确度。

$$L_{\text{ori}} = -\frac{1}{N}\sum_{i=1}^{N}\sum_{m=1}^{M} y_m \log\left(y_m'\right) \tag{8}$$

其中,训练集总样本数以及油气储层类别数用 $M$ 和 $N$ 表示,类别真实值和模型对该类别的预测值用 $y_m$ 和 $y_m'$ 表示。

对于油气储层识别任务而言,水层和干层的占比较大,而油层、油水同层、含油水层的占比较小,类别分布不均衡性十分突出;另一方面,由于不同储层的经济效益有所差异,其准确度的要求也不同,例如,油层等具有开采价值的储层的准确度要求就会高于水层、干层等开采价值较低的储层。基于此,本文将采用基于类别加权的优化函数,在模型训练中提高少样本类别的权重。

本文设计的加权交叉熵优化函数为

$$L = -\frac{1}{N} \sum_{i=1}^{N} \sum_{m=1}^{M} \alpha_m y_m \log(y_m^{'}) \quad (9)$$

其中,$\alpha_m$ 表示 $m$ 类别的权重,默认将权重设置为 $m$ 类别占总体样本比例的倒数。

## 3.3 多层级储层流体识别方法

在储层流体识别任务中,部分储层的油水性质难以根据其流体饱和度界定,例如,水层、油水同层和含油水层的含油饱和度差异较小,难以用数值准确区分。为此本文提出多层级储层流体识别方法,以解决部分储层流体物性相似,反映在测井曲线上的响应差异较小,导致流体识别过程中容易混淆的问题。

储层具有连通孔隙,油水在其中储存,而非储层相反,因此储层与非储层差异较大,层级 I 对两类进行识别。根据储层含水和含油量差异可将其分为三大类:含水储层(水层、含油水层)、干层、含油储层(油层、差油层、油水同层),因此层级 II 对三类进行划分;最后对含水储层和含油储层进行精细划分,由此构成了层级 III。基于此提出的多层级储层流体识别方法如图 4 所示。

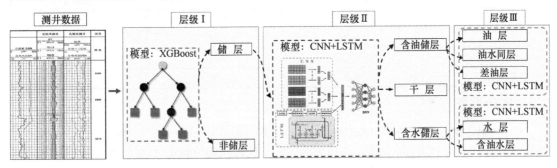

图 4 多层级储层流体识别方法(见彩插)

Fig.4 Multi-layer reservoir fluid identification method

多层级储层流体识别的主要步骤和实现方法如下。

层级 I:以多条测井曲线作为输入,用 XGBoost 建立储层、非储层的分类模型,确定储层位置和厚度。其中,XGBoost 是一种基于回归树的传统机器学习算法,该算法具有运算速度快、效果好等特点。

层级 II:建立含水储层、含油储层和干层的 LSTM + CNN 分类模型,将层级 I 中预测为储层的采样点作为输入,对储层进行分类。

层级 III:

(1)建立油层、差油层、油水同层的 LSTM + CNN 分类模型,将层级 II 中预测为含油储层的采样点作为输入,进一步划分储层类型。

(2)建立水层、含油水层的 LSTM + CNN 分类模型,将层级 II 中预测为含水储层的采样点作为输入,进一步划分储层类型。

## 4. 实验评估

实验选取某致密砂岩区域油田 173 口井作为数据集。致密砂岩相比常规砂泥岩储层存在低孔低渗、物性较差、孔隙结构及油水关系复杂、束缚水饱和度高、流体性质及饱和度难以确定的问题。因此，准确识别致密砂岩储层的流体类型，尤其是找到地层中的含油储层存在一定难度。此外在该区域数据集中，水层和干层占比 91%，含油储层占比 9%，数据分布极不均衡，在模型训练时往往容易忽略少样本类别的特征，导致在进行储层预测时难以识别含油储层。基于以上问题，本实验将分别从网络结构和多层级储层识别流程验证本文提出方法的有效性。

### 4.1 实验数据

选取 8 条测井曲线：声波时差（AC）、自然伽马（GR）、密度（DEN）、自然电位（SP）、补偿中子（CNL）、电阻率（RT）、感应电导率（CILD）、侧向电导率（CLL8）。删除含有异常值的采样点并对每口井进行归一化，建立多层级标签数据集（见表 1）。实验选取 3 口井为测试井，剩余井按照 3:1 的比例划分训练集和验证集。

表 1 多层级标签数据集
Table 1 Multi scale label data set

| | 标签 1 | 标签 2 | 标签 3 |
|---|---|---|---|
| 层级 I | 储层 | 非储层 | |
| 层级 II | 含油储层 | 含水储层 | 干层 |
| 层级 III | 油水同层 | 油层 | 差油层 |
| | 水层 | 含油水层 | |

### 4.2 实验设置

本实验使用 Python 和 Tensorflow 实现，为提升神经网络的训练效率，采用批训练法进行模型训练，将批次（Batch Size）设置为 512，即每次随机抽取 512 组训练数据，学习率设置为 0.001，选用 Adam 优化器。

本实验根据混淆矩阵计算出精确率 $P_r$、召回率 $R_e$ 和 $F_1$，作为模型的性能评价指标。混淆矩阵也称为误差矩阵，是精度评价最常用的方法。需要指出的是，在数据极度不均衡场景任务中，高召回率 $R_e$ 比高精确率 $P_r$ 更有意义，即可以更多地找到所有样本中的含油储层，但相对会将部分其他储层（如水层等）误分为油层。这是由于油层具备更高的开采价值，与其他类储层被误分为油层相比，遗漏地层中的油层往往损失更大，而前者可以通过取岩心试油来进一步排除非油层。因此，在本文中，召回率 $R_e$ 将作为主要评价指标。

### 4.3 实验结果分析

#### 4.3.1 基于 CNN+LSTM 的单层级储层流体识别方法

本实验将验证基于 LSTM 网络和 CNN 在储层流体识别任务中的有效性，对比以下 3 种单层级储层流体识别方法。

（1）基于 LSTM 网络的单层级储层流体识别方法：模型输入为多段测井数据序列 $x_t = [x_t^1, x_t^2, \cdots, x_t^n]$，数据通过 LSTM 网络输出长度为 128 的一维向量，再输入两层隐藏层，最后输出预测的储层类型。

（2）基于 LSTM 网络与 CNN 并行架构的单层级储层流体识别方法：将多段测井曲线作为输入，利用 CNN 和 LSTM 网络分别提取特征，将输出的一维向量拼接后再经过两层全连接，最终输出储层类型。

（3）在 CNN 和 LSTM 网络并行网络架构的基础上引入加权交叉熵损失函数。

以上 3 种实验方案在验证集上的预测结果（召回率）如表 2 所示。

表 2　CNN+LSTM 网络结构有效性证明实验结果
Table 2　Experimental results of reservoir classification method after introducing weighted cross entropy optimization function

| 储层类别 | LSTM | LSTM+CNN | LSTM+CNN+损失函数 |
| --- | --- | --- | --- |
| 油层 | 7% | 3% | 59% |
| 差油层 | 15% | 2% | 46% |
| 油水同层 | 5% | 6% | 4% |
| 含油水层 | 0% | 1% | 23% |
| 水层 | 95% | 94% | 63% |
| 干层 | 85% | 86% | 69% |

从表 2 中可以看出，基于 LSTM 网络的储层流体识别方法对于水层和干层的预测效果较好，召回率 $R_e$ 相对较高，对油层、差油层、油水同层、含油水层的预测效果较差，这是由于在储层流体类别中，水层和干层的占比过大，样本的不均衡性导致模型在训练时忽略了含油储层的特征；引入 CNN 后，对油层、含油水层、油水同层和差油层的预测效果均有提升，其中油层提升 23%，差油层提升 5%。由此可以证明基于 CNN 和 LSTM 网络并行的网络模型架构可以有效表征测井数据的时序特征及多条测井曲线之间的相互关系。

引入损失函数后，虽然对水层和干层的预测效果变差，但对于高价值储层的识别效果有所增强，其中油层提升 29%，含油水层提升 22%，油水同层提升 34%，差油层提升 26%。由此可以证明，改进模型的优化函数可以有效改善储层流体识别任务中类别不均衡的问题，进一步提升含油储层的识别效果。

#### 4.3.2　多层级储层流体识别方法

本实验将基于已有结论验证多层级储层流体识别方法的有效性。基于最优的 LSTM 网络和 CNN 并行网络架构，采用加权交叉熵损失函数训练以下三个模型。

（1）含油储层、含水储层、干层分类模型。
（2）油层、油水同层、差油层分类模型。
（3）水层、含油水层分类模型。

将三个模型集成在一起实现层级 II 和层级 III 的多层级储层流体划分，并与 CNN+LSTM 单层级直接判别 6 种储层流体类型的方法进行比较，在验证集上的预测效果（召回率）如表 3 所示。

由表 3 可知，多层级储层流体识别方法与单层级直接判别方法相比，干层提升 13%，水层提升 2%，含油水层提升 12%，对于物性相近、较易混淆的储层（水层和含油水层）的识别效果较好，由此验证了多层级储层流体识别方法可以充分考虑到不同储层由于物性不同，反映在测井曲线上的响应差异，从而提升整体的识别准确度。

表3 多层级储层流体识别方法与单层直接判别方法的效果对比
Table 3 Comparison of multi-layer reservoir fluid identification method and single layer direct identification method

|  | CNN+LSTM+损失函数 单层级直接判别方法 | CNN+LSTM+损失函数 多层级储层流体识别方法 |
|---|---|---|
| 油层 | 59% | 59% |
| 差油层 | 46% | 28% |
| 油水同层 | 4% | 36% |
| 含油水层 | 23% | 35% |
| 水层 | 63% | 65% |
| 干层 | 69% | 82% |

### 4.3.3 测试井实验效果对比

在层级 I 中训练划分储层和非储层的 XGBoost 模型，在此基础上将三个 LSTM+CNN 模型集成在一起，完成层级 II 和层级 III 的划分，实现图 4 完整的多层级储层流体识别过程。选取测试集中的井验证预测效果，并与多种基于机器学习的储层流体识别方法进行对比。实验结果如表4和图5所示。

表4 多方案在测试井的储层预测效果对比
Table 4 Comparison of reservoir prediction results of multiple schemes in test wells

| 测试井 | 真实储层深度段/m | | 预测储层深度段/m | | 真实储层 | XGBoost | CNN+LSTM | CNN+LSTM 损失函数 单层级 | CNN+LSTM 损失函数 多层级 |
|---|---|---|---|---|---|---|---|---|---|
| | 起始深度 | 结束深度 | 起始深度 | 结束深度 | | | | | |
| 井 I | 2953.75 | 2957.38 | 2954.00 | 2960.13 | 差油层 | 油层 | 差油层 | 差油层 | 差油层 |
| | 3004.75 | 3016.50 | 3005.00 | 3016.88 | 油水同层 | 水层 | 油层 | 油层 | 油水同层 |
| 井 II | 2428.00 | 2433.25 | 2427.50 | 2433.25 | 油层 | 水层 | 水层 | 油水同层 | 油水同层 |
| | 2447.50 | 2449.88 | 2445.80 | 2450.00 | 含油水层 | 水层 | 水层 | 含油水层 | 水层 |
| | 2450.62 | 2455.88 | 2450.63 | 2455.38 | 含油水层 | 水层 | 水层 | 油水同层 | 含油水层 |
| 井 III | 2352.00 | 2356.00 | 2351.63 | 2365.50 | 含油水层 | 含油水层 | 水层 | 油层 | 含油水层 |
| | 2476.80 | 2478.30 | 2476.50 | 2478.88 | 油层 | 水层 | 水层 | 含油水层 | 油层 |
| | 2771.00 | 2775.80 | 2771.88 | 2773.75 | 水层 | 水层 | 水层 | 含油水层 | 水层 |

可以看出 XGBoost 算法和单层级 CNN+LSTM 网络模型对于含油储层的预测效果较差，将大部分储层识别为水层。使用加权交叉熵损失函数可以有效识别出含油储层，但是对于含油饱和度相近的储层（油层、含油水层、油水同层）难以进一步准确预测。本文提出的多层级储层流体识别方法比单层级直接判别方法具有更高的准确度，可以准确找到地层中的含油水层，同进对于油层、油水同层和含油水层的区分效果有进一步提升。然而，针对部分储层流体的识别仍会出现混淆的情况，因此在未来的研究中将对测井数据做进一

步分析,通过特征工程提升储层的可分离性,对易混淆储层做更准确的划分。

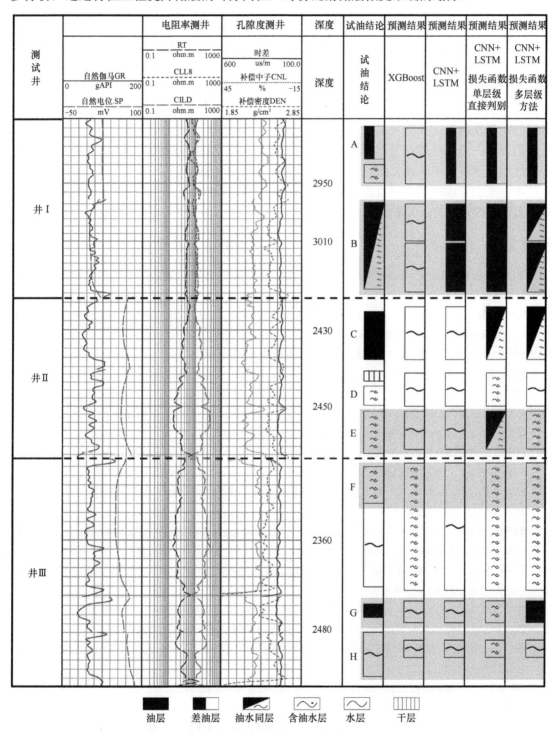

图 5 多方案在测试井的解释成果图

Fig.5 Interpretation results of multiple schemes in test wells

## 5. 结论

本文针对利用测井数据进行储层流体识别的机器学习方法进行研究，针对不同储层物性差异，提出多层级储层流体识别方法；采用 LSTM 网络学习测井数据的序列特征；引入 CNN 表征多条测井曲线间的相互关系以及测井曲线随深度的局部变化特征；考虑到油气储层识别任务的类别不均衡性以及价值排序差异，引入加权交叉熵损失函数，在模型训练中提高含油储层的权重。最终提出的多层级储层流体识别方法提升了油层、油水同层和含油水层的识别准确度，充分证明了该网络模型结构可以适应测井数据和地层条件特性，在储层预测任务中表现优异，可以帮助地质学家和工程师利用测井资料开展沉积岩石学的研究及寻找地下储层和实现储层评价，具有理论意义和实用价值。

本论文由罗刚执笔，肖立志指导，史燕青和邵蓉波对本论文也有一定贡献。本论文已在《石油科学通报》上发表。

## 参考文献

[1] 李宁, 徐彬森, 武宏亮, 等. 人工智能在测井地层评价中的应用现状及前景[J]. 石油学报, 2021, 42(4): 508-522.

[2] WARREN S M, WALTER P. A logical calculus of the ideas immanent in nervous activity[J]. The Bulletin of Mathematical Biophysics, 2006, 5(4).

[3] BESTAGINI P, LIPARI V, TUBARO S. A machine learning approach to facies classification using well logs[C]// SEG Technical Program Expanded Abstracts 2017: Society of Exploration Geophysicists, 2017, 2137-2142.

[4] AO Y, LI H, et. al, Logging lithology discrimination in the prototype similarity space with random forest[J]. IEEE Geoscience and Remote Sensing Letters, 2018, 16: 687-691.

[5] ZHOU K, ZHANG J, REN Y, et al. A gradient boosting decision tree algorithm combining synthetic minority oversampling technique for lithology identification. Geophysics, 2020, 85: WA147-WA158.

[6] 白洋, 谭茂金, 肖承文, 等. 致密砂岩气藏动态分类委员会机器测井流体识别方法[J]. 地球物理学报, 2021, 64(05): 1745-1758.

[7] RUMELHART D E, HINTON G E, WILLIAMS R J. Learning representations by back-propagating errors[J]. Nature, 1986, 323(6088): 533-536.

[8] HINTON G E, SALAKHUTDINOV R R. Reducing the dimensionality of data with neural networks[J]. Science, 2006, 313(5786): 504-507.

[9] HE K, ZHANG X, REN S, et al. Deep residual learning for image recognition[C]. Proceedings of the IEEE Conference on Computer Vision and Pattern Recognition(CVPR). Las Vegas, 2016.

[10] 廖广志, 李远征, 肖立志, 等. 利用卷积神经网络模型预测致密储层微观孔隙结构[J]. 石油科学通报, 2020, 5(01): 26-38.

[11] GRAVES A. Supervised sequence labelling with recurrent neural networks[M]. Springer Berlin Heidelberg, 2012.

[12] 安鹏, 曹丹平, 赵宝银, 等. 基于 LSTM 循环神经网络的储层物性参数预测方法研究[J]. 地球物理学进展, 2019, 34(05): 1849-1858.

[13] ZHANG D, CHEN Y, MENG J. Synthetic well logs generation via recurrent neural networks[J]. Petroleum Exploration and Development, 2018, 45: 629-639.

[14] JIANG C, ZHANG D, CHEN S. Lithology identification from well log curves via neural networks with additional geological constraint[J]. Geophysics, 2021: 1-77.

[15] 罗刚, 肖立志, 史燕青, 邵蓉波. 基于机器学习的致密储层流体识别方法研究[J]. 石油科学通报, 2022, 7(01): 24-33.

[16] 胡家琦, 孙连山, 石敏, 等. 基于 RNN-FCNN 的多尺度油水层识别方法[J]. 高技术通讯, 2020, 351(03): 97-105.

[17] 李徵, 刘淇, 王喆锋, 等. 基于地质知识蒸馏学习的油气储层识别方法[J]. 中国科学: 信息科学, 2021, 51: 40-55.

# DT、SVM 和 ANN 融合算法的测井岩性识别方法研究

**摘　要**　测井岩性识别对油田的生产和开发有着重要意义。本文对测井曲线资料进行特征工程处理，将岩性标签设为独立热编码（One-Hot）向量，把多分类问题转变为多个二分类问题。决策树（DT）模型具有较强的特征分析能力，可初步分析特征对模型的贡献。融合模型中支持向量机（SVM）擅长解决二分类问题，它是完成测井岩性识别的核心。由于人工神经网络（ANN）具有很强的泛化能力与抽象能力，可实现融合模型中 SVM 的核函数超参数值和惩罚超参数值的优化。这样就形成 DT、SVM 与 ANN 三种算法的融合模型。实验表明：DT 优化融合模型的输入，ANN 优化融合模型的超参数，从而使得模型具有更高的分类精度。相比于 DT、SVM、ANN 其中任意一种机器学习算法，三种算法的融合算法的测试集精度能够提升 10%以上。

**关键词**　支持向量机；决策树；人工神经网络；测井岩性识别

# Logging Lithology Recognition Based on Fusion Algorithm of DT, SVM and ANN

**Abstract**　Logging lithology identification is of great significance to the production and development of oil fields. In this experiment, feature engineering processing was performed on the logging curve data, and the lithology label was set as an independent hot coding (one-hot) vector, which transformed the multi-classification problem into multiple two-classification problems. The decision tree (DT) model has strong feature analysis capabilities, and can initially analyze the contribution of features to the model. The support vector machine (SVM) in the fusion model is good at solving two classification problems, and it is the core of completing logging lithology identification. Because the artificial neural network (ANN) has strong generalization and abstraction capabilities, it can realize the optimization of the kernel function hyper-parameter value and penalty hyper-parameter value of the SVM in the fusion model. In this way, the fusion of the three algorithms of DT, SVM, and ANN is formed. Experiments show that the DT optimizes the input of the fusion model, and the ANN optimizes the hyper-parameters of the fusion model, so that the model has a higher classification accuracy.Compared with the single machine learning algorithm of DT, SVM, and ANN, the accuracy can be improved by more than 10% in the test set.

**Keywords**　support vector machine; decision tree; artificial neural network; logging lithology identification

## 1. 引言

在油气勘探领域中，岩性识别是一种重要的基础性技术[1,2,3,4]。目前，常用的获取地下

岩石信息进行岩性识别的传统方法有岩屑录井、取心和测井资料的处理。然而，岩屑录井的质量严重影响岩性识别效果，并且它具有滞后性；取心的成本高，费时费力，而且仅靠有限的岩心很难全面描述油田的井剖面地层；通过测井资料的处理完成岩性解释整体优势明显，它具有较高的效率和精度，是应用于测井岩性识别的常用方法[5,6,7,8]。

在测井岩性识别领域中，前人已经做了很多的研究工作。交会图、数理统计、聚类分析和模式识别算法都被用于测井岩性识别中。交会图通过交会点的坐标，直观地反映各种岩性的分布范围和分界线[9,10,11]。这是一种操作简单的人工解释方法，但它不能作为单一岩性的识别方法，且很难推广到全井段的岩性识别，还可能漏掉对重要地层的解释。数理统计适用于物性特征较好的测井资料，在测井资料较多时，效果较好，但是特别难获取其先验概率，容易产生较大误差。当测井资料参数较离散时，聚类分析应用于测井岩性识别就有较好的效果[12,13,14,15]，但是聚类分析方法需要训练的样本接近无穷大，准确性才能得到保证。在测井岩性识别过程中，不能准确地用简单的数学模型来描述测井特征曲线值与岩性标签之间的复杂且不确定的关系[16,17]。于是模式识别开始被应用于岩性识别，常用的模式识别算法有支持向量机（SVM）、人工神经网络（ANN）、决策树（DT）等[18,19]。牟丹等使用 SVM 和 5 条常规测井曲线对辽河盆地东部凹陷处火成岩的岩性进行了分类，分类准确率达到 82.3%[20]。Zhou 等以石英、岩屑、长石作为岩性分类的指标，采用 SVM 方法建立的岩性识别模型精度为 84.62%[21]。Ren 等采用 ANN 结合测井和沉积模型，识别沉积岩岩性，其准确率为 91%[22]。Zou 等利用梯度提升树（GBDT）建立矿床测井岩性识别模型，其识别准确率达到 93.5%[23]。但是单一算法存在着一些较大的局限性，例如，SVM 在面对数据量大的多分类问题时，超参数调优就会特别困难；当测井岩性数据分布紊乱时，会导致 ANN 收敛速度慢、陷入局部极小值等问题，容易使得测井岩性识别模型的性能较差。因此，本文提出了融合算法的思想，利用 SVM、DT 和 ANN 形成融合算法，完成测井岩性的预测。在本文中，对于同样的数据使用这种融合算法可以有效地提高测井岩性识别的准确率。

在使用融合算法进行测井岩性识别过程中，岩性类别不均衡，分类代价并不相等，因此选择一个合适的评估指标来说明模型的效果也至关重要。而接收器操作特征（ROC）曲线及其下面的面积（AUC）能够对不平衡样本每类的识别准确率都进行很好的评估，因此选择 ROC 曲线和 AUC 值作为模型的评估指标。ROC 曲线的纵轴是真正例比率，即所有的正例中有多少被正确预测，而横轴是假正例比率，即所有的负样本中有多少被预测为正例。当通过模型得到所有样本属于正样本的概率后，我们可以通过改变分类的阈值（分类器认为某样本属于正样本的概率）来绘制 ROC 曲线。ROC 曲线下方的面积就是 AUC 值，其取值范围为[0,1]且该值越大代表分类器的效果越好。在一定程度上，AUC 值与模型准确率成正比，因此在本文中用 AUC 值表示模型准确率[24]。

本文的主要内容如下。

（1）利用 DT 的高度可解释性，实现复杂冗余的测井曲线特征的提取，为融合模型的搭建奠定良好的基础。

（2）融合岩性识别算法模型通过 ANN 优化 SVM 的惩罚超参数 $C$ 和核函数超参数 $g$，有效地改善了算法性能，提高了测井岩性预测算法的准确率。通过对融合算法和 SVM、DT 和 ANN 中的任意一种测井岩性识别算法进行性能的对比，证实了融合算法的可行性和科学性。为测井岩性识别提供了新的算法研究思路，可以利用融合算法取长补短来提高测井岩性识别准确率。

## 2. SVM、DT 和 ANN 融合算法

测井岩性识别融合算法的步骤如下。

（1）对获得的测井数据进行分析，随机划分测井数据中的一部分数据并将其当作训练集。

（2）完成数据特征值的缺失值处理、归一化处理、相关性分析等工作，提取出相关性大于一定阈值的特征。

（3）利用 DT 初步分析特征重要性，为后续输入的特征加入不同的权重进行模型训练。

（4）使用 BP 神经网络优选融合模型中 SVM 的两个核心超参数（惩罚超参数 $C$ 和核函数超参数 $g$），并用融合算法模型得到测井岩性识别结果 Y_pre。

（5）判断最终识别的准确率是否满足期望值（SVM 方法 K 折交叉验证的最优值 Y_exp）。

（6）若不满足上述条件，则将($C$, $g$)和 Y_pre 输入下一个神经网络，得到一个预测结果 Y 并和期望岩性标签 Y_exp 求损失 Loss 并反向传播，优化神经网络权值和阈值，并返回第（4）步重新训练网络；若满足上述条件，则加入下一步。

（7）将优化后的超参数放入融合算法模型的 SVM 中确定最优分类超平面和决策规则，从而实现测井岩性识别。

经过上述流程后，融合算法模型的训练就已经完成，直接输入经过特征工程处理后的数据就能够得到岩性识别的结果。利用融合算法实现测井岩性识别的过程如图 1 所示。

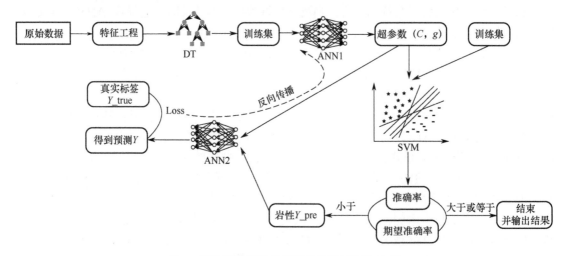

图 1　利用融合算法实现测井岩性识别的过程

Fig.1　The process of logging lithology identification is realized by fusion algorithm

### 2.1 测井数据的分析处理

#### 2.1.1 测井数据集介绍

本文使用的测井数据集来自某油田 50 口井的测井资料，平均每口井的有效样本点均为 2000 个，其中包括 37 种测井曲线特征和 5 种主要岩性标签，分别是细砂岩、泥岩、泥质粉砂岩、粉砂质泥岩和中砂岩。在本文中，为了能够发挥机器学习数据驱动的优势，未对

测井特征进行人工筛选。

### 2.1.2 特征工程

对完成缺失值处理的特征进行最大/最小值归一化处理，即

$$X^* = \frac{X - X_{\min}}{X_{\max} - X_{\min}} \tag{1}$$

公式（1）中，$X$ 表示测井曲线特征，$X^*$ 表示归一化后的测井曲线特征，$X_{\min}$ 表示训练样本的最小值，$X_{\max}$ 表示训练样本的最大值。经过以上归一化方法处理后，测井曲线数据将会分布在[0,1]范围内。

本文将要预测的岩性共有 6 种：细砂岩、泥岩、泥质粉砂岩、粉砂质泥岩、中砂岩、其他。各类岩性标签比例和数值化处理如表 1 所示。从表 1 中，可以发现各类岩性标签的比例是严重不均衡的。面对这种情况，其解决方法有两种：一是采用过采样，按一定规则生成一部分少量类的样本数据；二是采用欠采样，随机去掉多数类样本，直到多数类样本与少数类样本相对均衡。本文未对数据进行均衡化处理，目的是证明融合算法对于不均衡的数据具有很好的适用性。

表 1 岩性标签比例和数值化处理
Table 1 Lithology label ratio and digitization

| 参数 | 岩性 | | | | | |
|---|---|---|---|---|---|---|
| | 细砂岩 | 泥岩 | 泥质粉砂岩 | 粉砂质泥岩 | 中砂岩 | 其他 |
| 数值 | 0 | 1 | 2 | 3 | 4 | 5 |
| One-Hot 向量 | [100000] | [010000] | [001000] | [000100] | [000010] | [000001] |
| 比例 | 59% | 19% | 12% | 6% | 1% | 3% |

将岩性标签转化为 One-Hot 向量，是为了在建立后续融合模型和优选核函数的过程中，把多分类的测井岩性识别问题转化为多个二分类问题，这样更有利于发挥融合模型中 SVM 的优越性。

为了筛选出与标签相关性强的特征，首先计算特征与标签的协方差，再用协方差除以两个变量的标准差得到特征与标签的相关系数。最终得到的相关系数取值会在[-1,1]之间，-1 表示完全负相关，1 表示完全相关。

$$cov(X,Y) = E((X-\mu)(Y-v)) = E(X,Y) - \mu v$$

$$R = \frac{cov(X,Y)}{\sigma(X)\sigma(Y)} \tag{2}$$

其中，$cov(X,Y)$ 表示测井曲线特征 $X$ 与测井岩性标签 $Y$ 的协方差，$R$ 为测井曲线特征 $X$ 与测井岩性标签 $Y$ 的相关性，$\mu = E(X)$，$v = E(Y)$，$E()$ 表示期望。

图 2 是测井曲线特征与岩性标签的相关性分析图。据图 2 可知，测井曲线特征和岩性标签大都成负相关关系。筛选相关性系数绝对值大于 0.2 的 18 个曲线特征进行后续模型的训练。其中包括自然伽马（GR）、自然电位（SP）、泥质含量（SH）、井径（CAL）、钻速（ROP）、冲洗带含水饱和度（SXO）、含水饱和度（SW）、补偿密度（RHOB）、光电指数（PEF）、总孔隙度（PORT）、渗透率（PERM）、横波时差（DTC）、纵波时差（DTS）、声波时差（AC）、中感应电阻率（ILM）、深感应电阻率（ILD）、补偿中子（CNL）、密度（DEN）。

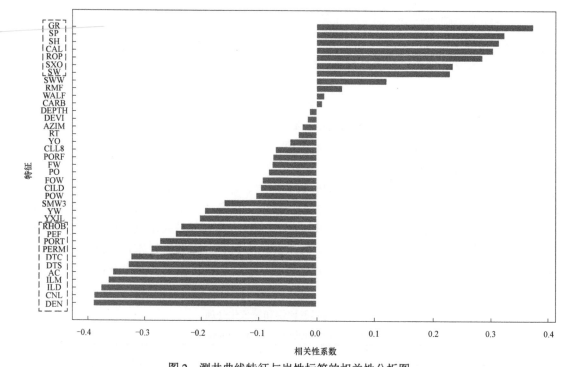

图2　测井曲线特征与岩性标签的相关性分析图
Fig.2　Correlation analysis diagram of log features and lithology labels

## 2.2 特征重要性分析

DT 常用的算法有 ID3、C4.5 与 CART，其中 CART 算法的核心是在 DT 的各节点应用基尼指数最小化准则，选取基尼指数最小的特征进行分类。由于基尼指数最小表征了数据集分类的不确定性最小，因此，构建 CART 算法的过程可以对测井曲线特征的分类能力进行排序。

利用 CART 算法，完成特征重要性的分析（见图 3），从而增加融合模型训练前的先验知识，为优化融合模型的特征输入提供重要依据。

## 2.3 优选模型核函数及参数

### 2.3.1 核函数选取

本文融合模型的核心是 SVM，因此，我们需要对 SVM 的核函数进行优选，SVM 常用的核函数有线性核函数、多项式核函数、sigmoid 核函数和径向基核函数（见表2）。

利用 4 种不同的核函数在相同的数据集和相同模型超参数条件下，分别建立融合模型，对比分析测试集的结果，找到性能最好的核函数。图 4 是不同核函数模型测井岩性识别的 ROC 曲线图结果。

从 4 组利用不同核函数建立的模型效果来看，径向基核函数的分类效果最好，预测的准确率最高，适合于融合算法模型。所以，融合算法模型中 SVM 采用的核函数是径向基核函数。

### 2.3.2 融合模型中 ANN 优化 SVM 超参数

SVM 模型有两个非常重要的超参数 $C$ 与 $g$（gamma）。其中，$C$ 是惩罚系数，即对误差的容忍度。$C$ 越大,说明越不能容忍出现误差,容易出现过拟合;$C$ 越小,越容易出现欠拟合。$C$ 过大或过小都会使模型的泛化能力变差。

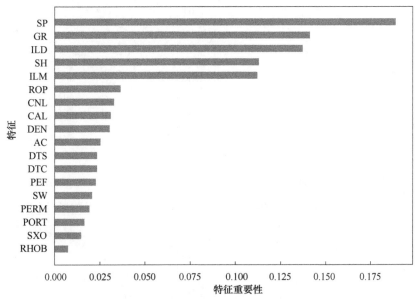

图 3　融合算法模型特征重要性直方图
Fig.3　Feature importance histogram of fusion algorithm model

表 2　SVM 常用的核函数
Table 2　SVM of common nuclear functions

| 名　称 | 表达式 | 参　数 |
|---|---|---|
| 线性核函数 | $k(x_i, x_j) = x_i^T x_j$ | |
| 多项式核函数 | $k(x_i, x_j) = (x_i^T x_j)^d$ | $d(\geqslant 1)$ 为多项式的次数 |
| sigmoid 核函数 | $k(x_i, x_j) = \tanh(\beta x_i^T x_j + \theta)$ | tanh 为双曲正切函数,$\beta, \theta > 0$ |
| 径向基核函数(高斯核函数) | $k(x_i, x_j) = \exp(-\dfrac{\|x_i - x_j\|^2}{2\sigma^2})$ | $\sigma(>0)$ 为高斯核的带宽 |

$g$ 是选择径向基核函数作为核函数后,该函数自带的一个超参数,它决定了数据映射到新的特征空间后的分布,$g$ 越大,支持向量越少,$g$ 越小,支持向量越多。支持向量的个数影响训练与预测的速度。

本文采用 BP 神经网络对核函数超参数 $g$ 和惩罚超参数 $C$ 进行优化。使用的激活函数是具有计算复杂度低、不会发生梯度消失且收敛速度快的 ReLU 函数,即

$$x_{j+1} = f(y_j) = \max(0, y_j) \tag{3}$$

ReLU 函数的导数为

$$f'(y_j) = \begin{cases} 1, & y_j > 0 \\ 0, & y_j \leqslant 0 \end{cases} \tag{4}$$

其中,$y_j$ 表示第 $j$ 个隐藏层的输出,$x_{j+1}$ 表示第 $j+1$ 个隐藏层的输入。

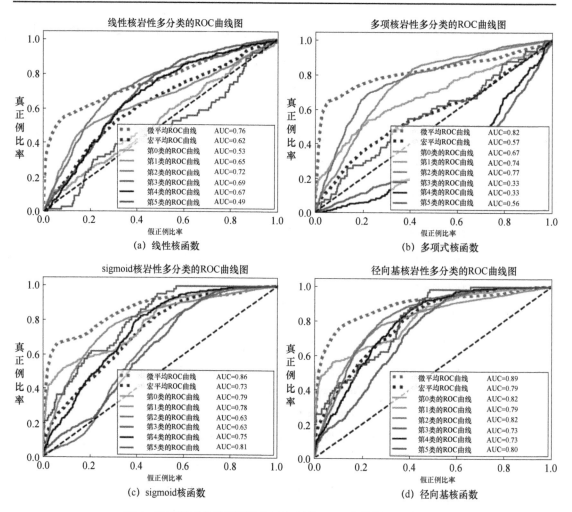

图 4 不同核函数模型测井岩性识别的 ROC 曲线图（见彩插）

Fig.4 ROC curves for logging lithology identification of different kernel function models

假设输入层的神经元数量为 $n$，隐含层的神经元数量为 $p$，输出层的神经元数量为 $q$。设输入向量为 $\boldsymbol{x}=(x_1,x_2,\cdots,x_n)$；隐藏层输入向量为 $\boldsymbol{hi}=(hi_1,hi_2,\cdots,hi_p)$；隐藏层输出向量为 $\boldsymbol{ho}=(ho_1,ho_2,\cdots,ho_p)$；输出层输入向量为 $\boldsymbol{yi}=(yi_1,yi_2,\cdots,yi_q)$；输出层输出向量为 $\boldsymbol{yo}=(yo_1,yo_2,\cdots,yo_q)$；期望向量为 $\boldsymbol{m}=(m_1,m_2,\cdots,m_q)$；输入层和中间层之间的权值为 $W_1$；隐含层和输出层之间的权值为 $W_2$；隐含层的偏置为 $b_1$；输出层的偏置为 $b_2$；样本个数为 $k=1,2,\ldots,N$；激活函数为 ReLU 函数。

误差函数为

$$e=\frac{1}{2}\sum_{j=1}^{q}(m_j(k)-yo_j(k))^2 \tag{5}$$

该融合算法的步骤如下。

（1）设定 $e$ 为误差函数，所有权重的初始值为 $[-1,1]$ 之间的随机数，确定学习轮数 $T$ 和计算精度 $\varepsilon$。

(2) 在样本中随机选取 $k$ 个样本，其输出和期望分别为

$$x(k) = (x_1(k), x_2(k), \cdots, x_n(k)) \tag{6}$$

$$m(k) = (m_1(k), m_2(k), \cdots, m_q(k)) \tag{7}$$

(3) 得到隐藏层的输入值和输出值分别为

$$hi_j(k) = \sum_{i=1}^{n} w_1 x_i(k) + b_1, j = 1, 2, \cdots, p \tag{8}$$

$$ho_j(k) = f(hi_j(k)), j = 1, 2, \cdots, p \tag{9}$$

$$yi_t(k) = \sum_{h=1}^{p} w_2 ho_t(k) + b_2, t = 1, 2, \cdots, q \tag{10}$$

$$yo_t(k) = f(yi_t(k)), t = 1, 2, \cdots, q \tag{11}$$

(4) 根据 BP 神经网络的输出和期望，在误差函数 $e$ 中实现对输出层的结果求偏导数，即

$$\frac{\partial e}{\partial w_1} = \frac{\partial e}{\partial yi_t} \cdot \frac{\partial yi_t}{\partial w_1} \tag{12}$$

(5) 利用式（12）中的偏导数和隐藏层的输出值，对权重进行更新，即

$$w_1(k) = w_1(k) - \alpha \frac{\partial e}{\partial w_1}, 1 = 1, 2 \tag{13}$$

其中，$\alpha$ 表示人工神经网络模型的学习率。

(6) 全局误差为

$$E - \frac{1}{2N} \sum_{k=1}^{N} \sum_{t=1}^{q} (m_t(k) - y_t(k))^2 \tag{14}$$

(7) 判断网络最后计算的全局误差是否小于计算精度 $\varepsilon$。在还未满足精度要求就达到学习轮数上限时，结束算法。如果还没有到上限，那么进入下一轮迭代完成训练学习。

经过上述计算流程后，就可以实现 ANN 对 SVM 惩罚超参数 $C$ 和核函数超参数 $g$ 的优化，并得到相应的最优值。

## 3. 融合算法与传统算法的对比

在处理好的数据集中，随机抽取 80%的数据作为训练样本，利用这些数据完成 SVM、DT 和 ANN 融合算法模型的建立，然后将剩余的 20%的数据作为预测样本，对训练模型效果进行测试，最后输出 ROC 曲线图，用来判断 SVM、DT 和 ANN 融合算法的性能。

其中，使用 ANN 对惩罚超参数 $C$ 和径向基核函数超参数 $g$ 进行优化后，得到惩罚超参数 $C$=50.345，核函数超参数 $g$=0.279。ROC 曲线中的 AUC 值在多分类问题中是一种比准确率更可靠的评价指标[24]。但是在本文中发现，融合模型的准确率和 AUC 值具有高度的一致性，因此用 AUC 值可以近似地表示准确率。从图 5 可以看出，融合模型对 6 种岩性识别的准确率都在 90%以上，其中最高的达 99%，岩性识别平均准确率为 96%，说明融合

模型在岩性预测中具有很好的适用性。

据表 3 可知，与单一的机器学习算法相比，融合算法岩性识别平均准确率提高了 10%~20%。在本文中，未对不均衡的岩性类别进行均衡化处理，但是融合算法在每类岩性上的识别准确率均高于 90%，相对而言其他三类机器学习算法受样本不均衡性的影响较大，以至于在比例小的岩性样本上识别准确率较低。因此，融合算法能很好地应用于数据不均衡的案例中。

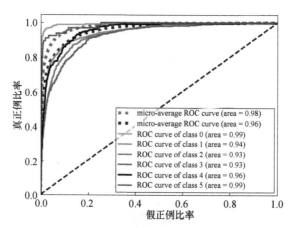

图 5　融合算法岩性识别结果 ROC 曲线图（见彩图）

Fig.5　ROC curve of lithology recognition results of fusion algorithm

表 3　不同算法岩性识别准确率对比表

Table 3　Comparison table of lithology recognition accuracy rates of different algorithms

| 算法 | 细砂岩识别准确率 | 泥岩识别准确率 | 泥质粉砂岩识别准确率 | 粉砂质泥岩识别准确率 | 中砂岩识别准确率 | 其他识别准确率 | 平均识别准确率 |
|---|---|---|---|---|---|---|---|
| DT+SVM+ANN | 99% | 94% | 93% | 93% | 96% | 99% | 96% |
| SVM | 94% | 84% | 82% | 81% | 83% | 82% | 84% |
| ANN | 90% | 73% | 51% | 43% | 35% | 49% | 72% |
| DT | 93% | 54% | 34% | 58% | 42% | 46% | 77% |

## 4. 融合算法的应用

在目标研究区内，测试集数据中某井段的测井岩性识别结果对比如图 6 所示，从图中可以直观地看出融合算法的测井岩性识别模型的效果优于使用 SVM、DT 和 ANN 其中任意一种算法建立的模型效果。

融合模型能够更好地识别小样本的岩性类，并且岩性识别准确率高达 96%，远远优于其他岩性识别算法，但是在岩性过渡点存在着一定的识别误差。出现误差的原因有两个：一是由于地层的连续性，岩性过渡点测井曲线响应特征相似，融合算法很难有效地预测测井岩性；二是本次测井岩性标签不是利用岩心数据获得的，而是通过测井资料分析得到的，这样在岩性过渡点人工解释得到的岩性标签正确性也不能够保证，从而导致融合算法模型在岩性过渡点的误差。从整体性能来看，基于 ANN 优化 SVM 惩罚超参数和核函数超参数进行测井岩性识别具有错误率低的特点，达到了预期要求。

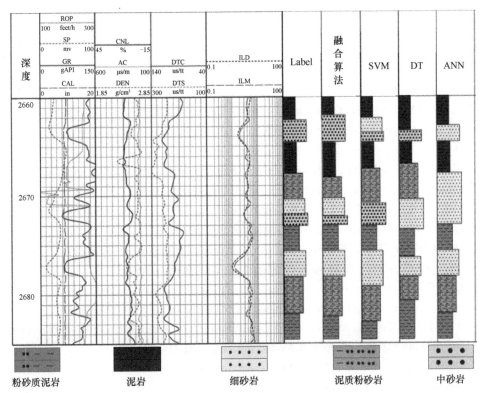

图 6　测井岩性识别结果对比（见彩插）

Fig.6　Comparison of logging lithology recognition results

## 5. 结论

测井岩性识别是油田勘探开发的基础性工作。近年来，在测井岩性识别中已经有很多成熟的机器学习算法，它们为测井岩性的识别提供了新的思路。SVM 的输入特征权重由 DT 模型进行特征重要性分析的先验知识得到。SVM 属于稀疏核机模型，由于模型超参数的确定对应于凸优化问题，因此可以用 ANN 来解决这个凸优化问题，使得 SVM 找到全局最优解。结果显示，融合算法对测井岩性进行识别可以大大提高准确率，在测井岩性识别工作中具有比较好的应用前景。

本文由代鸿凯执笔，肖立志指导。

## 参考文献

[1] SAPORETTI C M, DA FONSECA L G, PEREIRA E. A lithology identification approach based on machine learning with evolutionary parameter tuning[J]. IEEE Geoscience and Remote Sensing Letters, 2019, 16(12): 1819-1823.

[2] ZHOU Z L, WANG G, RAN Y, et al. A logging identification method of tight oil reservoir lithology and lithofacies: A case from Chang7 Member of Triassic Yanchang Formation in Heshui area, Ordos Basin, NW China[J]. Petroleum Exploration and Development, 2016, 43(1): 65-73.

[3] XIE Y, ZHU C, ZHOU W, et al. Evaluation of machine learning methods for formation lithology identification: A comparison of tuning processes and model performances[J]. Journal of Petroleum Science and Engineering, 2018, 160: 182-193.

[4] SAPORETTI C M, DA FONSECA L G, PEREIRA E, et al. Machine learning approaches for petrographic classification of carbonate-siliciclastic rocks using well logs and textural information[J]. Journal of Applied Geophysics, 2018, 155: 217-225.

[5] SUN J, LI Q, CHEN M, et al. Optimization of models for a rapid identification of lithology while drilling-A win-win strategy based on machine learning[J]. Journal of Petroleum Science and Engineering, 2019, 176: 321-341.

[6] LI Z, KANG Y, FENG D, et al. Semi-supervised learning for lithology identification using Laplacian support vector machine[J]. Journal of Petroleum Science and Engineering, 2020, 195: 107510.

[7] DONG S, WANG Z, ZENG L. Lithology identification using kernel Fisher discriminant analysis with well logs[J]. Journal of Petroleum Science and Engineering, 2016, 143: 95-102.

[8] TINI G, MARCHETTI L, PRIAMI C, et al. Multi-omics integration—a comparison of unsupervised clustering methodologies[J]. Briefings in bioinformatics, 2019, 20(4): 1269-1279.

[9] SAMGHANI K, Hosseinfatemi M. Developing a support vector machine based QSPR model for prediction of half-life of some herbicides[J]. Ecotoxicology and environmental safety, 2016, 129: 10-15.

[10] ZENG L, REN W, SHAN L. Attention-based bidirectional gated recurrent unit neural networks for well logs prediction and lithology identification[J]. Neurocomputing, 2020, 414: 153-171.

[11] CALAFIORE G C, DABBENE F, TEMPO R. Research on probabilistic methods for control system design[J]. Automatica, 2011, 47(7): 1279-1293.

[12] 韩启迪, 张小桐, 申维. 基于梯度提升决策树（GBDT）算法的岩性识别技术[J]. 矿物岩石地球化学通报, 2018, 37(6): 1173-1180.

[13] 张俊儒. SVM 和 ANN 融合算法在测井岩性识别中的应用研究[D]. 武汉：武汉理工大学, 2016.

[14] LIN Y P, WU T Z, SHENG X F, et al. Artificial neural networks identification of lithology-types in complex carbonate from well logs, Block K, in Uzbekistan[C]//Advanced Materials Research. Trans Tech Publications Ltd, 2013, 756: 2396-2400.

[15] SALAHSHOOR K, KORDESTANI M, KHOSHRO M S. Fault detection and diagnosis of an industrial steam turbine using fusion of SVM (support vector machine) and ANFIS (adaptive neuro-fuzzy inference system) classifiers[J]. Energy, 2010, 35(12): 5472-5482.

[16] 侯亮. 2020 国外测井技术进展与趋势[J]. 世界石油工业, 2020, 27(06):49-54.

[17] DEV V A, EDEN M R. Evaluating the boosting approach to machine learning for formation lithology classification[M]//Computer aided chemical engineering. Elsevier, 2018, 44: 1465-1470.

[18] KARIANNE J. BERGEN, PAUL A. JOHNSON, MAARTEN V. DE HOOP, et al. Machine learning for data-driven discovery in solid earth geoscience[J]. Science, 2019, 363(6433): 1.

[19] 程超, 李培彦, 陈雁, 等. 基于机器学习的储层测井评价研究进展[J]. 地球物理学进展, 2021, 1-15.

[20] 牟丹, 王祝文, 黄玉龙, 等. 基于 SVM 测井数据的火山岩岩性识别——以辽河盆地东部坳陷为例[J]. 地球物理学报, 2015, 58(05):1785-1793.

[21] ZHOU X Q, ZHANG Z S, ZHANG C, et al. A new lithologic classification method for tight sandstone reservoirs based on rock components and logging response characteristics[J]. Journal of Geophysics and Engineering, 2017, 14(6): 1599-1607.

[22] REN X X, HOU J G, SONG S H, et al. Lithology identification using well logs: A method by integrating artificial neural networks and sedimentary patterns[J]. Journal of Petroleum Science and Engineering, 2019, 182: 106336.

[23] ZOU Y H, CHEN Y T, DENG H, et al. Gradient boosting decision tree for lithology identification with well logs: A case study of Zhaoxian gold deposit, Shandong Peninsula, China[J]. Natural Resources Research, 2021: 1-21.

[24] LING C X, HUANG J, ZHANG H. AUC: a better measure than accuracy in comparing learning algorithms[C]//Conference of the canadian society for computational studies of intelligence. Springer, Berlin, Heidelberg, 2003: 329-341.

# 基于成像测井图像的小样本裂缝智能识别

**摘 要** 成像测井技术已相对成熟，但对成像测井图像的利用，目前还略显不足。随着人工智能技术的发展，应用神经网络算法进行成像测井图像中裂缝和溶孔的智能识别成了该领域的一个重要方向，但基于神经网络的图像识别所需样本数量较多，而成像测井图像样本相对较少，所以如何在小样本情况下利用神经网络进行图像的有效识别就成了一大难题。本文应用 K 均值聚类算法优化图像的阈值分割进行样本图像的有效分割，通过图像分割提高样本图像的质量，最终实现了小样本情况下应用深度神经网络模型可以有效识别成像测井图像中的高导缝、诱导缝和溶蚀孔。最终结果表明，进行图像分割后再进行深度神经网络的图像识别，比直接用成像测井图像进行深度神经网络的图像识别的准确率提高了 23.3%，测试样本经图像分割后的识别准确率达到了 83.3%。

**关键词** 裂缝识别；成像测井；阈值分割；K 均值聚类算法；神经网络

# Intelligent Recognition of Small Sample Fracture Based on Formation Micro-scanner

**Abstract** Imaging logging technology has been relatively mature, but the utilization of imaging logging images is still slightly insufficient. With the development of artificial intelligence technology, the application of neural network algorithm for intelligent recognition of fractures and dissolved pores in imaging logging images has become an important direction in this field. However, the number of samples required for image recognition based on neural network is large, while the number of samples of imaging logging images is relatively small, Therefore, how to use neural network for effective image recognition in the case of small samples has become a big problem. In this paper, the K-means clustering algorithm is used to optimize the threshold segmentation of the image for the effective segmentation of the sample image. The quality of the sample image is improved through image segmentation. Finally, the depth neural network model is applied to effectively identify the high guide fracture, induced fracture and dissolution hole in the imaging logging image in the case of small samples. The final results show that the image recognition of depth neural network after image segmentation improves the accuracy by 23.3% and the recognition accuracy of test samples after image segmentation reaches 83.3%.

**Keywords** fracture identification; imaging logging; threshold segmentation; k-means clustering algorithm; neural network

## 1. 研究现状与背景

### 1.1 研究现状

裂缝是油气在地下重要的储集空间和运移通道[1]。目前，探明的油气储量中有 30%左右的油气在地下是储藏在裂缝中的，由此可见，利用成像测井技术对储层裂缝进行研究，对油气的勘探开发具有十分重要的意义[2]。

目前，可用在裂缝识别上的成像测井技术主要有核磁成像、声成像、电成像[3]。在常规测井中也有关于裂缝识别的研究，常规测井裂缝识别效果比较好的技术是侧向测井，侧向测井可以利用深浅侧向上形成的幅度差识别裂缝[4]。成像测井技术主要用传感器的扫描测量，将得到的井壁信息通过二维成像技术显示出来[5]。近年来，随着人工智能技术的发展，基于成像测井图像的裂缝智能识别方法越来越多。2003年，薛国新等[6]将成像测井图像进行增强、去除噪声后，利用与边缘检测相似的方法进行了裂缝的智能识别。2004年，陆敬安等[7]研究了基于霍夫变换的裂缝自动识别。2005年，张吉昌等[8]将模糊逻辑与人工神经网络相结合，进行了裂缝的识别研究。2012年，张程恩等[3]将蚁群算法与边缘检测算法相结合进行了基于成像测井的裂缝识别研究。2012年，梁劳劳等[9]利用小波神经网络进行裂缝识别，并将识别结果与支持向量机、BP神经网络的识别结果进行了对比分析。2013年，Fengqi Tan等[10]利用数值反演的技术进行裂缝的识别。2015年，刘倩茹等[11]利用蚁群算法进行了裂缝提取。2015年，Junsheng Hou等[12]通过地层双轴各向异性研究了裂缝的识别。2019年，李冰涛等[13]将卷积神经网络应用到裂缝识别中，使用330张样本图片进行了基于小样本的卷积神经网络裂缝识别。2019年，杜小强等[14]利用深度学习中的AlexNet神经网络模型进行了基于成像测井图像的裂缝智能识别研究。2020年，魏伯阳等[15]利用对抗生成网络模型，仅用162张成像测井图片进行了裂缝识别，准确度达到了93.4%，实现了基于小样本较好的裂缝识别。

神经网络是人工智能领域的一大核心技术，基于神经网络技术的图像识别效果相对较好，但是往往需要一定数量的样本图片，然而成像测井中能得到的有效图像却十分有限，因此基于小样本的神经网络裂缝识别是一大难点。本文将图像分割方法与图像识别算法相结合，在小样本的情况下，进行了基于成像测井图像的裂缝识别，通过算法的集成解决了小样本识别准确度低的问题。

## 1.2 研究区域概况

因为不同油田的数据差异较大，所以本文选取的是中东地区的H油田Mishrif储层。Mishrif储层是H油田最主要的储层，该储层非均质性强，裂缝发育，储层厚约400m。

经过对图像数据的清洗，得到可以用于研究的清晰图像37张，每张图像中包含高导缝、诱导缝、溶蚀孔中的一种或多种。37张原始图像经过裁剪后共得到样本图像108张，包含高导缝图像29张、诱导缝图像22张、溶蚀孔图像36张、非孔缝图像21张。本文通过将图像分割方法与图像识别算法结合，准确识别出图像属于高导缝、诱导缝、溶蚀孔和非孔缝这4类中的哪一类。

## 2. 图像分割

本文用到的图像样本可以分为高导缝图像、诱导缝图像、溶蚀孔图像、非孔缝图像共4类。为了在样本数量较少的情况下进行高准确度的裂缝识别，在裂缝识别前先进行裂缝图像的分割。图像分割先是进行了图像的阈值分割，之后用K均值聚类算法优化阈值分割，此处图像识别模型选择的是深度神经网络模型。

### 2.1 图像预处理

由于原始图像中与裂缝像素相近的点会对裂缝的分割产生很大影响，在分割时很可能将这一类像素点与裂缝对应的像素点归为一类,因此需要对图像进行预处理,减少这些点对裂缝分割结果的影响。在图像分割之前,首先应用伽马变换对图像进行图像增强处理,并利用线性变换对图像进行图像锐化处理。伽马变换主要包括归一化、预补偿、反归一化三部分。

(1) 归一化。像素归一化就是将图像原本的像素值通过变换转化为 0~1 之间的数值,归一化公式为

$$R_i = \frac{(r_i - r_{\min})}{(r_{\max} - r_{\min})} \tag{1}$$

其中,$R_i$ 是第 $i$ 个像素点归一化后的值,$r_i$ 是第 $i$ 个像素点原始值,$r_{\min}$ 和 $r_{\max}$ 分别是所有像素值中的最小值和最大值。

(2) 预补偿。预补偿的目的是改变图像的亮度,增强图像对比效果,公式为

$$G_i = R_i^g, g = \frac{1}{\text{gamma}} \tag{2}$$

其中,$G_i$ 是第 $i$ 个像素点伽马变换之后对应的值,gamma 为伽马变换的指数,gamma 可以人为指定。

当 gamma < 1 时,会拉伸图像中灰度级较低的区域,同时会压缩灰度级较高的部分,整体图片变亮。

当 gamma > 1 时,会拉伸图像中灰度级较高的区域,同时会压缩灰度级较低的部分,整体图片变暗。

(3) 反归一化。将预补偿后像素点对应的值还原为真实像素值,公式为

$$R_i' = G_i \cdot (r_{\max} - r_{\min}) + r_{\min} \tag{3}$$

其中,$R_i'$ 为反归一化后第 $i$ 个像素点对应的真实像素值。

在完成伽马变换后,又用线性变换对图像进行锐化处理。图像预处理结果如图 1 所示,从结果中可以看出,与原始图像相比,变换后的图像中裂缝区域更加清晰可见。

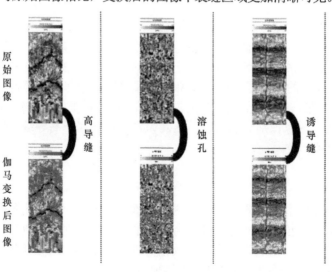

图 1　图像预处理结果(见彩插)

Fig.1　Image preprocessing results

## 2.2 图像的阈值分割

图像的阈值分割可以分为两类：一类是自定义阈值分割，即人为给定图像的阈值，对图像中的像素点进行分类；另一类是迭代法阈值分割，该方法不需要人为给定图像的阈值，而是通过迭代算法计算得到阈值。因为迭代法阈值分割无须人为尝试给出阈值，分割效率更高，所以此处使用的是迭代法阈值分割。

使用迭代法阈值分割进行图像阈值分割的流程如下。

（1）给出初始阈值：一般取图像灰度值的平均值为初始阈值 $T_0$，也可以根据实际问题合理给出初始阈值 $T_0$。

（2）初始化迭代参数：给出阈值 $T_1 = 0$，判断 $T_0$ 与 $T_1$ 的差的绝对值是否为 0，若为 0，则以初始阈值 $T_0$ 进行阈值分割；否则，进入下一步。

（3）遍历像素点进行比较：遍历每个像素点，将每个像素点的灰度值与初始阈值 $T_0$ 比较，将灰度值大于 $T_0$ 的像素点的灰度值存储到列表 $list_1$ 中，其余的灰度值存储到 $list_2$ 中。

（4）得到新阈值：将当前的初始阈值 $T_0$ 赋值给 $T_1$，计算 $list_1$ 和 $list_2$ 的平均值，分别记为 $average_1$ 和 $average_2$，最后对 $average_1$ 和 $average_2$ 求取平均值，将得到的值赋值给 $T_0$。

（5）循环求解：将新的 $T_0$ 和 $T_1$ 迭代到步骤（2）中，直到满足步骤（2）的终止条件，停止迭代，此时的 $T_0$ 就是分割阈值。

图像的阈值分割结果如图 2 所示，图中将图像增强处理之前的阈值分割结果与图像增强之后的阈值分割结果进行了比较，从结果中可以看出，经过图像增强后再进行图像分割，裂缝和溶孔区域更加清晰可见。

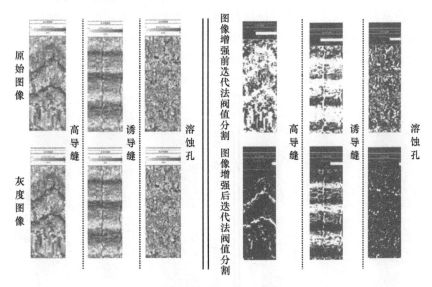

图 2 阈值分割结果（见彩插）

Fig.2 Threshold segmentation results

## 2.3 图像滤波处理

前面针对增强前后的成像测井图像进行了图像的迭代法阈值分割，无论是图像增强前，还是图像增强后，阈值分割后目标区域虽然相对清晰可见，但是图像中仍然存在一些零散的与目标区域颜色相同的像素点，这些点对目标区域的后续处理会有很大影响，为了减少这种干扰，此处使用图像的滤波处理来减少目标区域以外的干扰像素点。

这里使用均值滤波对分割后的图像进行滤波处理。均值滤波是一种典型的低通滤波方法，该方法通过计算某个像素点周围的像素灰度值的平均结果来代替该点的灰度值，具体操作如图 3 所示，首先以需要滤波的像素点为中心，形成一个 3 像素×3 像素的核，该核共包括 9 个像素点，利用 9 个点的平均灰度值代替中间像素点的灰度值，此处用的核是 3 像素×3 像素，但实际上可以是 $n$ 像素×$n$ 像素的，这里 $n$ 是奇数，当 $n=1$ 时，显示的就是原图。

图3　滤波处理示意图

Fig.3　Filter processing diagram

在滤波处理时，可以进行多次滤波，以便减少图像中的干扰像素点，但滤波次数也不能过多，当滤波次数过多时，一些目标区域的边缘像素点也有可能被过滤掉。两次滤波后的结果如图 4 所示。从结果图像中可以看出，在经过两次滤波处理后，图像中的目标区域已经十分清晰了，但对于诱导缝图像和溶蚀孔图像而言，在第二次滤波后一些目标区域也已经被过滤掉了，因此在后续处理时应选择一次滤波。

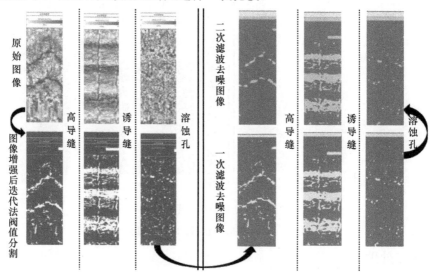

图4　两次滤波后的结果（见彩插）

Fig.4　The results after two filtes

## 2.4 K 均值聚类优化阈值分割

在原始图像中，像素的灰度值是一系列连续变化的值，对于阈值分割而言，连续变化的灰度值是不利于确定分割阈值的，因此引入 K 均值聚类算法来优化阈值分割。首先针对原始图像进行聚类，将连续变化的灰度值归结为有限的几类，然后再针对聚类后的图像进行阈值分割。

K 均值聚类算法根据聚类的种类数和初始聚类中心的选取，通过计算每个数据点到聚类中心的距离，来判断该数据点属于哪一类，每个数据点都只能归入到其中的一类中。如图 5 所示，有 8 个数据点，当 $k=2$ 时，需要选定两个聚类中心将所有数据分为两类，选定初始点后，最终根据距离两个初始点的距离将数据分成两类；当 $k=3$ 时，需要选定 3 个聚类中心，将数据分为 3 类。

对图像进行预处理后，按照上述流程，对预处理后的图像利用 K 均值聚类算法进行图像聚类。K 均值聚类算法的 $k$ 值选择在本次研究中是经过多次尝试得到的，若 $k$ 值太大，则容易将一些目标区域的边缘像素点划为非目标像素点；若 $k$ 值太小，则有些非目标区域的像素点也容易被误判为目标区域的像素点，经过多次尝试选择 $k=5$，也就是将图像中的像素点分成 5 类，这 5 类在图像中表现为 5 种不同的颜色，其聚类结果如图 6 所示，从结果中可以看出，聚类后目标区域与其他区域已经有了较大差别。

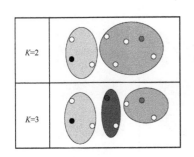

图 5  K 均值聚类示意图（见彩插）

Fig.5  K-means clustering diagram

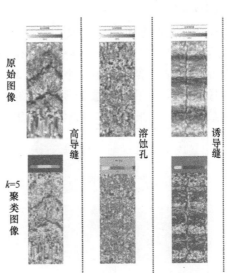

图 6  K 均值聚类结果（见彩插）

Fig.6  K-means clustering results

在完成图像聚类后，使用不同阈值分割模型在聚类图像的基础上进行图像分割，图 7 是聚类图像、阈值分割图像和 K 均值聚类优化后阈值分割图像的结果对比，从中可以看出，应用 K 均值聚类算法的图像中被错误判别为目标区域的干扰像素点与之前相比减少了很多，由此可见，应用 K 均值聚类算法的阈值分割是有一定效果的。

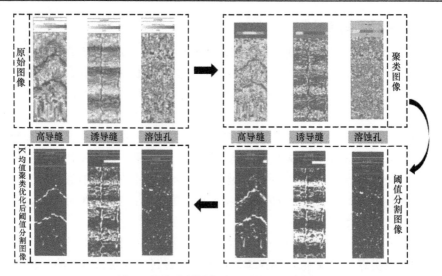

图 7 阈值分割图像结果对比（见彩插）

Fig.7 Comparison of image threshold segmentation results

## 3. 基于分割后图像的裂缝识别

### 3.1 样本图像处理

将原始成像测井图像分为 4 类，分别是高导缝图像、诱导缝图像、溶蚀孔图像和非孔缝图像，为了满足神经网络的训练要求，对 108 张样本图像进行了裁剪和像素变换，最后得到的是 60 像素×50 像素的 108 个样本，其中包含高导缝图像 29 张、诱导缝图像 22 张、溶蚀孔图像 36 张、非孔缝图像 21 张，如图 8 所示。将 108 张图像中随机选出的 30 张图像作为测试数据集，78 张图像作为训练数据集。

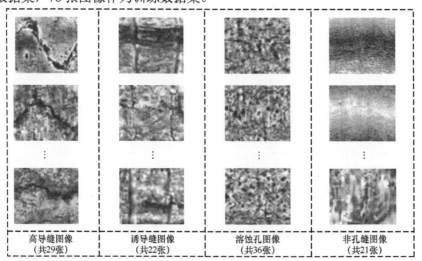

图 8 图像分割前样本（见彩插）

Fig.8 Sample before image segmentation

在完成原始图像的处理后，对 108 张样本图像进行了图像分割，分割后样本图像如图 9 所示。

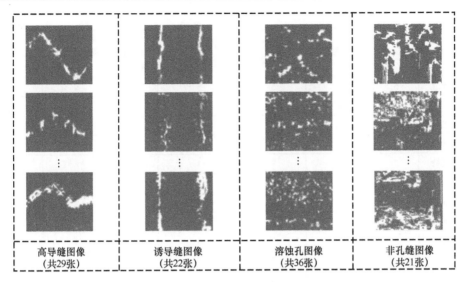

图 9 图像分割后样本

Fig.9 Sample after image segmentation

## 3.2 裂缝识别

在完成图像分割后，应用深度神经网络进行基于原始成像测井图像的裂缝识别和基于图像分割后成像测井图像的裂缝识别，并对结果进行对比分析。完成了样本的预处理后，应用深度神经网络模型进行裂缝、溶孔的识别。此处深度神经网络模型主要包括输入层、4个隐藏层和输出层。4 个隐藏层的神经元个数分别为 200、100、50、10，输出层的神经元个数为 1，4 个隐藏层用的激活函数都是 ReLU 激活函数，输出层用的是 sigmoid 激活函数乘以 8，输出层得到的是闭区间 [0,8] 之间的一个数，经处理后输出值为 1、3、5、7 中的任意一个值。表 1 是裂缝识别结果汇总。

表 1 裂缝识别结果汇总

Table1 Summary of fracture identification results

| 序号 | 类别 | 真实值 | 原始预测值 | 阈值分割后预测值 | K均值聚类优化分割预测值 | 原始预测是否正确 | 阈值分割后预测是否正确 | K均值聚类优化分割预测是否正确 |
|---|---|---|---|---|---|---|---|---|
| 1 | 高导缝 | 1 | 1 | 1 | 1 | √ | √ | √ |
| 2 | 高导缝 | 1 | 1 | 1 | 1 | √ | √ | √ |
| 3 | 诱导缝 | 5 | 5 | 5 | 5 | √ | √ | √ |
| 4 | 高导缝 | 1 | 7 | 7 | 7 | × | × | × |
| 5 | 溶蚀孔 | 3 | 3 | 3 | 3 | √ | √ | √ |
| 6 | 非孔缝 | 7 | 3 | 3 | 3 | × | × | × |
| 7 | 溶蚀孔 | 3 | 7 | 7 | 3 | × | × | √ |
| 8 | 溶蚀孔 | 3 | 3 | 3 | 3 | √ | √ | √ |
| 9 | 诱导缝 | 5 | 3 | 7 | 7 | × | × | × |
| 10 | 溶蚀孔 | 3 | 3 | 3 | 3 | √ | √ | √ |
| 11 | 溶蚀孔 | 3 | 5 | 3 | 3 | × | √ | √ |
| 12 | 非孔缝 | 7 | 7 | 7 | 7 | √ | √ | √ |
| 13 | 高导缝 | 1 | 1 | 1 | 1 | √ | √ | √ |

（续表）

| 序号 | 类别 | 真实值 | 原始预测值 | 阈值分割后预测值 | K均值聚类优化分割预测值 | 原始预测是否正确 | 阈值分割后预测是否正确 | K均值聚类优化分割预测是否正确 |
|---|---|---|---|---|---|---|---|---|
| 14 | 诱导缝 | 5 | 5 | 5 | 5 | √ | √ | √ |
| 15 | 非孔缝 | 7 | 3 | 7 | 7 | × | √ | √ |
| 16 | 溶蚀孔 | 3 | 3 | 3 | 3 | √ | √ | √ |
| 17 | 高导缝 | 1 | 1 | 1 | 1 | √ | √ | √ |
| 18 | 非孔缝 | 7 | 3 | 3 | 3 | × | × | × |
| 19 | 溶蚀孔 | 3 | 7 | 3 | 3 | × | √ | √ |
| 20 | 诱导缝 | 5 | 3 | 7 | 5 | × | × | √ |
| 21 | 高导缝 | 1 | 1 | 1 | 1 | √ | √ | √ |
| 22 | 诱导缝 | 5 | 5 | 5 | 5 | √ | √ | √ |
| 23 | 非孔缝 | 7 | 5 | 5 | 5 | × | × | × |
| 24 | 溶蚀孔 | 3 | 3 | 3 | 3 | √ | √ | √ |
| 25 | 高导缝 | 1 | 1 | 1 | 1 | √ | √ | √ |
| 26 | 溶蚀孔 | 3 | 7 | 3 | 3 | × | √ | √ |
| 27 | 溶蚀孔 | 3 | 7 | 3 | 3 | × | √ | √ |
| 28 | 溶蚀孔 | 3 | 3 | 3 | 3 | √ | √ | √ |
| 29 | 非孔缝 | 7 | 7 | 7 | 7 | √ | √ | √ |
| 30 | 诱导缝 | 5 | 5 | 5 | 5 | √ | √ | √ |

在图像识别中，将原始图像的识别结果、阈值分割后识别结果、K均值聚类优化分割后识别结果进行了对比分析，逐步优化后的三种识别结果如表1所示。在30个测试样本中，原始图像识别正确的有18个，识别准确率为60.0%；简单阈值分割后样本图像识别正确的有23个，识别的准确率为76.7%；K均值聚类优化分割后的样本图像识别正确的有25个，识别准确度为83.3%。从结果可以看出，在不断的优化过程中，识别的准确度不断上升，最终在只有78张训练样本的情况下，识别准确率达到了83.3%。

针对三种逐步改进方法的识别结果，绘制混淆矩阵分析模型的泛化能力，三种方法识别结果混淆矩阵如图10所示。通过混淆矩阵可以看出，在模型不断改进的过程中，溶蚀孔的识别准确率有了明显提升，整体识别准确率也在逐渐提升。

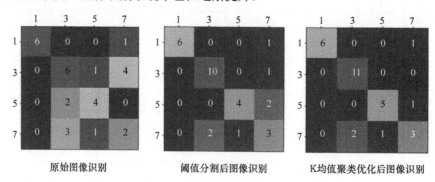

图10 三种方法识别结果混淆矩阵（见彩插）

Fig.9 Three methods to identify the result confusion matrix

## 4. 结论与思考

为了在样本量不足的情况下进行裂缝的有效识别，此处将图像分割与图像识别模型相结合，实现了小样本的神经网络裂缝识别，主要得出以下三个结论。

（1）通过图像分割，对裂缝、溶孔的识别准确率由原来的 60.0%提高到了 83.3%，由此可见，应用图像分割提高样本图像的质量，可以解决神经网络图像识别时样本数量不足的问题。

（2）在图像分割模型中，应用 K 均值聚类算法优化后，图像分割效果比优化前有了很大改善，所以可以通过一些辅助算法优化图像分割模型来增强图像分割的效果。

（3）在图像识别中，对高导缝的识别准确率相对较高，这是由于高导缝区域特征明显，容易进行图像分割，因此提高图像分割质量可以识别得更准确。

在只有 78 张图像作为训练集的情况下，目前 30 张测试样本的识别准确率为 83.3%，这主要是因为样本数量有限和样本质量不高，要想提高识别的准确率，可以从以下两个方面改进模型：

（1）增加样本数量。增加样本数量可以使模型在特征提取时提取到更加全面的特征，进而提高模型识别的准确率。

（2）提高样本质量。通过原始图像的识别和图像分割后高质量图像的识别对比发现，应用图像分割的识别准确率提高了 23.3%，由此可见，提高图像质量可以提高模型识别的准确率。可以通过改进图像分割算法使得图像分割的效果更好，得到图像的质量更高，从而提高模型识别的准确率。

本文由樊永东执笔，金衍指导。本论文已被《石油钻采工艺》录用。

## 参考文献

[1] 刘帅. 利用井壁成像测井资料进行缝洞评价研究[D]. 北京: 中国石油大学(北京), 2018.
[2] 李东阳. 常规测井曲线裂缝识别方法研究[D]. 中国石油大学(北京), 2016.
[3] 张程恩. 成像测井裂缝识别与提取及裂缝参数计算方法研究[D]. 吉林大学, 2012.
[4] 李茂兵. 电成像测井自动识别和定量评价研究[D]. 中国石油大学(华东), 2010.
[5] 唐佳伟. 成像测井资料处理与裂缝识别方法研究[D]. 西安科技大学, 2013.
[6] 薛国新, 肖立川. 成像测井中的裂缝计算机自动识别方法[J]. 工矿自动化, 2003(04): 1-3.
[7] 陆敬安, 伍忠良, 关晓春, 等. 成像测井中的裂缝自动识别方法[J]. 测井技术, 2004, 28(2): 115-117.
[8] 张吉昌, 邢玉忠, 郑丽辉. 利用人工智能技术进行裂缝识别研究[J]. 测井技术, 2005, 29(1): 52-54.
[9] 梁劳劳. 致密砂岩储层裂缝最优识别方法及软件开发[D]. 成都: 成都理工大学, 2012.
[10] TAN F Q, LI H Q, SUN Z C, et al.,Identification of natural gas fractured volcanic formation by using numerical inversion method[J]. Journal of Petroleum Science and Engineering, 2013. 108: p. 172-179.
[11] 刘倩茹, 陈春华, 潘保芝, 等. 蚁群算法在成像测井裂缝识别及提取中的应用[J]. 电子测量技术, 2015, 38(04): 55-57.
[12] JUN S H, BURKAY D et al. Characterization of formation fractures with multicomponent induction logging logging based on biaxial anisotropy models[J]: Method and case studies.
[13] 李冰涛, 王志章, 孔垂, 等. 基于成像测井的裂缝智能识别新方法[J]. 测井技术, 2019, 43(3): 257-262.
[14] 杜小强, 刘鑫, 薛志波, 等. 基于深度学习的电成像测井裂缝自动识别方法初探[J]. 化工管理, 2019(24): 204-205.
[15] 魏伯阳, 潘保芝, 殷秋丽等. 基于条件生成对抗网络的成像测井图像裂缝计算机识别[J]. 石油物探, 2020, 59(2): 295-302.

# 基于改进的集成学习的测井岩性智能识别方法
## ——以大牛地气田致密砂岩气藏为例

**摘　要**　不同类型岩石的渗透率及产气能力差异较大，准确识别地下储层岩性对于提高油气藏采收率具有重要意义。本文基于鄂尔多斯盆地大牛地气田工区内的 13 口取心井的测井、岩心资料，提出了一种拟合决策型集成架构方法，优选自然伽马、自然电位、声波时差、中子 4 条常规测井曲线进行测井智能岩性识别。该架构将常规分类集成学习模型第一级基类模型的分类学习器改进为回归学习器，并以堆栈方法进行两层集成，使模型时间复杂度降低一半，并且性能提升 3%。在大牛地气田工区测井曲线岩性识别应用中，整体识别准确率达到 84%，部分层段准确率高达 98%。

**关键词**　测井岩性智能识别；集成学习；大牛地气田；拟合决策型集成

# Lithology Recognition Method Based on Improved Ensemble Learning——Taking The Tight Sandstone Gas Reservoir in Daniudi Gas Field as an Example

**Abstract**　The permeability and gas production capacity of different types of rocks vary greatly. Accurate identification of underground reservoir lithology is of great significance to improve oil and gas reservoir recovery. Based on the logging and core data of 13 coring wells in Daniudi gas field, Ordos Basin, this paper puts forward a fitting decision-making integrated framework method, which uses four optimized conventional logging curves of natural gamma, natural potential, acoustic time difference and neutron for logging intelligent lithology identification. In this architecture, the classification learner of the first level base model of the conventional classification integration learning model is improved into a regression learner, and the stack method is used for two-layer integration, which reduces the time complexity of the model by half and improves the performance score by three percentage points. In the application of logging curve lithology identification in Daniudi gas field, the overall identification accuracy is 84%, and the accuracy of some intervals is as high as 98%.

**Keywords**　logging lithology intelligent；identification；ensemble learning；Daniudi gas field；fitting decision ensemble

## 1. 引言

岩性是指岩石的颜色、成分、结构、构造等一系列特征的总和，不同岩性的岩石在渗透率和产气能力等诸多方面都表现出较大的差异性[1]。因此，地下岩性识别是对地下储层进行评价的关键步骤，也是确定油气层、其他矿藏及计算储层相关参数的基础。由于开发井取心有限，因此测井岩性解释是一种广泛应用于地下地层岩性识别的技术，而如何科学、准确地对测井曲线进行岩性解释是储层岩性识别工作的关键[2]。

国内外基于测井曲线的岩性解释方法研究已经开展了几十年，方法众多并且成果显著，可归纳为传统的测井曲线交会图法、定性解释方法、定量解释方法和基于机器学习的人工智能方法。

基于测井曲线交会图法[3]，可以利用岩心图像数据与测井数据，在二维平面内勾画出不同岩性的分布区域，绘制砂岩等岩类的交会图图版进行岩性解释（如周海超等[4]）；采用定性解释方法，以正演建模和反演解释理论定性地对岩性进行解释，同样也能取得不错的岩性识别效果（如程俊义等[5]）。利用定量解释方法，根据 $V_{sh}$ 值的大小将岩石的岩性划分成几大类，并利用电阻率曲线与声波时差曲线两者结合计算总有机碳含量 TOC 值，从而将部分岩类进一步细分（如成大伟等[6]）。然而，传统的交会图、定性解释、定量解释等方法虽然具有一定的岩性识别效果，但是都存在很多的不足，如识别精度不高，建模时间过长，需要一定的相关学科知识作为支撑等。多年来，关于智能化的测井曲线岩性解释方法的研究进展颇多，主要的建模方法有常规机器学习分类算法、深度学习算法、无监督学习算法、集成学习算法四类。

第一类，以多粒度级联森林[7]为例的基于树结构的常规机器学习分类算法。多粒度级联森林算法是一种树结构且类似深度神经网络的集成方法，算法中引入了级联结构，将模型训练分为多粒度扫描阶段和级联森林阶段[8]两个阶段。通过选取多个测井参数作为输入特征变量，采用中值归一化方法对数据进行标准化，搭建多粒度级联森林算法模型，对多种碎屑岩岩性进行分类，能够有效地提高岩性识别的效率和精确度（如苏赋等[9]）。

第二类，以神经网络为代表的深度学习算法。以优选的多条测井曲线作为输入变量训练深度神经网络模型，并且引入预训练[10]过程，提前依次训练每个神经层以得到神经网络的各层初始变量值，之后使用反向传播算法[11]作为微调技术对整个神经网络进行优化学习，模型效果显著（如安鹏等[12]）。

第三类，以聚类算法为代表的无监督学习算法。通过交会图等方法筛选对岩性表征敏感的测井曲线，并使用主成分分析方法对测井曲线提取第一、第二主成分，从而建立岩性识别图版，识别精度良好（如高松洋等[13]）。

第四类，以 Bagging 算法和 Boosting 算法为代表的集成学习算法。随着集成学习不断发展、完善，其在岩性解释方面的应用也层出不穷。以堆栈的方式组合使用随机森林、支持向量机、朴素贝叶斯等性能强弱不同的多个分类器模型，使用 K 折交叉验证方法，基于多条测井曲线对不同岩石进行岩性识别，其岩性识别效果能够优于各个初级分类器（如邹琪等[14]）。

国内外基于测井曲线的岩性识别方法种类繁多，技术相对成熟，机器学习领域内的一系列智能化分类算法有效地弥补了传统岩性识别技术在建模时间成本及模型解释精度等方面的不足，然而在实际应用过程中仍然存在着一些潜在的问题。其一，采用单一智能算法所搭建的模型对岩性的解释准确率不能满足工程需要；其二，基于集成学习架构所搭建的模型，虽然岩性识别能力较单独的机器学习算法模型有所提升，但是其对多个基类模型的集成导致模型复杂度有所增加。

本文使用的所用数据均来源于鄂尔多斯盆地大牛地气田。大牛地气田井网密集，数字化程度高，具有丰富可靠的岩心与测井资料，能够为智能化测井曲线岩性识别方法研究提供有力的数据支撑。

## 2. 研究区概况

### 2.1 地质概况

研究区位于鄂尔多斯盆地的大牛地气田，处于伊陕陡坡东北部，陕西与内蒙古的区域交界，是中国的东部构造稳定区与西部构造活动带间的组合部位，地面海拔一般为 1230~1360m，平均海拔为 1300m，以不到 1°角向西方向倾斜，面积约 2000 km$^2$。

研究区目的层段属上古生界二叠系下统，自上而下发育下石盒子组、山西组地层，主要为三角洲沉积环境。目的层段碎屑岩磨圆度较差，呈次棱状到次圆状，分选中等。研究区内不同粒度的砾岩和砂岩储层渗透率差异较大。目的层段的砂岩孔隙度平均为 8.1%，渗透率平均为 0.44md，渗透率最好的碎屑岩为小砾岩和巨砂岩。

### 2.2 资料概况

本文所采用的数据均来自大牛地气田的 13 口取心井（D15、D38、D62 等），研究数据主要包括岩心资料与测井资料。其中，岩心资料包括岩心筒照片及岩心特写照片，研究过程中用岩心特写照片进行岩性标定。经过资料整理，获得完整的岩心筒照片 180 张，岩心特写照片 365 张，部分照片如图 1 所示。目的层段碎屑岩岩性主要为砾岩、巨砂岩、粗砂岩、中砂岩、细砂岩、粉砂岩、泥岩、煤、钙质胶结砂岩及薄巨砂，其颗粒直径如表 1 所示[15]。

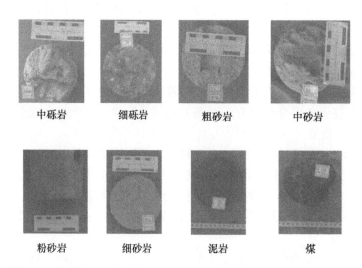

图 1 大牛地气田石盒子组－山西组不同岩性的岩心照片（见彩插）

Fig.1 Core photos of different lithology of Shihezi Formation-Shanxi Formation in Daniudi gas field

表 1　碎屑岩颗粒粒度分级

Table1　Grain size classification of clastic rock

| 粒级划分 | | 颗粒直径/mm |
|---|---|---|
| 砾 | 巨砾 | >1000 |
| | 粗砾 | 1000～100 |
| | 中砾 | 100～10 |
| | 细砾 | 10～2 |
| 砂 | 巨砂 | 1～2 |
| | 粗砂 | 1～0.5 |
| | 中砂 | 0.5～0.25 |
| | 细砂 | 0.25～0.01 |
| 粉砂 | 粗粉砂 | 0.1～0.05 |
| | 细粉砂 | 0.05～0.005 |
| 黏土（泥） | | <0.005 |

测井资料包含了多口取心井的测井数据，包括井径测井、自然电位、自然伽马、深电阻率、中电阻率、浅电阻率、声波测井、密度测井（岩性密度）、中子测井共 9 条常规测井曲线，其数据存储格式为.las 文件，其文件版本为 2.0。

## 3. 岩心及测井数据预处理

在测井岩性识别建模前期，对数据的处理是至关重要的，其数据预处理过程主要包括利用岩心资料对岩性进行标定，去除测井数据中的缺失值、噪声部分及异常值等[16]，使用欠采样技术平衡化数据[17]，引入特征工程技术[18, 19]剔除数据冗余信息并降低模型学习复杂度。

### 3.1　岩性标定

岩性标定是根据已有岩心图像确定地层真实岩性的过程，为实验数据提供真实可靠的岩性标签，以大牛地气田取心井 D15 为例，其岩性标定结果如图 2 所示。在岩心柱状图中，岩性道是根据其右侧道岩心照片标定的，从结果可知某一测井深度的各个测井曲线参数值及该深度地层所对应的岩性标签。岩性标定的过程为：首先通过大牛地气田的取心井所取岩心图像对岩心样本进行人工岩性标定，标定的数据记录项包括井号、取心深度、岩性等；之后根据该岩心所在井深度确定与其对应的测井曲线参数所表征的岩性标签。

### 3.2　缺失值与异常值处理

数据缺失与异常是数据中经常出现的非正常现象，是对数据完备性与可靠性的极大挑战。缺失值产生的原因有很多，从缺失数据的分布来讲可以分为偶然性缺失与非偶然性缺失，或者是介于这两种情况之间。对于缺失值的处理，通常情况下可以采取删除或者填充方法。

本文所用常规测井曲线数据同样存在缺失值与异常值，其中井径测井与微电阻率测井数据中存在缺失值，密度测井数据中的缺失值比例大于 50%，需要将这些列数据删除；其他缺失值的比例较小，然而不能简单采用缺失值填充的处理方法，因为会给数据引入较大噪声，本文采用删除方式处理这些缺失值。异常值的处理方式与缺失值相同。

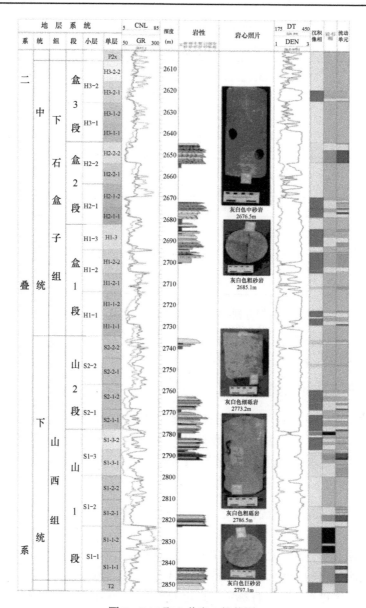

图 2 D15 取心井岩心柱状图

Fig.2 Core histogram of D15 coring well

## 3.3 数据平衡

分类标签数据分布不平衡是指样本空间中的各个类别样本数量分布差异大，即在多分类样本数据中，部分类别样本数量占有相当大的优势（称为负类），而有些类别样本的数量远远少于其他类别的样本数量（称为正类）。数据分布不平衡的问题通常要在数据预处理阶段解决，其处理手段主要是重采样技术。该技术主要由欠采样和过采样两种方式实现。

由于岩性标签数据分布严重不平衡，因此本文使用 ADASYN 过采样与 One-Sided Selection 欠采样相结合的数据处理方式来平衡化岩性标签分布。ADASYN 算法根据正类样本的分布自适应地生成负类数据样本，使更难被学习的正类样本生成更多的合成数据，不仅可以减少原始不平衡数据分布带来的学习偏差，还可以自适应地将决策边界转移到难以学习的样本上。该算法首先计算数据不平衡度、计算待合成样本数量，然后对每个正类样本用欧式距离计算 $k$ 个邻近和周围负类的情况，在 $k$ 个邻近中选择一个正类样本进行合成。One-Sided Selection 算法剔除负类样本中噪声、边界样本和多余样本，通过初始化一个包括所有正类样本和随机选择的一个负类样本的集合训练一个 1-NN 分类器，并不断将该分类器错分的负类样本并入集合中，同时使用 Tomek links 方法剔除负类样本，从而得到最终的类别分布更为平衡的训练样本集合。

### 3.4 特征工程

数据及其特征在某种程度上限制了机器学习的效果，特征工程的作用是挖掘数据中的有效特征，尽可能地从原始数据集中捕捉所有有用信息用于算法和模型学习。特征工程指从原始数据中产生能够被用于建模的数据的过程，即通过转换数据集的特征空间来提高数据集的预测建模性能，这种转换有助于缩放要素或将要素和目标类之间的非线性关系转换为线性关系[20]。

本文采用了模型选择特征的方法进行特征选择，基于随机森林算法[21]，将测井数据内的 6 条测井响应曲线的特征重要性进行比较，选择了重要性高的 4 个测井曲线，即自然电位（SP）、自然伽马（GR）、声波测井（AC）和中子测井（CNL）。

## 4. 测井岩性识别建模

### 4.1 基模型择选

本文以集成学习为架构搭建测井岩性解释模型。在模型的搭建过程中，为了有效确定基类模型的数量与类型，本文提出了模型相似度评测方法。通过训练数据集对多个基分类器分别进行训练，并将各个基分类器在测试数据集上的预测结果进行对比。设有基分类器 A、B，则其相似度（合作性能）评估指标如表 2 所示。

表 2 相似度评估指标
Table2 Similarity evaluation index

| 指标 | 指标含义 |
| --- | --- |
| 合作改善量 | CP(A,B)：A 分类正确而 B 分类错误样本的数量<br>CP(B,A)：B 分类正确而 A 分类错误样本的数量 |
| 合作收益量 | A、B 分类均正确的样本交集元素数量 |
| 合作价值量 | MIN(CP(A,B),CP(B,A)) |

其中，合作改善量给出了某一分类器对其他分类器潜在的帮助能力，但是当分类器 A 对分类器 B 的性能改善量值很大时，有可能分类器 B 对分类器 A 的性能改善量值很小，甚至为 0；虽然合作收益量确保了多个分类器合作可能会有比较好的性能表现，但是存在每个分类器的性能几乎完全相同的可能性；合作价值量则强调了多个分类器间相互给予的提升作用，即合作的提升价值，但是它不能保证合作后的模型具有较好的性能表现力。因此，在选择集成模型的基类模型时需要同时参考这三项指标。建模初期构建数个单一分类器，并对它们的性能相似性进行比较。

综合分析，考虑三个模型相似度评估指标结果，从中选择 AdaBoost 和 GradientBoosting[22]

这两种算法构建的分类器作为集成模型的基类模型,并由这两个分类器组合另外一个随机森林分类器共同构建两级集成学习模型的架构。实验证明,当采用逻辑回归等简单分类器作为第二级基模型时,集成模型的性能并不足够好,这是因为采用的基类模型数量较少,对数据的特征提取不够广泛、多样,导致简单的分类学习器不能很好地学习特征数据到岩性标签之间的映射,因此需要选择性能较好的分类器——随机森林。其中,AdaBoost 和 GradientBoosting 作为集成模型的第一级基模型,随机森林作为集成模型的第二级基模型。最后通过对比分析基类模型的两种不同组合方式,即投票法及学习法对集成模型性能的提升效果,最终选择集成效果较好的学习法作为第一级基模型的组合方式。

### 4.2 拟合决策型集成模型

由于常规分类集成模型的时间复杂度过高,并且集成模型性能要略低于最好的单一基类模型,因此本文提出了一种拟合决策集成方法,引入回归器作为集成模型的基类模型。通过实验分析发现,在相同数据集上训练相同轮次,同一算法所构建分类器训练时间一般不短于其构建回归器的训练时间,且两者损失分数相差不大,如图 3 所示。因此,本文将所搭建集成模型的初级学习器由分类模型转换为回归模型。通过实验对比分析,用回归学习器作为基类模型所构建的集成模型在时间复杂度和分类性能得分上均优于用分类学习器作为基类模型所搭建的集成模型。基于 Python 3.8 运行环境,在 64 位 Windows 7 的四核 2.10GHz CPU 上,前者运行时间为 57.76s,模型得分为 0.859 分,后者运行时间为 29.27s,模型得分为 0.884 分。

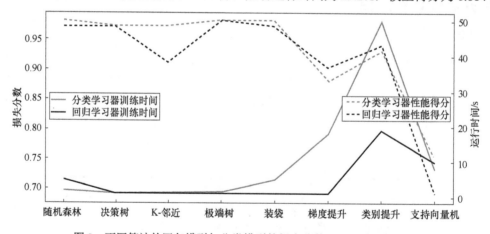

图 3 不同算法的回归模型与分类模型的损失分数、运行时间的比较

Fig.3 Comparison of loss score and running time of regression model and classification model with different algorithms

改进前后集成模型的架构比较如图 4 所示,其中上半部分的模型架构是未经改进的集成模型,其第一级基模型为分类器,而下半部分的模型架构则是改进后的集成模型,其第一级基类模型为回归器。第一级基类模型的输出经过 Stacking 算法处理后,输入第二级的分类学习器内进行二次学习,并输出最终的岩性分类结果。

改进后的集成模型取得了更好的岩性识别效果,其主要原因表现在两个方面:其一,由于分类学习器在回归学习器基础上引入了 softmax[23]等处理方法,分类的归整化操作在一定程度上使分类器在特征提取过程中引入误差;其二,一般情况下,分类器较回归器的实现方法复杂,相比之下,回归器具有更低的模型复杂度。

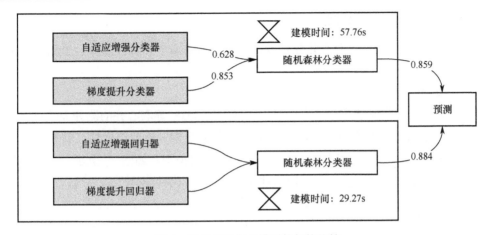

图 4 改进前后集成模型的架构比较

Fig.4　Integration models architecture Comparison before and after improvement

## 5. 模型评估及实际工区应用

### 5.1 模型评估

通常情况下，没有任何一种指标能够全面反映多分类模型的性能优劣，往往需要采用多种评估策略从多个方面来对模型性能进行检验。本文综合考虑了多项指标对模型的性能进行评估，以避免单一指标评估的片面性。本文使用了交叉验证、正确率、F1 值[24]、卡帕得分、汉明损失、召回率这 6 项指标的平均值作为模型性能得分的评测标准。拟合决策型集成模型在测试集数据上评测标准得分为 0.884 分，其归一化后的混淆矩阵如图 5 所示。由该矩阵可知，虽然模型对 8 种岩性地层的识别精度各有差异，但是差异并不显著，其在砾岩上的识别效果最好。

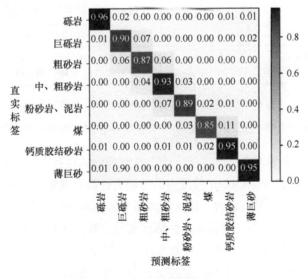

图 5　归一化后的混淆矩阵

Fig.5　Normalized confusion matrix

## 5.2 实际工区应用与效果评价

以下基于 D38、D62 等取心井分别做拟合决策型集成学习算法测井岩性解释的应用与效果评价。

### 5.2.1 实际工区应用

本文基于改进的集成模型对大牛地气田工区内的 D38 等取心井的测井曲线进行岩性识别,其整体岩性识别表现效果可观,能够正确识别出近84%的地层岩性,特别是对井中部区域地层识别效果普遍良好,对薄层地层也能够准确地识别,如图 6 所示。此外,岩性智能识别模型对数据的处理速度较快,识别性能较稳定,识别效率较高。

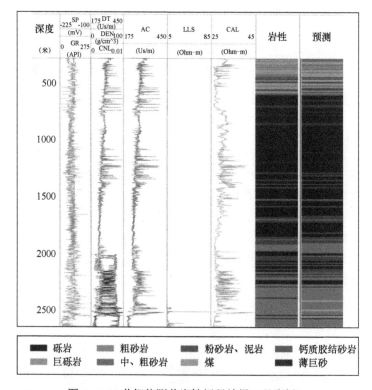

图 6 D38 井智能测井岩性解释结果(见彩插)

Fig.6 Lithology interpretation results of intelligent logging well D38

然而,该算法在该测试测井曲线各段上的岩性解释性能也存在一定的差异性。图 7 反映了智能解释程序对井深 1370～1500m 范围内的地层岩性解释准确率达 98.9%,该深度范围内的地层岩性主要表现为粗砂岩与砾岩;图 8 反映了智能解释程序对井深 2240～2370m 范围内的地层岩性解释准确率达 76%,较总体岩性解释准确率低。从测井曲线 CNL 可以看出,在井深 2280～2370m 范围内,CNL 曲线值有所波动,此深度范围内地层段的岩性识别效果良好。而在井深 2245～2280m 处,CNL 曲线值趋于平稳,此深度范围内地层段的岩性识别效果较差。因此,可以推断测井曲线 CNL 对识别结果具有一定影响。

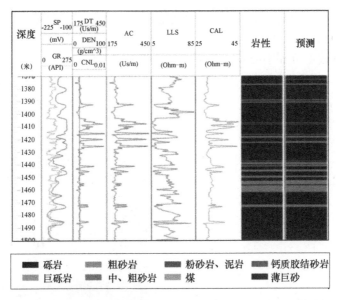

图 7  D38 井智能测井岩性局部解释结果（1370～1500m）（见彩插）

Fig.7  Local interpretation results of lithology of well D38 intelligent logging（1370～1500m）

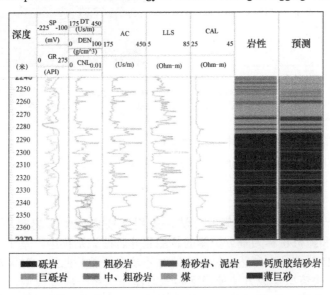

图 8  D38 井智能测井岩性局部解释结果（2240～2370m）（见彩插）

Fig.8  Local interpretation results of lithology of well D38 intelligent logging（2240～2370m）

#### 5.2.2 应用效果评价

本文对大牛地气田工区内的 D62 等取心井进行岩性预测，并将预测结果与采用传统交会图法和未改进集成学习算法所得到的结果进行对比。图 9 是采用传统交会图法、未改进集成学习算法决策树以及改进的集成学习方法拟合决策型集成模型进行岩性识别的结果。其中，岩性道为实际的地层岩性标签，交会图道为采用交会图法所识别的岩性结果，其岩性识别准确率达 74%；集成法道为采用未改进集成学习模型预测的岩性结果，其岩性识别准确率达到 76%；改进集成法道为拟合决策型集成模型预测的岩性结果，其岩性识别准确率达到 80%，与另外两种方法相比其岩性识别准确率更高，识别准确率提升了 4%~6%。此外，三种方法在 D62 井深度 2620m 以上的岩性识别效果普遍较差，该深度范围内的测井数据质量较差，或者数据特征不明显，容易产生歧义。

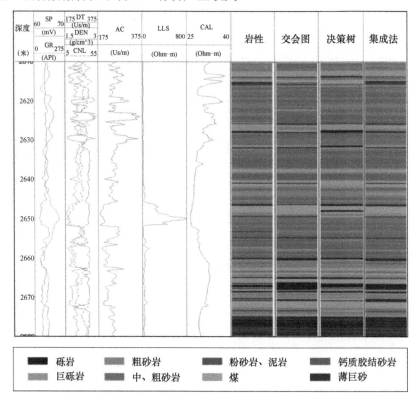

图 9　三种方法岩性解释结果比较（见彩插）

Fig.9　Comparison of lithologic interpretation results by three methods

## 6. 结论

本文提出了一种拟合决策型集成方法，采用堆栈集成学习思想搭建以 AdaBoost、GradientBoosting 和随机森林为基分类器的智能测井岩性识别模型，基于大牛地气田工区内的 13 口取心井的自然伽马、自然电位、声波时差及中子测井曲线，对 8 种岩性进行岩性解释方法研究。拟合决策型集成方法使用回归学习器作为第一级基模型，分类学习器作为第二级基模型，构建处理分类学习任务的集成模型。实验结果证明，与使用分类器作为第一级基模型相比，这种改进不仅提升了集成模型的性能，而且有效降低了集成模型的时间复杂度。对改进集成模型的应用效果进行测试，其在大牛地气田工区内的 D38、D62 等取心井的测井曲线上的岩性解释准确率可达 84%。与传统的交会图法、简单机器学习等方法所构建的模型相比，该集成模型的岩性识别准确率高 4%~6%。

然而，实际工程中的问题是复杂多样的，机器学习领域内并没有能够统一应用于所有测井岩性识别问题的智能方法。此外，当数据规模过大时，集成模型的学习速度相对降低，这时需要继续改善模型的复杂度。

**本文由邬德刚执笔，吴胜和指导。**

## 参考文献

[1] ILKHCHI A K, REZAEE M, MOALLEMI S A. A fuzzy logic approach for estimation of permeability and rock type from conventional well log data: an example from the Kangan reservoir in the Iran Offshore Gas Field[J]. Journal of Geophysics and Engineering, 2006, 3(4) : 356-369.

[2] FU G, YAN J, ZHANG K, et al. Current status and progress of lithology identification technology[J]. Progress in Geophysics, 2017, 32(1): 26-40.

[3] 韩洪斗. 交会图法在致密储层岩性识别中的应用[J]. 科技资讯, 2015, 13(29): 53-54.

[4] 周海超, 付广, 王艳, 等. 测井资料交会图法在碎屑岩岩性识别中的应用—以十屋断陷为例[J]. 大庆石油地质与开发, 2009, 28(1): 136-138.

[5] 程俊义, 奥琼, 王琼. 测井曲线在大庆长垣地区岩性解释中的应用[J]. 内蒙古石油化工, 2017, 43(07): 10-13.

[6] 成大伟, 袁选俊, 周川闽, 等. 测井岩性识别方法及应用——以鄂尔多斯盆地中西部长7油层组为例[J]. 中国石油勘探, 2016, 21(05): 117-126.

[7] GU X, LI M. A multi-granularity locally optimal prototype-based approach for classification[J]. Information Sciences, 2021, 569: 157-183.

[8] HAO L, NING Z, SHANGANG J, et al. Small sample color fundus image quality assessment based on gcforest[J]. Multimedia Tools and Applications, 2020:1-10.

[9] 苏赋, 朱威西, 马磊. 基于改进多粒度级联森林的测井岩性识别方法研究与应用[J]. 地球物理学进展, 2021, 36(02): 654-661.

[10] ERHAN D, COURVILLE A, BENGIO Y, et al. Why does unsupervised pre-training help deep learning?[C]//Proceedings of the thirteenth international conference on artificial intelligence and statistics. JMLR Workshop and Conference Proceedings, 2010: 201-208.

[11] CILIMKOVIC M. Neural networks and back propagation algorithm[J]. Institute of Technology Blanchardstown, Blanchardstown Road North Dublin, 2015, 15: 1-12.

[12] 安鹏, 曹丹平. 基于深度学习的测井岩性识别方法研究与应用[J]. 地球物理学进展, 2018, 33(03): 1029-1034.

[13] 高松洋. 一种快速实用的测井岩性自动识别方法[J]. 测井技术, 2016, 40(06): 689-693.

[14] 邹琪, 何月顺, 杨希, 等. 基于集成学习的测井岩性识别模型的构建[J]. 智能计算机与应用, 2020, 10(03): 91-94.

[15] FOLK R L. The distinction between grain size and mineral composition in sedimentary-rock nomenclature[J]. The Journal of Geology, 1954, 62(4): 344-359.

[16] ABIDIN N Z, ISMAIL A R, EMRAN N A. Performance analysis of machine learning algorithms for missing value imputation[J]. International Journal of Advanced Computer Science and Applications (IJACSA), 2018, 9(6): 442-447.

[17] DU PLESSIS M C, SUGIYAMA M. Semi-supervised learning of class balance under class-prior change by distribution matching[J]. Neural Networks, 2014, 50: 110-119.

[18] SOLORIO-FERNÁNDEZ S, CARRASCO-OCHOA J A, Martínez-Trinidad J F. A review of unsupervised feature selection methods[J]. Artificial Intelligence Review, 2020, 53(2): 907-948.

[19] YU K, GUO X, LIU L, et al. Causality-based feature selection: Methods and evaluations[J]. ACM Computing Surveys (CSUR), 2020, 53(5): 1-36.

[20] NARGESIAN F, SAMULOWITZ H, KHURANA U, et al. Learning Feature Engineering for Classification[C]//Ijcai. 2017: 2529-2535.
[21] KUMAR S S, SHAIKH T. Empirical evaluation of the performance of feature selection approaches on random forest[C]//2017 international conference on computer and applications (ICCA). IEEE, 2017: 227-231.
[22] BENTÉJAC C, CSÖRGŐ A, MARTÍNEZ-MUÑOZ G. A comparative analysis of gradient boosting algorithms[J]. Artificial Intelligence Review, 2021, 54(3): 1937-1967.
[23] MARTINS A, ASTUDILLO R. From softmax to sparsemax: A sparse model of attention and multi-label classification[C]//International conference on machine learning. PMLR, 2016: 1614-1623.
[24] OPITZ J, BURST S. Macro f1 and macro f1[J]. arXiv preprint arXiv:1911.03347.

# 专题二　地球物理勘探

# 基于深度学习的地震相自动识别

**摘　要**　地震相是地下构造在地震数据中的反映，因此对地震相进行识别研究就可以得到地下地质构造形态，为地下资源尤其是油气资源的开采提供有利依据。目前，随着高精度、高密度、高复杂度的勘探开发，对地震相的识别研究难度加大，为了提高地震相识别解释的精度与效率，本文研究了基于深度学习的地震相自动识别，首先基于两种编码-解码结构，优选适合地震相自动识别的网络模型；其次利用优选的网络模型基于地震相数据进行对比实验，并对结果进行分析；最后利用集成学习方法对模型进行集成，实现对地震相的自动解释。本文研究结果说明，集成学习能有效提高模型的性能，从而提高地震相识别的精度。

**关键词**　深度学习；地震相识别；卷积神经网络；集成学习

## Automatic Recognition of Seismic Facies Based on Deep Learning

**Abstract**　Seismic facies is the reflection of underground structures in seismic data. Therefore, the identification and research of seismic facies can obtain the form of underground geological structures, which provides a favorable basis for the exploitation of underground resources, especially oil and gas resources. At present, with the high-precision, high-density, and high-complexity exploration and development, the study of seismic facies identification has become more difficult. In order to improve the accuracy and efficiency of seismic facies identification and interpretation, this paper studies the automatic identification of seismic facies based on deep learning: Based on the two encoding-decoding structures, the network model suitable for the automatic identification of seismic facies is selected. Secondly, the optimized network model is used to conduct comparative experiments based on the seismic facies data and the results are analyzed. Finally, the integrated learning method is used to integrate the models to realize the seismic analysis. Automatic interpretation of the phase. The results of this paper show that ensemble learning can effectively improve the performance of the model, thereby improving the accuracy of seismic facies recognition.

**Keywords**　deep learning; seismic facies recognition; convolutional neural network; ensemble learning

## 1. 引言

沉积相的研究在石油等地下矿产的勘探开发中具有重要意义。对沉积相研究可以重构地区的地质结构，从而可以预测出地层的组合，为勘探开发提供重要依据。传统的沉积相是根据岩心或露头来进行研究的。对于无露头地区，只能利用岩心来研究地下沉积相。然而沉积相的范围一般比较大，岩心只能提供一小部分地区的信息，并且几乎都是沉积相的纵向信息，因此对沉积相的直接研究就好像到达了瓶颈。

地震相可以说是沉积相在地震中的一种映射体现。在不同的沉积环境中，由于岩性及结构的不同，导致地震波在不同地区有较大的差别，因此在地震数据中，不同的地震剖面结构能体现出不同的沉积环境，因而对沉积相的研究就转化到对地震相的研究中来。地震相的识别划分是指在地震剖面上将不同位置、不同结构代表不同地质结构的区域识别划分出来，这样就对地区地层的地质体、岩性等进行了进一步认识、解释，为油气生成及聚集的预测提供重要依据。

在研究初期，对地震相的识别划分方法主要是相面法，相面法就是人工根据专业知识和大量的工作经验通过肉眼在地震剖面上按照不同的反射同相轴来进行手工识别划分。这样的方法工作量比较大，专业门槛要求高，而且不同的人对专业的理解不同，因此造成不同的人得到不同的识别结果，使得结果具有一定的主观性。随着地震勘探深度的增加，对地震相识别划分的要求趋于精细化、智能化，传统的基于人工的地震相划分已无法满足要求。

随着人工智能的飞速发展，油气人工智能的不断推进，基于深度学习的地震相识别可以改善传统方法的不足，目前，该方法在地球物理领域取得了较好的成果。2016 年，Wu 等人基于卷积神经网络（CNN）利用模拟断层模型，实现了对三维断层的识别[1]。Oddgeir 等人利用卷积神经网络实现了对盐丘边界的检测[2]。基于 Segnet 网络，Pham 等人实现了对三维地震数据体进行河道检测[2]。Shi 等人实现了对盐体的自动分类，并且得到较高的分类精度[4]。2018 年，Waldeland 等人又利用卷积神经网络进行自动地震解释，并成功解释了完整的三维盐体[5]。Qian 等人基于无监督学习使用深度卷积自动编码器（DCAE）与聚类结合的方法进行地震相分类，结果表明该方法具有显著突出地层和沉积信息的潜力[6]。Wrona 等人使用了一系列机器学习模型应用于地震相分析中，并使用北海北部的数据说明机器学习可以提高地震相分析的效率[7]。Shafiq 等人提出了一种基于数据驱动的稀疏自动编码结构方法，通过对自然图像中学习到的稀疏特征信息进行方向分类，并将其作用于地震数据，从而可以突出地震体的不同特征与结构[8]。2020 年，Zhang 等人基于深度学习采用编解码结构的神经网络不仅实现了对单一相的预测，还同时预测了多种地震相[9]。Bekti 基于深度神经网络利用叠后/叠前地震属性实现了对地震相的分类[10]。Dunham 等人利用半监督方法，实现了地震相分类并说明半监督学习可以缓解监督方法在训练数据匮乏时的过拟合问题[11]。Feng 等人基于贝叶斯神经网络（BCNN）来进行地震相的预测与识别，传统的 CNN 只能得出确定性的预测，而该方法可以量化预测的不确定性，这为决策者提供了更有利的信息[12]。

## 2. 地震相数据集

本文使用的是荷兰北海 F3 区块的地震数据，根据地震反射结构和地震相单元外形可以将此区域的地震相划分为 9 类。图 1 是地震剖面及其地震相识别划分图。表 1 是索引与地震相对应表。

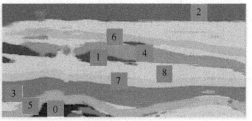

图 1 地震剖面及其地震相识别划分图（见彩插）

Fig.1 Seismic section and its seismic facies identification and division map

**表 1　索引与地震相对应表**

Table 1　Index and seismic facies correspondence table

| 索引 | 地　震　相 |
|---|---|
| 0 | 盐丘地震相 |
| 1 | 楔状强振幅地震相 |
| 2 | 低连续性地震相 |
| 3 | 平行低振幅地震相 |
| 4 | 楔状低振幅地震相 |
| 5 | 强振幅地震相 |
| 6 | 中振幅高连续性地震相 |
| 7 | 杂乱地震相 |
| 8 | 其他 |

此数据集共有 583 张剖面，每张剖面分辨率为 889 像素×398 像素，由于剖面较多，分辨率过大并且计算机的算力有限，因此从 583 个剖面中随机选取 128 张作为训练集，16 张作为验证集。将选取的剖面裁剪成 384 像素×384 像素的大小，并利用数据增强来扩展数据集，因此将裁剪后的所有数据只进行左右翻转，没有进行上下翻转，这是因为此次数据集是地震数据，而不是简单的图片数据，它具有一定的地质意义，不同位置的数据代表不同的地质体。一般来说，地层可以进行左右延伸，但不太可能进行上下颠倒，因此只进行了左右翻转。翻转后的训练集为 1024 张剖面，验证集为 128 张剖面，并且在筛选训练集与验证集之前随机选取了 10 张剖面作为最终模型预测测试。

利用上面预处理后的数据对模型进行训练，训练到一定程度后达到饱和，但是其预测精度不高，不断调整模型其结果仍然不变，最终发现这应该是数据本身问题造成的。原始标签标注比较粗糙，毛刺明显且没有规律，网络学习较为困难。对于地层，本文认为不应该存在明显毛刺，一般是连续并且较为平滑的，因此需要利用中值滤波将标签进行平滑操作，以消除毛刺的影响。在平滑操作后，将所有数据进行了绝对最大最小归一化处理，将数据归一化到区间 [0,1] 内。绝对最大最小归一化公式为

$$x' = |x| \tag{1}$$

$$x'' = \frac{x' - x'_{\min}}{x'_{\max} - x'_{\min}} \tag{2}$$

## 3. 基于 SegNet 框架的地震相识别划分

Badrinarayanan 等人提出了 SegNet 网络模型来解决语义分割问题[13]，该模型具有参数少、简单、易实现的特点。由于地震相识别划分模型与语义分割类似，因此本次基于 SegNet 网络模型进行地震相识别划分研究。

SegNet 网络模型由一个编码器和一个解码器构成，具有对称结构，本次基于该模型进行上采样方式的探究，模型 1 结构示意图如图 2 所示。

本文只讨论上采样中反最大池化与转置卷积两种方式，在模型 1 中只需将上采样方式替换为反最大池化和转置卷积即可，并且在使用转置卷积时不需要图中位置索引的传递，其他结构均不变，这样可实现对两种方式的对比。整个网络输入 1 像素×384 像素×384 像素的剖面数据，先经过卷积层，卷积核为 3 像素×3 像素，步长与填充都为 1 像素。再由池化

层将剖面减半，池化核为 2 像素×2 像素，步长为 2 像素，这样依次循环 5 次，也就意味着最终将剖面缩小为原来的 1/32。再进行 5 次上采样和卷积，上采样核为 2 像素×2 像素，步长为 2 像素，得到输出为 9 像素×384 像素×384 像素的剖面图，最后经过 softmax 函数得到 9 张概率图。取每个像素点概率最大的索引组成一张图作为网络最终的输出，这是因为将概率最大的索引作为该相的类别，就可以实现同时对多个地震相的识别划分。

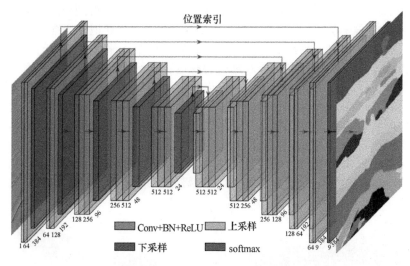

图 2  模型 1 结构示意图（见彩插）

Fig.2  Schematic diagram of model 1 structure

在网络训练时，由于计算机的算力有限，将训练轮数设置为 150 次，批次大小（batch_size）为 8，学习率为 0.001。通过多次实验最终得到结果如表 2 所示，其中 mIoU 计算公式为

$$\mathrm{mIoU} = \frac{\mathrm{label} \cap \mathrm{pre}}{\mathrm{label} \cup \mathrm{pre}} \tag{1}$$

其中，label 为标签图，pre 为预测图。

表 2  两种方法的上采样结果

Table 2  Up-sampling results of two methods

| 方　　法 | mIoU |
|---|---|
| 反最大池化 | 0.920 |
| 转置卷积 | 0.924 |

由表 2 可见，对于此地震相识别，使用转置卷积进行上采样效果要比反最大池化的上采样效果好。本文认为其主要原因是，在进行反最大池化时，只是将最大值位置索引传递过来，让值填入对应的位置上，而其他位置全用 0 来填充。这样一来，只是考虑了下采样时的低级信息，而没有考虑上采样时输入数据之间的联系，也没有将这些信息进行融合，并且在此次地震相数据中，可能这种数据之间联系的信息比考虑下采样时的信息更重要，而转置卷积具有可学习的参数，通过卷积来将这些信息进行融合上采样，这可能是转置卷积优于反最大池化的原因。基于此，本文后续实验采取转置卷积作为上采样方式。

## 3.1 下采样方式的探究

下采样一般有池化、卷积等方式，而本文只将最大池化和卷积进行对比，只将图3模型2中的下采样替换成最大池化或卷积即可。最大池化的池化核为2像素×2像素，而卷积下采样则使用空洞与深度可分离卷积，并将步长设置为2像素，使用这样的方式进行下采样的原因是该方式可以以更大感受野来获取更多信息。在模型2中，输入1像素×384像素×384像素的剖面数据，先经过4次卷积和下采样得到地震剖面中高级语义信息，再经过4次上采样，在上采样恢复图像大小的同时进行通道的压缩。这里上采样使用之前实验优选的转置卷积，并且在每次上采样之后与对应下采样前卷积的特征数据在通道维度上进行拼接，再将拼接的结果送入两层卷积进行特征的融合并进行通道的压缩。这样做的原因是每次下采样前的低级特征都可以提供纹理边缘等信息，而在上采样时如果只利用4次下采样后提取的高级语义信息，那么可能无法准确定位，从而无法映射边缘信息。因为在下采样时，边缘信息就有所损失，所以才会有这样的跃层拼接来弥补信息缺失。将卷积层的卷积核设置为3像素×3像素，网络模型输出为9像素×384像素×384像素的图像，再经过softmax函数得到9张概率图，再取每个像素点概率最大的索引组成一张图作为网络最终的输出，这样可以实现同时对多个地震相识别划分。

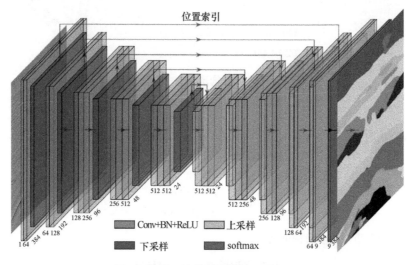

图3　模型2结构示意图（见彩插）

Fig.3　Schematic diagram of model 2 structure

经过多次实验最终得到下采样结果如表3所示，由表3可以看出，使用空洞与深度可分离卷积进行下采样的结果明显优于最大池化，这可能是因为在下采样时的感受野大，从而可以考虑更多的信息，并且是将这些信息融合后再进行下采样的，可以说丢失的信息可能比较少。使用最大池化在进行下采样时，其感受范围较小，并且下采样的方式较为粗糙，直接保留了最大值的信息，而将其他信息直接舍弃，这样可能导致一些信息无法恢复，因而其结果不太好。使用空洞与深度可分离卷积的一个弊端是采样时间太长，这是由于引入更多的参数运算导致的，而最大池化没有参数，只有一个求最大值的比较运算。由于空洞与深度可分离卷积的采样时间太长，因此本文最终选取最大池化作为较优的下采样方式。

表 3　两种方法的下采样结果
Table 3　Downsampling results of two methods

| 方　法 | mIoU | 时间/h |
|---|---|---|
| 最大池化 | 0.922 | 3.52 |
| 空洞与深度可分离卷积 | 0.934 | 12.1 |

## 3.2　不同大小卷积核的探究

由于在一般的语义分割中其图像特征较为复杂，如在交通工具、细胞分割等中大小特征、细节信息等都比较重要而且比较多，对于卷积核来说，3 像素×3 像素的效果可能比较好。对于地震相来说其结果可能不太好，因为地震相的特征主要以大为主，细微特征较少，并且比较平滑，较大的卷积核可能更适合。基于此，本文探究不同大小的卷积核对地震相识别的影响。本文基于图 3 的模型 2 结构，在模型 2 中将卷积层中的卷积核分别替换为 3 像素×3 像素、5 像素×5 像素、7 像素×7 像素及其组合大小的卷积核来进行实验结果对比。本文使用 Python 编程语言中的 PaddlePaddle 框架，并利用百度 AI Studio 平台 GPU 为 Tesla V100 进行对比实验。

整个实验训练曲线图如图 4 所示，从图中看出，所有模型均收敛，并且使用多尺度空洞卷积的收敛速度比其他模型的收敛速度都要快，并且精度高。不同模型的收敛结果如表 4 所示，由表 4 首先可以看出，普通 3 像素×3 像素卷积参数量为 82.46MB，而使用深度可分离卷积的参数量直接减小到 34.94MB，可以说减小了一半多，而且 mIoU 还没有降低。当卷积核由 3 像素×3 像素分别变成 5 像素×5 像素、7 像素×7 像素时，mIoU 均有了明显提高，这说明当卷积核增大时，也就是感受范围增大可以提高模型的性能，这可能是由于地震相特征大的缘故，对于特征大，用小的卷积核可能无法表示。大卷积核表示大特征比较合适，然而对于小特征可能会被忽略，图 5 为 3 像素×3 像素、5 像素×5 像素、7 像素×7 像素卷积核学习特征图，可以看出，随着卷积核的增大，其学习的特征也越来越大。当卷积核为 3 像素×3 像素时，主要学习的特征比较细小，而对地震相大特征的刻画不是很明显，当增大卷积核时，对大特征的学习很明显而细微局部信息又不太清楚。因此将小卷积核与

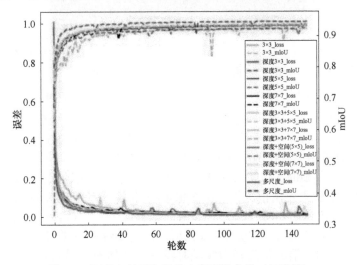

图 4　不同卷积核选取及其实验训练曲线（见彩插）

Fig.4　Selection of different convolution kernels and experimental training curves

大卷积核进行组合，在 3 像素×3 像素模型的基础上增加一层 5 像素×5 像素或 7 像素×7 像素的卷积，这样学习的信息会更多，其结果可能会更好。

表4 不同模型的收敛结果
Table 4 Convergence results of different models

| 模 型 | mIoU | 参数量/MB | 时间/h |
|---|---|---|---|
| UNet(3 像素×3 像素) | 0.922 | 82.46 | 3.52 |
| UNet+深度可分离卷积(3 像素×3 像素) | 0.923 | 34.94 | 2.48 |
| UNet+深度可分离卷积(5 像素×5 像素) | 0.930 | 35.20 | 3.00 |
| UNet+深度可分离卷积(7 像素×7 像素) | 0.935 | 35.59 | 3.93 |
| UNet+深度可分离卷积(3 像素×3 像素+5 像素×5 像素) | 0.931 | 38.56 | 3.99 |
| UNet+深度可分离卷积(3 像素×3 像素+7 像素×7 像素) | 0.932 | 38.78 | 4.47 |
| UNet+深度可分离卷积+空洞(代替 5 像素×5 像素) | 0.932 | 34.94 | 2.51 |
| UNet+深度可分离卷积+空洞(代替 7 像素×7 像素) | 0.937 | 34.94 | 2.56 |
| UNet+多尺度并行空洞卷积 | 0.943 | 42.94 | 3.75 |

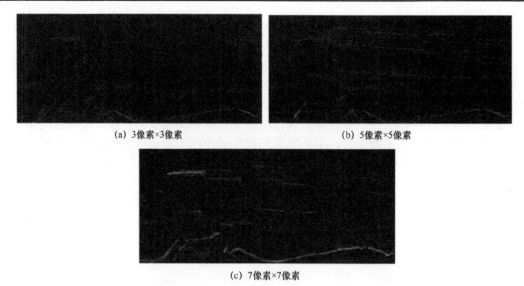

(a) 3像素×3像素　　(b) 5像素×5像素

(c) 7像素×7像素

图 5　不同卷积核学习特征图（见彩插）
Fig.5　Different convolution kernel learning feature maps

如表 4 所示，对于不同卷积核大小的 U-Net+深度可分离卷积模型，3 像素×3 像素+5 像素×5 像素、3 像素×3 像素+7 像素×7 像素的效果并没有比单独的 5 像素×5 像素、7 像素×7 像素的效果好，这是由于只在两层 3 像素×3 像素的基础上增加的一层 5 像素×5 像素和 7 像素×7 像素的缘故。单独的 5 像素×5 像素、7 像素×7 像素每次卷积都是两层，而只使用了一层，两层 3 像素×3 像素卷积相当于一层 5 像素×5 像素，因此 U-Net+深度可分离卷积（3 像素×3 像素+5 像素×5 像素）模型等价于 5 像素×5 像素，所以两者结果相近，而三层 3 像素×3 像素才等价于一层 7 像素×7 像素，而只用了两层 3 像素×3 像素，因此比 7 像素×7 像素结果稍微差些，这两种情况是当初做实验时没有考虑到的，因此才会有这样的结果。由于引入过大的卷积核会造成参数量的增多，因此将空洞卷积引入来代替大卷积核，分别用空洞率为 2 像素和 3 像素的 3 像素×3 像素的卷积核来代替 5 像素×5 像素与 7 像素×7 像素的卷积核。

由表4可以看出，U-Net+深度可分离卷积+空洞（代替5像素×5像素）和（代替7像素×7像素）的参数量都是34.94MB，比之前的减小了几兆，并且mIoU有所提升，使用空洞卷积可以增大小卷积核的感受野，也就意味着可以学习更大的特征。如图5(c)、图6所示，使用空洞率为3像素的3像素×3像素的卷积核来代替7像素×7像素的卷积核的效果优于7像素×7像素的效果，它不仅可以学习到大特征还可以学习到小的局部特征，这应该是它精度有所提升的原因。

上述实验表明，深度可分离、空洞卷积及大卷积核可以在降低模型复杂度的同时提升模型性能。基于此，本文将不同大小空洞率的空洞卷积并行，再结合深度可分离卷积来进行不同尺度特征的提取，并且只在下采样前进行多尺度并行学习，在进行上采样时用原来的3像素×3像素的卷积核。这样做的原因是尽可能地降低模型复杂度，并且本文认为在进行下采样时会有信息的丢失，这是不太好避免的，但如果在下采样前提取不同尺度的更多信息，那么在进行下采样时也会有所保留，而且由于跃层拼接的结构，提取的信息会在上采样过程中传递并使用。通过这样的多尺度并行模块可以学习到不同尺度的信息，大卷积核学习大特征，小卷积核学习微小特征，将并行提取的信息进行融合，然后再进行下采样，可以有效缓解下采样信息丢失的问题。由图4可以看出，多尺度并行空洞卷积收敛速度比其他方法的收敛速度要快些，本文认为这是由于地震相大多数特征都较为简单，模型学习能力强，在训练初期就已经将大部分特征都已经学习到了的缘故。由实验结果表明，多尺度并行空洞卷积可以提高模型的性能，但由于引入了更多的卷积层，因此参数量增多、训练时间变长，不过短时间的训练时间延长是可以接受的。

图6 3像素×3像素空洞卷积核代替7像素×7像素卷积核学习特征图（见彩插）

Fig.6 3×3 Dilated Convolution instead of 7×7 convolution learning feature map

## 3.3 注意力机制的研究

通过上一节的探究最终得到一个较优的模型，本节将注意力机制引入，以尽可能地提高模型的精度，这里先简单介绍一下注意力机制。注意力机制模仿生物视觉机制，例如，我们用眼睛看东西，我们看到的视野很大，但一般都会聚焦于一点，而不是看全局，看全局对于我们关注的对象没有太大用处，而且我们的记忆力有限，没办法记住看到的所有东西。目前所用到的卷积，它虽然是局部感知，但还是没有聚焦于关注的对象，只是泛泛地将所有信息进行融合，而不管这些信息是否有用。在语义分割任务中，全局上下文信息非常重要，而我们通常都是通过卷积的堆叠来增大感受野从而提取信息的，但这样效果可能不是很好而且模型的能力有限，因此需要注意力机制与模型进行融合，从而提高模型的性能。

本文使用的是 SE 注意力模块，SE 注意力网络在 2017 年由 Hu 等人提出[14]，该网络使用的是 SE 注意力模块，该模块是在通道维度上实现对通道的注意，即使用全局池化将各通道图像分别压缩为一个值，这个值可以表示为一个全局信息。接着到达全连接层，全连接层能够很好地融合全局信息，因此这里相当于将空间特征与通道特征进行融合，从而所有信息之间都建立了长距离上下文的联系。再经过 sigmoid 函数将值压缩到 0~1 之间来作为各个通道的权重，以实现对通道的注意。这对重要的通道有放大强调的作用，而对于识别任务没用的通道则有一定的抑制作用。本文使用 SE 注意力模块与 U-Net+多尺度并行空洞卷积模型进行结合。SE 注意力模块加在上采样之前，模块输出结果作为上采样的输入。将该模块加在上采样之前的目的是由于在空间中的下采样将原始输入压缩到最小，在通道上扩展到最大，也就是说将空间上提取的高级信息一部分转化到通道上。这里通道上的信息量达到最大，也就意味着通道上可能存在信息冗余，如果直接进行上采样，那么相当于对当前所有信息全都进行学习恢复，没有聚焦重要的信息，使得一些重要的信息可能被其他信息所干扰，因此使用 SE 注意力模块来实现对通道的注意，尽可能地降低冗余信息的干扰，从而提高模型的准确率。SE 注意力模块实验结果如表 5 所示，由此可以看出，添加 SE 注意力模块后的精度并没有提高，将 SE 注意力模块的输入与输出特征图分别取出 256 个通道组合得到图 7，其中图 8(a)为输入图，图 8(b)为输出图，由此可以看出，SE 注意力模块发挥了作用，突出了重要信息，也就是说，该模块关注了通道，有些通道可能是由于信息冗余不重要因而被抑制，至于该模块最终没有提高整体性能，本文认为可能是因为此次地震相数据特征比较简单、结构单一，模型已经对数据特征具有了较好的识别效果，因此加入 SE 注意力模块后没有体现出提高注意力的作用。

表 5　SE 注意力模块实验结果
Table 5　SE attention module experimental results

| 模　型 | mIoU | 参数量/MB | 时间/h |
|---|---|---|---|
| UNet+多尺度并行空洞卷积 | 0.943 | 42.94 | 3.75 |
| 多尺度并行空洞卷积+SE 注意力机制 | 0.943 | 43.95 | 3.84 |

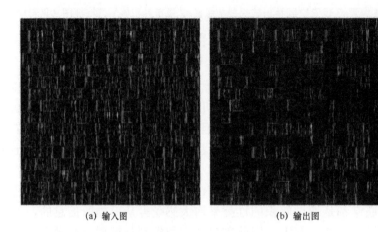

(a) 输入图　　　　　　　　　　(b) 输出图

图 7　SE 模块输入与输出结果

Fig.7　The input and output results of the SE module

## 3.4 不同轮数的探究

在模型训练过程中，依次将训练 30 轮、60 轮和 150 轮的模型取出，并对其进行预测，主要是通过对比了解模型学习的过程，不同训练轮数学习情况预测如图 8 所示，其中图 8(a) 为标签，图 8(b) 为训练 30 轮的预测结果，图 8(c) 为训连 60 轮预测结果，图 8(d) 为训练 150 轮预测结果，表 6 是对应不同训练轮数的 mIoU 指标，可以看出，应该是由于地震相特征结构简单，所以模型一开始就学会了大部分特征，这从图 8(b)中可以看出来，大部分地震相预测得已经非常好，而且表 6 中的 mIoU 也很高，只是对一些细微处学习的不是很好，图中红框为其中一处细节，可以看出来学习的不好，随着训练轮数的增加，模型逐渐开始学习复杂的细微特征，由于细微特征复杂不好学习的缘故，可以从表 6 中看出，学习指标 mIoU 上升得非常缓慢，图 8 中的方框所示，随着训练轮数的增加，模型对细节的学习越来越好并且与标签越来越吻合。这个过程说明神经网络的学习模式与人一样，先学习简单的特征，再慢慢学习复杂的特征。

表 6   mIoU 随训练轮数的变化
Table 6   Variation of mIoU with training rounds Epoch

| 训练轮数/轮 | mIoU |
| --- | --- |
| 30 | 0.936 |
| 60 | 0.940 |
| 150 | 0.944 |

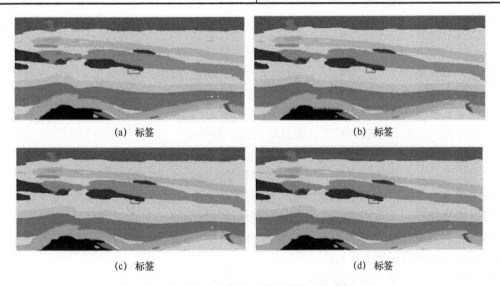

图 8   不同训练轮数学习情况预测（见彩图）

Fig.8   The prediction of the learning situation of different training rounds

## 3.5 集成学习的探究

集成学习相当于集合各个模型的优点，组成一个性能好的大模型，大模型的预测结果肯定不会比小模型的差，这样可以有效提高模型的性能。在地震相识别中，有的模型可能对于一种地震相识别得比较好，而另一种模型可能对其他地震相识别得比较好，而集成学习可以将各个模型的优点进行组合，这样使得模型可以对各种地震相都有较好的识别能力。基于以上实验，选取结果较好的 U-Net+多尺度并行空洞卷积、U-Net+多尺度并行空洞卷积+5%噪声、U-Net+深度可分离卷积+空洞（代替 5 像素×5 像素）、U-Net+深度可分离卷积+空洞（代替 7 像素×7 像素）这 4 个训练好的模型在预测时进行 Bagging 集成。表 7 是 10 张测试数据预测的平均 mIoU，可以看出其结果比较高。图 9(a)是一个标签，图 9(b)是预测结果，可以看出，两者几乎没有差别，说明集成学习可以提高模型的性能。

表 7  集成学习的 mIoU
Table 7  mIoU of ensemble learning

| 模型 | mIoU |
| --- | --- |
| 集成模型 | 0.975（预测） |

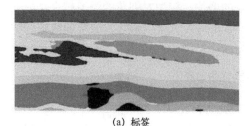
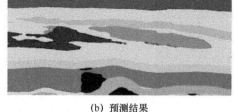

(a) 标签　　　　　　　　　　　　　(b) 预测结果

图 9  集成学习预测结果对比
Fig.9  Comparison of ensemble learning prediction results

## 4. 结论

（1）深度学习可以有效解决地震相自动识别问题。本文根据地震相识别的特点，将其看作语义分割问题来处理。首先基于编码-解码结构对上下采样方式进行了对比选取，其次对卷积核大小进行了探究，最终设计出一种适合地震相识别的网络模型，并在此基础上对模型进行了简单的探究实验，实验结果表明网络学习模式与人的学习思路一样，都是先学习简单的特征，再学习复杂的特征，而且学习速率较快。

（2）集成学习可以提高模型的性能，进而提高地震相识别的精度。由于每个模型都可能有其不足之处，每个模型可能对每个地震相的识别能力不同，因此将 4 个模型进行简单的集成，将各个模型的优点集中在一起，进而提高整个预测的能力，实验结果表明，集成学习可以提高模型的预测性能，从而提高地震相识别划分的精度。

基于本次研究，说明对于地震相识别问题，可以将其看成语义分割问题，再利用深度学习进行解决，并且识别效率较高。

本文由马江涛执笔，刘洋指导。

## 参考文献

[1] WU X M, LIANG L M, SHI Y Z, et al. FaultSeg3D: using synthetic datasets to train an end-to-end CNN for 3D fault segmentation[J]. Geophysics, 2018, 84(3): 35-45.

[2] GRAMSTAD G, NICKEL M. Automated interpretation of top and base salt using deep convolutional networks[C]. SEG Technical Program Expanded Abstracts, 2018: 1956-1960.

[3] PHAM N, FOMEL S, DUNLAP D. Automatic channel detection using deep learning[C]. SEG Technical

Program Expanded Abstracts, 2018: 2026-2030.

[4] SHI Y Z, WU X M, FOMEL S. Automatic salt-body classification using deep-convolutional neural network[C]. SEG Technical Program Expanded Abstracts, 2018: 1971-1975.

[5] WALDELAND A U, JENSEN A C, GELIUS LEIV-J, et al. Convolutional neural networks for automated seismic interpretation[J]. The Leading Edge, 2018, 37(7): 529-537.

[6] QIAN F, YIN M, LIU XIAO-YANG, et al. Unsupervised seismic facies analysis via deep convolutional autoencoders[J]. Geophysics, 2018, 83(3): A39-A43.

[7] WRONA T, PAN I, GAWTHORPE R L, et al. Seismic facies analysis using machine learning[J]. Geophysics, 2018, 83(5): 83-95.

[8] SHAFIQ M A, PRABHUSHANKAR M, DI H B, et al. Towards understanding common features between natural and seismic images[C]. SEG International Exposition and 88th Annual Meeting, Anaheim, California, USA, 2018: 2076-2081.

[9] ZHANG Y X, LIU Y, ZHANG H R, et al. Seismic facies analysis based on deep learning[J]. IEEE Geoscience and Remote Sensing Letters, 2020, 17(7): 1119-1123.

[10] BEKTI R P A. Deep machine learning application for supervised facies classification[C]. EAGE/AAPG Digital Subsurface for Asia Pacific Conference & Exhibition, Kuala Lumpur, Malaysia, 2020: 1-5.

[11] DUNHAM M, MALCOLM A, WELFORD J K. Toward a semisupervised machine learning application to seismic facies classification[C]. EAGE 2020 Annual Conference & Exhibition Online, 2020: 1-5.

[12] FENG R H, BALLING N, GRANA D, et al. Bayesian convolutional neural networks for seismic facies classification[J]. IEEE Transactions on Geoscience and Remote Sensing, 2021: 1-8.

[13] BADRINARAYANAN V, ALEX K, ROBERTO C. SegNet: a deep convolutional encoder-decoder architecture for image segmentation[J]. IEEE Transactions on Pattern Analysis and Machine Intelligence, 2017, 39(12): 2481-2495.

[14] HU J, SHEN L, ALBANIE S, et al. Squeeze-and-Excitation networks[J]. IEEE Transactions on Pattern Analysis and Machine Intelligence, 2020, 42(8): 2011-2023.

# 基于自适应阈值密度聚类的叠加速度拾取方法

**摘 要** 目前，叠加速度主要通过人工拾取获取。人工拾取存在效率低、耗时长的问题，同时，拾取的精度容易受地震资料处理人员先验知识背景不同、对不同地质条件了解程度不同、拾取习惯不同等影响。通过模拟专家拾取过程，本文提出了一种基于无监督聚类的密度聚类智能速度拾取方法。在密度聚类速度拾取方法中，引入了自适应阈值方法来划分速度拾取候选区域，提升算法的计算效率，同时能够起到屏蔽速度谱中部分噪声的作用。最后，应用自动拾取的速度谱解释结果与常规人工解释结果进行自动校正，利用叠加剖面作为拾取结果的质控标准，模型和实际地震数据测试表明，智能方法能够达到人工拾取的精度，且明显提高了速度拾取效率。值得注意的是，引入自适应阈值约束的密度聚类具有平衡深浅层速度谱能量不均衡问题，且能够去除速度谱能量团噪声的特点，提升了算法在不同信噪比数据的适用性。

**关键词** 无监督；速度拾取；密度聚类；人工智能

# Stacking Velocity Picking Based on Density Clustering with the Adaptive Threshold Constraint

**Abstract** At present, the stack velocity is mainly obtained by manual picking up velocity spectrum, which cost a lot of time and labors with low efficiency. Meanwhile, the accuracy of velocity picking is easily influenced by factors such as personnel's different prior knowledge background, different understanding of geological conditions and picking habits and other factors. By simulating the expert picking process, this paper proposes an intelligent speed picking method based on density clustering. In velocity picking method of density clustering, the adaptive threshold method is introduced to divide the candidate region of velocity picking, so as to improve the calculation efficiency of the algorithm and at the same time play the role of shielding part of the noise in the velocity spectrum. Finally, the results of automatic picking and manual picking are used for normal moveout correction(NMO), and the stacked profile is used as the quality control standard of picking results. The model and actual data tests show that the methods can achieve the accuracy of manual picking, and significantly improve the efficiency of velocity picking. It is worth noting that the density clustering with adaptive threshold constraint has the characteristics of balancing the energy imbalance of deep and shallow velocity spectrum, and can remove the energy cluster noise of velocity spectrum, which improves the applicability of the algorithm in data with different signal-to-noise ratio.

**Keywords** unsupervised algorithm; velocity picking; DBSCAN ;artificial intelligence

## 1. 引言

　　速度分析是常规地震资料处理中的重要环节之一，获取准确的叠加速度是层析反演、叠前偏移、阻抗反演和全波形反演等初始速度模型建立的基础。通常获取叠加速度是一个人工过程，需要人工在速度谱上进行拾取，需花费大量的时间与人力，这一问题在进行大型三维地震资料处理攻关时显得更为突出[1-2]。人工需要在每个速度谱上通过肉眼聚焦进而拾取能量团的中心以形成时间对、速度对。但这种人工拾取的方法是劳动密集型的重复性工作，每张速度谱一般都需要10s的拾取时间，在对石油工业上主要攻关的速度谱进行精细化处理时往往需要耗费巨大的人力、物力。因而，需要在理解算法机理的基础上，发挥算法优势，提出能够快速、精准地自动拾取速度谱的方法，减小地震资料处理压力，提升地震资料处理人员的工作效率。

　　近年来，机器学习方法也被应用于速度谱智能拾取，机器学习中不需要标签训练，直接通过数据本身特性进行分类的算法称为无监督聚类算法，无监督聚类算法根据算法的不同特性挖掘数据中的类别属性，自动对具有相同特性的数据划分为类。K均值算法是一种简单、高效的类别自动划分算法，且计算速度较快[3]，通常被作为大样本聚类分析的首选算法，近年来也常被用于地震勘探中。密度聚类算法通过查看数据点的密度来识别不同类别。样本空间上点密度高的区域表示群集，密度低的区域表示离群点或噪声。密度聚类算法更适合具有不成比例的簇大小的数据集，并且可以以非线性方式分离数据。密度聚类相算法对于K均值算法最大优点之一是它不需要用户输入聚类的数量，且能够对离群能量团进行屏蔽。

　　由于无监督聚类算法对数据的要求较低，不需要标签数据对其进行训练，地震道集缺道、时间维度不同等问题都不影响无监督聚类算法的应用，但当深度学习等方法对道集与叠加速度建立映射关系时，对数据的完整性方面要求较高且需要对标签数据进行训练[4]，因而无监督聚类算法在应对数据异常等情况的抗噪性更强，被广泛应用于叠加速度拾取。无监督聚类算法智能拾取主要是通过模拟人工过程，利用能量准则对能量团降维后，再通过无监督聚类算法模拟人工拾取能量团中心过程对能量团进行聚类，进而将聚类的中心对应的时间与速度坐标作为叠加速度。Smith（2017）首次将无监督聚类算法应用于叠加速度拾取中，并使用多种特征监督速度范围提高方法的抗噪性能[5]。K均值算法作为无监督聚类算法中最简单、高效的算法之一，Song（2018）将其应用于叠加速度拾取，利用临近道人工拾取信息约束K均值算法进行叠加速度拾取[6]。Chen和Schuster（2018）针对K均值算法适用于叠加速度数量$K$难以确定的问题，提出了一种自底向上的迭代策略，解决了确定$K$的问题[7]。但K均值算法在叠加速度拾取的应用中仍存在一些的问题，在K均值聚类过程中一般是通过样本间的欧式距离进行聚类的，将单一的欧式距离关系映射到方差角度则可以得出结论为K均值算法描述的方差为欧式距离的方差，欧式距离方差考察的是圆形的样本分布，但基于速度谱中能量团的几何认识，大多数情况下，速度谱能量团并不是横向、纵向相等的圆形样本分布，因而使用K均值算法对速度谱能量团进行拾取的过程中并未考虑能量团横向、纵向方差不相等的情况，影响了拾取的精度。

　　在无监督聚类算法中，能够将样本的横向、纵向分布都考虑到的聚类算法有密度聚类[8]。Waheed（2019）将密度聚类用于自动叠加速度拾取，解决了K均值在拾取叠加速度过程中聚类数量$K$难以确定的问题[9]，但由于在密度聚类过程中需要扫描每个样本是否符合密度扫描过程中密度相连的情况，占用的内存和消耗的算力是较多的，因而本文通过使用自适应阈值约束速度候选区，进而在速度候选区上进行密度聚类的叠加速度拾取，提升了密度聚类拾取效率，并且使得密度聚类拾取的叠加速度更加聚焦于能量团中心。

本文讨论的基于自适应阈值约束的密度聚类叠加速度拾取方法，是在充分考虑速度谱深浅层能量不均衡与大部分无监督聚类算法的聚类数量难以确定的基础上，通过自适应阈值约束解决速度谱能量不均衡问题，通过密度聚类算法自身迭代直接得到聚类数量的特性，解决无监督聚类数量难以确定的问题。本文通过理论模型与实际数据证明本文提出方法的有效性。

## 2. 原理与方法

### 2.1 模拟人工过程的速度拾取基本思路

在应用无监督算法进行智能速度拾取方面，需要深刻理解数据每个维度的意义，速度谱中每个像素点的定位坐标代表了该点的速度、时间，而该点的幅值则代表了该点的能量。而在设计算法时，我们需要明确设计算法的初衷，在设计无监督速度拾取算法时，需要模拟人工过程对速度谱进行拾取，而人工拾取过程是通过肉眼搜索速度谱中较明显的能量团并进行聚焦的，进而对能量团中心进行拾取。这一过程可以理解为两个步骤：①通过肉眼选取能量团；②识别出需要拾取的区域。而这一过程实质上是数据降维的过程，肉眼通过分辨颜色进而对能量团进行能量降维，降维后的速度谱则成了一个二维图像，每个像素点代表的信息为速度、时间和是否是速度拾取候选区（若是速度拾取候选区，则为 1；若不是，则为 0），如此在经过降维的速度谱上进行寻找能量团中心的过程。

理解人工拾取速度谱的过程后，对于无监督智能速度拾取算法的设计思路也就明确了。首先需要利用与肉眼筛选相似功能的降维算法，进而在速度候选区进行无监督聚类速度拾取。那么通过能量筛选准则对速度谱进行降维则有多种方式，本文使用自适应阈值滑窗方法对能量团进行候选区筛选。

### 2.2 自适应速度拾取候选区划分

为了模拟人工过程，在速度谱拾取前，本文对整个速度谱进行降维操作。通过阈值对速度谱中的能量团进行约束选取，而通过统一的阈值约束也会导致一些问题，其没有完全模拟人工拾取速度谱的过程，在人工拾取速度谱的过程中，基于对速度谱能量团的形态认识，数据处理人员在拾取颜色较深的能量团时会更加聚焦对能量团极值的拾取，那么这一过程体现在自适应阈值选取过程中，在对更深层次的能量团进行阈值筛选时更加苛刻，以对应能量候选区更小，这样的自适应阈值筛选速度拾取候选区则完全模拟了人工拾取过程。与此同时，完全模拟人工拾取过程的自适应阈值筛选机制中也有了一定的物理背景考虑，其是基于对速度谱中能量团随深度变化引起的聚焦性变化考虑的，自适应阈值筛选也提高了整个方法的可解释性。为了满足这一特点，我们在进行无监督聚类前，应对速度谱加入自适应阈值筛选[10]。设 $j$ 为时间，其自适应阈值为

$$\text{threshold}_j = \min + (\max - \min) \times e^{-j} \tag{1}$$

其中，$\text{threshold}_j$ 为时间点 $j$ 处的阈值，min 为最小阈值，max 为最大阈值，阈值需要根据地质背景及专家经验调整得出。速度能量团阈值随着深度的增加而减小，浅层拾取范围更

小，符合浅层对速度拾取精度更高的要求。加入自适应阈值后，$x_{ij}$ 为初始速度谱中的数据点，$I$ 为速度点，$j$ 为时间点，筛选后的速度谱拾取范围 $y_{ij}$ 为

$$y_{ij} = \begin{cases} x_{ij}, & x_{ij} \geq threshold_j \\ 0, & x_{ij} < threshold_j \end{cases} \quad (2)$$

经过自适应阈值的筛选过程，速度拾取候选区域由三维数据转化为二维数据，经过筛选后，使用无监督聚类算法聚类的样本为幅值大于自适应阈值且剔除了幅值维度的样本。

## 3. 利用密度聚类算法拾取速度

在模拟人工对速度进行拾取的过程中，一般需要指明人工在此速度谱中需要拾取的能量团的数量，速度谱中能量团的数量指明了需要利用无监督聚类算法将速度聚成几类。速度谱中能量团的数量难以通过地质条件直接得出，因而在无监督聚类算法的应用过程中，最需要解决的问题是拾取的数量，而普遍的做法是通过人工得出参照拾取数量，但我们希望提出一种不需要人为事先指出初始模型的算法并进行快速智能闭环拾取，而密度聚类算法能够通过分析每个数据点的密度关系自适应地得出聚类数量，因而选择使用密度聚类算法（基于密度的带噪声应用空间聚类）进行叠加速度的拾取。

在密度聚类算法中，通过查看数据点的密度将每个样本判定为不同类别。在样本空间中，点密度高的区域表示群集，密度低的区域表示离群点或噪声。密度聚类算法更适合具有不成比例的簇大小的数据集，并且可以以非线性方式分离数据[11]。密度聚类算法相对于其他无监督聚类算法的最大优点之一是它不需要用户输入聚类的数量，且对数据解释中的错误不那么敏感。然而，密度聚类算法在计算上比其他无监督聚类算法消耗的算力更强，并且需要更大的内存。在这里，我们研究对比了利用K均值算法和密度聚类算法来解决速度自动拾取问题。而面对速度谱中能量团的横向、纵向分布特征，在原理上密度聚类算法关注的是能量团中每个样本点的分布及扫描半径内的样本数量，因而密度聚类算法在一定程度上也考虑到了能量团在横向及纵向的分布。由于密度聚类算法可以分离出速度谱中的离群点[12]，因此该算法具有良好的抗噪性，这也是密度聚类算法的特定优势。

### 3.1 密度聚类算法的基本原理

当速度谱经过自适应阈值滑窗识别出候选拾取区域后，需要通过无监督距算法进行聚类，进而将聚类的中心作为叠加速度进行拾取。

这里通过密度聚类来进行叠加速度的拾取，密度聚类是一种基于密度的聚类算法，其中对于密度的定义主要落在聚类操作上，即需要扫描每个样本是否满足密度要求，而密度要求中包含两个参数：$\varepsilon$ 描述了每个样本需要扫描的范围；MinPts 描述了某个样本在 $\varepsilon$ 距离内最少需要多少样本才能够算核心点。

若样本集 $D=(x_1, x_2, \cdots, x_m)$，则密度聚类算法具体的密度聚类过程如下。

（1）扫描核心点：对于任意一个样本 $x_j \in D$，若 $x_j$ 以 $\varepsilon$ 为距离扫描范围内存在大于或等于密度聚类个样本点，则该点是核心点。

(2) 判别边界点：若 $x_i$ 在 $x_j$ 的 $\varepsilon$ 扫描范围中，并且 $x_j$ 是核心点，而 $x_i$ 不是核心点，则称 $x_i$ 是 $x_j$ 的边界点。

(3) 判别离群点：若 $x_w$ 不在任何核心点的扫描范围内，则称 $x_w$ 为离群点。

(4) 密度聚类：将距离不超过扫描范围为 $\varepsilon$ 的核心点及其所属边界点聚成一类。

当速度谱经过自适应阈值滑窗识别出速度拾取候选区后，需要通过无监督聚类算法进行聚类，进而将聚类的中心作为叠加速度进行拾取。这里通过密度聚类算法来进行叠加速度的拾取，通过一组参数($\varepsilon$, MinPts)来描述速度谱能量团中的样本分布，相比于需要指明聚类数量的无监督聚类算法，密度聚类算法能够扫描判定每个样本的密度特性，能够将达到密度标准的样本区域划分为类，不需要给定簇数量，并可以将不满足密度标准的样本标定为离群点。每道速度谱经过滑窗后得到的是二维能量团矩阵，进而进行二维密度聚类。将每道速度谱输入后，密度聚类算法首先通过物理背景设置的超参数对核心点、边界点、离群点进行扫描，将这几类点扫描完成后对核心点进行聚类，因密度聚类算法并没有广义意义上的类别核心，在算法设计上通过核心点连通聚类后，对类别求平均得出聚类中心点作为叠加速度。

## 3.2 案例分析

### 3.2.1 一维数值模型测试

为了测试密度聚类算法的可行性，在模型中设计了 3 个弱反射同相轴（0.6s、0.75s 和 1.2s）和 4 个强反射同相轴，这两种轴相间分布。在 0.9s 及 0.91s 处有两个位置相近的同相轴，用于测试该方法在子波干涉时速度拾取的准确性。对图 1(a)中的 CMP（共中心点）道集进行速度分析，得到速度谱图如图 1(b)所示。从速度谱经过自适应滑窗得到拾取候选区图如图 1(c)所示，使用密度聚类算法进行聚类拾取得到的结果如图 1(d)所示，可以看到密度聚类算法对于干涉的拾取不太敏感，从算法原理角度出发，是可以解释的，中间干涉的点是密度相连的，因而从算法原理的角度解释其也应当拾取到一个点，这指明了密度聚类算法的速度拾取密度相连特性。

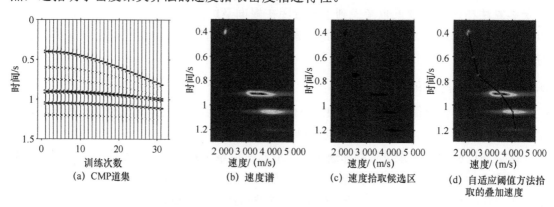

图 1　一维数值模型测试（见彩插）

Fig.1　One dimensional numerical model test

### 3.2.2 二维 Marmousi 模型测试

为了进一步证明密度聚类算法在相同数值模型的有效性，使用二维 Marmousi 模型

(Martin, 2006) 进行测试。Marmousi 模型是国际通用的人工合成二维理论模型，该模型具有速度变化剧烈和大倾角断裂的复杂构造，剖面横向有 737 个时间采样点，间隔为 12.5m，纵向有 747 个时间采样点，间隔为 2ms，在 Marmousi 模型中，等间隔抽取了 74 道作为本次测试的真实层速度场（见图 2），进而由速度模型和 Gardner 密度公式通过波动方程正演得到道集，经过抽道集得到一系列 CMP 道集，道间距为 50m。

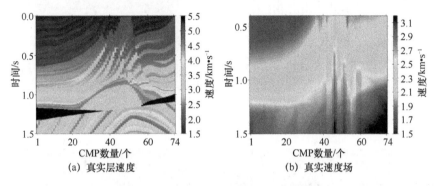

图 2　二维 **Marmousi** 模型（见彩插）

Fig.2　Two dimensional Marmousi model.

图 3(a)与(b)分别展示了 Marmousi 模型中第 38 道的 CMP 道集及本文方法拾取的叠加速度。在 CMP 道集中，浅层和深层反射波能量差异较大，速度谱中不同深度能量团的幅值相差较大，深层反射波能量强，CMP 道集中 0.5s 以上存在若干弱反射。在此情况下，本文提出的方法拾取的速度仍能够捕捉较弱的能量团，且在能量团不聚焦的部分也能够根据能量团分布拾取出能量团的几何中心位置。

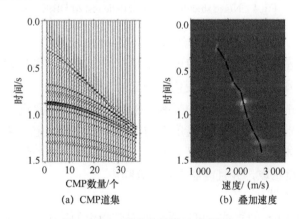

图 3　第 38 道拾取结果（见彩插）

Fig.3　Picking result of CMP 38

如图 4 通过 Marmousi 单道数据展示密度聚类算法处理离群速度的能力，而这种能力来自算法本身对于离群点、边缘点的定义，进一步深入理解速度谱中的杂质能量团，其多分布为横向、纵向较小方差的形态，因而对应密度聚类算法中扫描距离中不足定义的最小包含点数的点与之对应，即物理层面中受多次波等影响的小方差能量团对应密度聚类算法中的边缘点、离群点，进而在利用密度聚类算法拾取叠加速度时将这些点剔除。该算法在算法机理上提高了拾取的精度，可解释性较高。

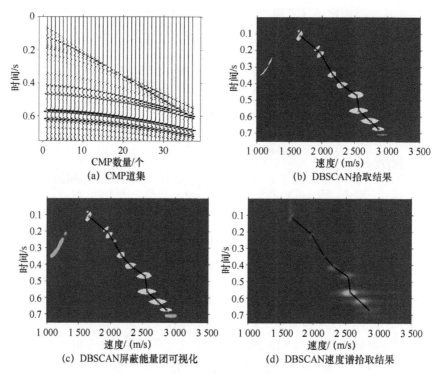

图4　密度聚类算法噪声屏蔽特性测试（见彩插）

Fig.4　Noise shielding characteristic test of DBSCAN

由图5可以看出，利用密度聚类算法对二维 Marmousi 模型进行测试得出的速度场与真实速度场非常接近，密度聚类算法拾取的速度场在构造走势、楔状体、断层等构造细节刻画上基本与真实值一致，速度场细节变化较为连续与真实速度场相似，表明密度聚类算法的精度较高。在以上的算法原理介绍中提到，密度聚类算法需要进行多次扫描距离与最小包含点数，而超参数的确定需要根据速度谱的物理背景进行确定，超参数选择既兼顾了物理背景下的能量团样本的分布规律，又兼顾了计算机内存方面的综合考虑，能够较好地进行有效样本的叠加速度拾取，并且能够去除部分噪声。

### 3.2.3　实际数据测试

通过对二维 Marmousi 的测试，可以看到面对带噪声的数据密度聚类算法依然能够保证较高的精度，但在效率上由于密度聚类算法需要对每个点进行多次的核心点判断及密度连接计算，因而在内存空间方面及计算效率方面是消耗较多的，但密度聚类算法可以并行，通过计算机处理器并行计算能够在很大程度上提升算法效率。密度聚类算法的噪声判断为剔除速度谱噪声的可解释性分析提升了算法方面的解释，能够从样本的分布及集中情况来解释辨别能量团是否为噪声。

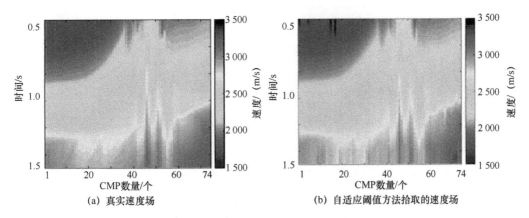

(a) 真实速度场　　　　　　　　　　　(b) 自适应阈值方法拾取的速度场

图 5　二维 Marmousi 模型测试（见彩插）

Fig.5　Two dimensional Marmousi model test

在研究算法的特殊性时，我们注意到密度聚类算法在处理特殊数据时对每个能量团的点进行扫描，进而在深刻理解物理背景后，可以发现，密度聚类算法呈现了去除离群点的功能，而这是我们在处理多次波的影响等因素在速度谱上呈现的能量杂质问题时，通过密度聚类算法大部分都能去除，而这种性能使得将该算法与 K 均值算法搭配使用成为可能。

为了进一步进行密度聚类的噪声屏蔽性能与拾取精度，我们测试了实际数据，该数据的时间总长度为 5.8s，采样间隔为 2ms。该工区地层较为平缓，噪声干扰少，信噪比高，但由于浅层的反射较弱、能量团的聚焦性较差且能量幅值较低，因此通过选取这种浅层带有一定拾取难度的数据对密度聚类算法进行测试。密度聚类算法可以通过算法自身的样本分布属性自行给出聚类数量，因而在这里不需要进行初始模型设置，但密度聚类算法的精确度在很多情况下与超参数的选定有关。为了保证速度模型具有一定光滑性，在速度拾取后对离群速度进行处理，去除了大于 10%的速度倒转异常值。对于速度谱质量良好的地区，因密度聚类算法的特点是能够将不满足密度要求的能量团作为噪声剔除而不包含在聚类样本中，在此部分单道拾取结果展示中，一并展示聚类分类情况，将密度聚类判定为噪声的能量团，并在类别中将其标注为-1，而不参与拾取（见图 6(b)、图 7(b)）。可以看到被标注为-1 类别的浅层杂质能量团能够被密度聚类算法自动识别并做屏蔽处理，体现了密度聚类算法在浅层能量团混乱时的抗噪性能。在效率方面，因密度聚类算法需要逐个点进行密度判断与密度相连计算，故可以通过并行的方式来提升效率，10 条曲线的未并行拾取时间约为 46s。通过实际数据展示了密度聚类算法处理离群速度能力，而这种能力来自算法本身对于离群点、边缘点的定义，进一步深入理解速度谱中的杂质能量团，其多分布为横向、纵向较小方差的形态，因而对应密度聚类算法中扫描距离中不足定义的最小包含点数的点与之对应，即在物理层中，受多次波等影响的小方差能量团对应密度聚类算法中的边缘点、离群点，进而在利用密度聚类算法拾取叠加速度时，将其剔除。该算法在算法机理上提高了拾取的精度，可解释性较高。

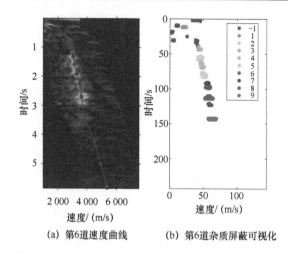

(a) 第6道速度曲线　　(b) 第6道杂质屏蔽可视化

图6　实际数据B部分单道测试（第6道）（见彩插）

Fig.6　Visualization of impurity shielding for true data B

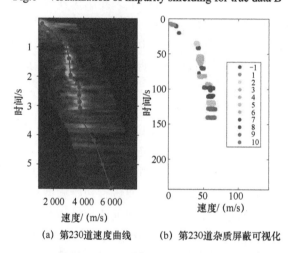

(a) 第230道速度曲线　　(b) 第230道杂质屏蔽可视化

图7　实际数据B部分单道测试（第230道）（见彩插）

Fig.7　Visualization of impurity shielding for true data B

## 4. 结论

通过对比人工速度谱拾取过程及专家经验，使用密度聚类算法进行叠加速度的拾取能取得更好的效果。基于自适应阈值约束的无监督密度聚类叠加速度拾取方法整体上与人工拾取的精度相当，但在效率方面，比人工拾取约快30倍，降低了人工成本、缓解了人工压力。在计算方面，因为密度聚类算法需要反复的核心点密度相连计算，所以计算量较大且占用内存较多，但该算法是可以并行计算的，通过并行加速处理速度拾取问题可以达到与K均值算法相近的效率。

经过初步测试，我们发现密度聚类算法具有以下独特的优势。

（1）密度聚类算法能够表征速度谱几何形态上多向异性的特征，提升了拾取精度。

（2）计算速度较快，对于任意形状的空间聚类均能应用。

（3）可以在需要时输入判断噪声点的参数，有一定的抗噪性，能够有效处理噪声点，聚类时不受离群噪声影响。

（4）与一般无监督聚类算法相比较，不需要输入要划分的聚类个数。

同时，与其他无监督聚类算法进行比较，也有一定的适用限制。因为密度聚类算法需要通过扫描区域内的样本数进行判定样本是否为离群点或噪声，所以在能量团速度分辨率较低时，扫描区域难以表征该能量团的有效性，可能会将其误判为噪声，但能量团聚焦性差到一定程度才可能出现这种情况，因而密度聚类算法的过滤离群噪声的性质在大多数情况下是简单且有效的，且拾取精度及稳定性是较高的。在以后的工作中，希望通过利用密度聚类算法带来的自动生成聚类数量及屏蔽噪声的特性，对速度谱进行预扫描，如此再结合其他无监督聚类算法能够达到自动提供聚类数量与屏蔽噪声且精确拾取的效果。

本文由高杨执笔，袁三一指导。

## 参考文献

[1] YUAN S Y, WEI W W, WANG D, et al. Goal-oriented inversion-based NMO correction using a convex l2,1 norm[J]. IEEE Geoscience and Remote Sensing Letters, 2019, 17(1): 162-166.

[2] YU J H, HU J X, Schuster G T. Prestack migration deconvolution[J]. GEOPHYSICS, 2006, 71: S53-S62..

[3] AHMAD A, HASHMI S. K-Harmonic means type clustering algorithm for mixed datasets. Applied Soft Computing, 2016, 48: 39-49.

[4] YANG M S, LAI C Y, LIN C Y. A robust EM clustering algorithm for Gaussian mixture models[J]. Pattern Recognition, 2012, 45(11): 3950-3961.

[5] SMITH K. Machine learning assisted velocity autopicking[C]. SEG Technical Program Expanded Abstracts, Huston, 2017: 5686-5690.

[6] SONG W, OUYANG Y L, ZENG Q C, et al. Unsupervised machine learning: K-means clustering velocity semblance auto-picking[C]. 80th EAGE Annual International Meeting, Copenhagen, 2018: p.1 - 5

[7] CHEN Y Q, SCHUSTER G. Automatic semblance picking by a bottom-up clustering method[C]. SEG Global Meeting Abstracts, Beijing, 2018: 44-48.

[8] ZHANG P, LU W K, ZHANG Y Q. Velocity analysis with local event slopes related probability density function[J]. Journal of Applied Geophysics, 2015, 123: 177-187.

[9] WAHEED U B, AL-ZAHRANI S, HANAFY S M. Machine learning algorithms for automatic velocity picking: K-means vs. DBSCAN[C]. SEG Technical Program Expanded Abstracts, San Antonio, 2019: 5110-5114.

[10] WANG D, YUAN S Y, YUAN H. et al. Intelligent velocity picking based on unsupervised clustering with the adaptive threshold constraint[J]. Chinese Journal of Geophysics (in Chinese), 2021, 64(3): 1048-1060.

[11] YU H. A three-way clustering method based on an improved DBSCAN algorithm[J]. Physica A: Statistical Mechanics and its Applications, 2019, 535:122289.

[12] RUDOLF S, KRISTIAN S. DBSCAN - like clustering method for various data densities[J]. Pattern Analysis and Applications, 2019: 1-14.

# 专题三 钻井与开发工程

# 机械钻速智能预测模型优选

**摘　要**　准确的钻速预测（ROP）可以为钻井参数的选择提供重要参考依据，由于传统钻速方程的假设条件多、考虑因素少导致钻速预测精度低，不能满足现场作业的实际精度需求。随着人工智能技术的快速发展，研究者们先后提出了多种基于机器学习和深度学习的智能钻速预测模型，这些模型在预测精度上比传统钻速模型表现得更优秀。本文搭建了两种机器学习钻速预测模型（包括 SVR 模型、随机森林 RF 模型）和三种深度学习钻速预测模型（包括 BP-MLP 模型、LSTM 模型、Wide&Deep 模型），并基于新疆某油田 KS 区块钻井过程中采集到的数据，提出了一套适用于实钻数据规范化处理的数据处理流程，对上述 5 个模型进行了训练和预测，并从智能模型的预测精度、训练时间、抗噪能力三方面出发，对智能模型进行评价和优选。通过模型选优工作发现，对于油田提供的这口井实际数据，传统钻速预测模型预测精度低，机器学习模型预测精度高但易出现过拟合现象，深度学习模型预测精度较高且过拟合现象不明显。

**关键词**　钻速预测；机器学习；深度学习；数据处理规范；模型优选

# Optimization of Intelligent Prediction Model for Drilling Rate

**Abstract**　Accurate prediction of ROP can provide important reference for the selection of drilling parameters.Due to too many assumptions and few factors, the traditional drilling rate equation can not meet the actual accuracy requirements of field operation.With the rapid development of artificial intelligence technology, researchers have proposed a variety of intelligent drilling rate prediction models based on machine learning and deep learning, and these models have better performance than the traditional drilling rate model in predicting accuracy.In this paper, two kinds of deep learning ROP prediction models (including SVR regression and random forest regression) and three kinds of neural network ROP prediction models (including:BP-MLP model, LSTM model, Wide&Deep model), and based on the data collected in the drilling process, a set of data processing process suitable for the standardized processing of real drilling data is proposed, and the above five models are trained and predicted.Based on the prediction accuracy, training time and anti-noise ability of the intelligent model, the intelligent model is evaluated and optimized.Through model selection work, it is found that in the data provided by Xinjiang Oilfield, the prediction accuracy of traditional drilling rate prediction model is low, the prediction accuracy of machine learning model is high but prone to overfitting, and the prediction accuracy of deep learning model is high and the overfitting phenomenon is not obvious.

**Keywords**　ROP; machine learning; deep learning; data processing specification; model optimization

## 1. 引言

深井钻井普遍存在机械钻速低、钻速预测不准确的问题，传统钻速预测模型无论是预测效率还是预测精度都无法满足钻速预测需求。由于考虑了更多的钻速影响因素，因此基于机器学习算法的智能钻速预测模型，预测精度更高和预测效率更快，更适用于指导现场的钻速预测工作，提高钻井效率。多年来国内外学者对钻速的预测研究做出了很多努力，提出了多种应用于石油钻井作业中机械钻速预测的方法，大体可被归纳为物理钻速预测模型、统计钻速预测模型和智能钻速预测模型。

物理钻速预测模型试图理解钻井活动的物理过程，用数学方程来预测钻速。较为经典的物理钻速预测模型有宾汉钻速预测模型[1]、修正杨格钻速预测模型[2]及 PDC 钻头钻速预测模型[3]；统计钻速预测模型采用统计回归技术建立钻速影响因素与钻速的回归方程，通过将多元线性回归应用于机械钻速预测，回归过程中最小化平方的误差和，确定了方程的回归系数方法，研究者们提出了一些基于回归的钻速预测模型[4,5,6]；智能钻速预测模型是基于一些机器学习和深度学习模型，将钻井活动中可能影响钻速的参数作为模型输入特征，将钻速作为模型输出，通过训练建立机械钻速预测模型[7,8,9,10]。

本文旨在通过对机械钻速智能预测模型的建立和训练，优选出在新疆某油田 KS 区块钻速预测问题上，预测精度、训练时间、抗噪能力等方面表现优秀的机械钻速智能预测模型，为实际工程中的钻速预测工作提供指导意见。

## 2. 钻井现场数据处理流程

### 2.1 数据介绍

本文钻速智能预测模型的训练和预测工作都是基于新疆某油田 KS 区块的一口油井数据进行的。数据包括录井数据、测井数据、钻井日志、钻井液井史、套管记录、钻具组合等，其中，录井数据记录了 122 个钻进过程中可以采集到的数据特征，包括钻压、转速、大勾载荷等工程数据和井下气体含量记录，以及进出口钻井液流量和泵压记录；测井数据包括 DEPTH（井深）、AZIM（方位角）、BIT（钻头直径）、CAL（井径）、CNL（补偿中子测井）、DEN（地层密度测井）、DEVI（井斜）、SP（自然电位测井）、RT（视电阻率测井）、RM（钻井液电阻率测井）、GR（自然伽马测井）、DT（声波时差测井）共 12 个数据特征；钻井日志记录了当日井深、套管结构、工程简况等信息；钻井液井史记录了整个钻井活动中钻井液的种类、密度等信息；套管记录包括井深结构信息和套管规格信息；钻具组合记录了钻井周期内所使用的钻具组合方案。

### 2.2 数据整合

油田所提供的现场数据文件是单独存储的，且存储格式没有统一，若对每个文件单独进行数据清洗，则工作量较大且效率低，影响进度，所以需要将不同文件的现场数据整合到一个文件形成统一数据文件。整合的数据文件不仅可以在进行特征清洗工作时减少重复性的工作，而且还可以使模型综合考虑工程因素、地质因素等对钻速有影响的数据特征，使模型预测效果更好。不同的现场数据文件整合的流程如图 1 所示。

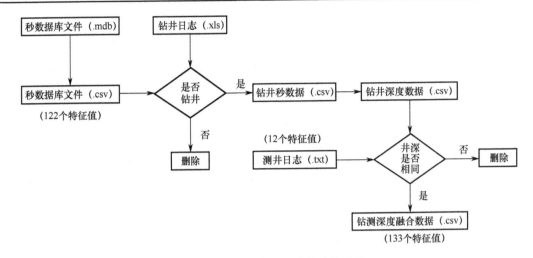

图 1 不同的现场数据文件整合的流程

Fig.1 The process of intergrating different field data files

经过上述处理后，最终选择保留了 133 个数据特征作为钻速预测的初步可用特征。整合后的数据均匀分布于井深 200~7000m 范围内，约有 52000 多条数据。

## 2.3 异常点检测

由于设备原因，在钻井数据采集过程中会有一些异常数据被记录，这些数据对模型训练的稳定性和精度都有直接影响。在理想状态下，钻井过程中的 ROP 曲线应该是趋于光滑的，短时间内在某一范围内波动，根据这一特性，选择小区域方差滤波的方法检测数据中的突变数据。具体操作为将相邻的 5 个数据作为一个区域来计算方差，然后滑动数据域再计算下一个数据域方差，直至数据集内的所有小数据域的方差都计算完成。当方差计算完成后，取 10 作为方差阈值，将小于 10 的数据域方差看作正常数据，大于 10 的数据域方差看作异常数据。钻井实测数据经过小区域方差滤波处理后，检测出的异常点如图 2(a) 所示。

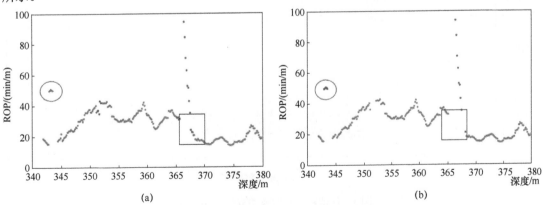

图 2 方差滤波+隔离森林+近邻聚类异常点检测

Fig.2 Variance filtering + isolation forest + KNN for outlier detection

经过分析发现，仅使用小区域方差滤波检测异常值会存在以下两个问题：由图 2(a)可以看出，被圆圈圈出的部分虽然明显偏离整体，但整个小区域内的数据方差较小，小区域方差滤波的方法并不能检测出此类异常数据；此外被正方形圈出的部分，属于正常数据范畴，但还是被检测为异常数据，这是因为小区域内存在一个或两个偏离区域较大的数据，导致小区域总体方差偏大，小区域方差滤波存在过度检测问题。经过调研和尝试，采用隔离森林算法可以检测到类似图 2(a)中圆圈内的异常数据，在异常数据域中，对数据进行近邻聚类可以将类似于正方形内的异常数据和正常数据分离开，解决过度检测问题，图 2(b)是综合了小区域方差滤波、隔离森林、近邻聚类算法后，对该井的钻井数据中的异常值的检测结果。

## 2.4 特征选择

经过整合后的文件包含 133 个特征值，但是大多数对钻速的预测是起不到决定性作用的，如果保留这些特征值反而会影响模型的预测效果，所以先对特征值和钻速进行相关性分析，初步选定一些较为重要的特征参数。再经过皮尔逊相关性（见图 3）分析和经验分析，最终选择保留 18 个特征，其中工程参数有 6 个，包括总纯钻时间、深度、转盘转速、钻压、扭矩、立管压力；钻井液参数有 7 个，包括入口流量、出口流量、入口密度、出口密度、入口电导、出口电导、总池体积；地质表征参数有 1 个，即 Dc 指数；测井参数有 4 个，包括 DT、GR、RM、RT；还有 1 个钻时作为标签。模型训练特征选择结果如表 1 所示。

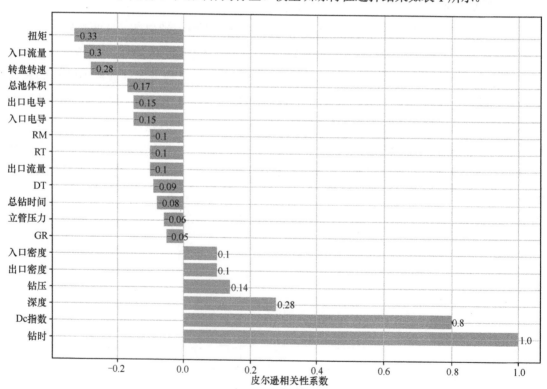

图 3 保留特征和钻速的皮尔逊相关性

Fig.3 Pearson correlation between retention characteristics and drilling rate

表1 模型训练特征选择结果

Table 1 Model training feature selection results

| 特征属性 | 相关参数 |
|---|---|
| 工程参数 | 总纯钻时间、深度、转盘转速、钻压、扭矩、立管压力 |
| 钻井液参数 | 出/入口流量、出/入口密度、出/入口电导、总池体积 |
| 地质表征参数 | Dc 指数 |
| 测井参数 | DT、GR、RM、RT |

## 3. 机械钻速智能预测模型建立

在进行模型训练前,对数据集进行划分,训练集占 70%,共有 26265 条数据,测试集占 30%,共有 11256 条数据,最终将筛选出的 18 个特征值作为模型的输入,将钻时作为标签进行模型训练。

### 3.1 机械钻速预测的物理模型建立

宾汉模型公式为

$$\text{ROP} = K(\frac{W}{d_b})^{a_1} N \tag{1}$$

式中,$K$ 为比例常数,受岩石强度的影响;$W$ 为钻压;$d_b$ 为钻头直径;$a_1$ 为钻压指数;$N$ 为转盘转速。

修正杨格模型公式为

$$\text{ROP} = d_r(W - W_0)N^\lambda \frac{1}{1 + C_2 h} C_p C_h \tag{2}$$

式中,$d_r$ 为地层可钻指数;$W$ 为钻压;$W_0$ 为门限钻压;$N$ 为转盘转速;$\lambda$ 为转速指数;$C$ 为牙轮磨损系数;$h$ 为牙齿磨损高度;$C_p$ 为井底压差系数;$C_h$ 为水力净化系数;

在宾汉模型中,将钻压、转盘转速、钻头直径、比例常数($K = 1.2$)、岩石强度影响系数($a_1 = 0.9$)代入公式(1)求取钻速;在修正杨格模型中,将钻压、门限钻压、转速指数(由五点法钻速实验可以求得)、转盘转速直接带入到公式(2)中,此外公式(2)中存在一些现场数据无法采集的特征(如牙轮磨损系数、井底压差系数、水力净化系数等),新增一个比例常数 $Q$ 代替,采用网格搜索的方法获取 $Q$ 的最优值,搜索范围为(-5,5),网格搜索间隔为 0.1,最终取比例常数 $Q = 1.5$ 带入到公式(2)中求取钻速。

宾汉模型和修正杨格模型在测试集上的预测结果如图 4 所示,深色数据点为实际钻速,浅色数据点为模型预测钻速。

### 3.2 机械钻速预测的机器学习模型建立

SVR、RF 钻速预测机器学习模型训练过程如下。

(1)在 Python 程序中导入 sklearn 的 sklearn.svm.SVRsklearn.ensemble.RandomForestClassifier,引入 SVR 回归算法和 RF 回归算法。

(2)将训练集导入到 SVR 回归算法和 RF 回归算法中,建立两种机器学习钻速预测模型。

(3)调整预测模型中的可控参数,当 SVR 模型的惩罚系数 $C = 1.1$,核函数选取 rbf()

时，模型达到最好拟合效果；当 RF 模型随机森林的子树选取 100，并且每棵树的最大生长深度取 40 时，模型达到最好拟合效果，保存模型。

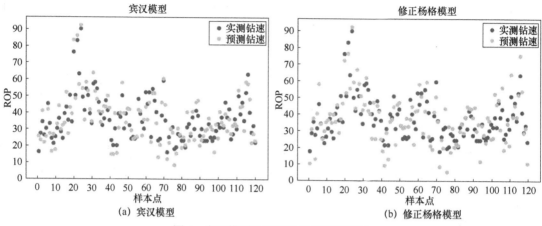

图 4　宾汉模型和修正杨格模型预测图

Fig.4　The prediction of Bingham & Y.B

（4）将测试集数据的特征值代入已经训练好的钻速预测模型中，并保存预测结果。

SVR 模型和 RF 模型在测试集上的预测结果如图 5 所示，深色数据点为实际钻速，浅色数据点为模型预测钻速。

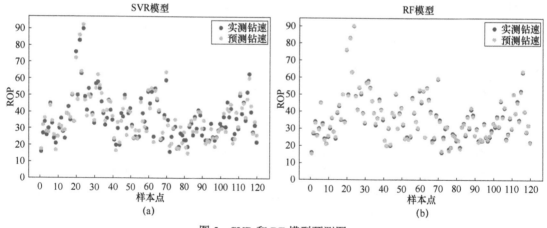

图 5　SVR 和 RF 模型预测图

Fig.5　The prediction of SVR & RF

## 3.3　机械钻速预测的神经网络模型建立

BP-MLP、LSTM、Wide&Deep 钻速预测神经网络模型训练过程如下。

（1）继承 Torch.nn.Module 类，定义 BP-MLP、LSTM、Wide&Deep 三种模型的结构，将均方误差函数作为各网络模型的损失函数。

（2）将训练集导入上述网络结构中，建立三种神经网络钻速预测模型，调整预测模型中的可控参数。

（3）当学习率取 0.00001，网络隐藏层层数为 4 时，每层神经元数量分别为 64、128、

64、32,激活函数为 ReLU,优化器为 Adam,BP-MLP 模型达到最好拟合效果。

(4)当学习率取 0.0001,步长取 200,网络隐藏层数取 4,激活函数为 sigmoid,优化器为 Adam 时,LSTM 模型达到最好拟合效果。

(5)当学习率取 0.00001,Deep 部分网络结构为 4 层,每层神经元个数分别为 256、512、256、128,激活函数为 ReLU,优化器为 Adam 时,Wide&Deep 模型达到最好拟合效果。

(6)将测试集数据的特征值代入已经训练好的三种神经网络钻速预测模型中,并保存预测结果。

BP-MLP、LSTM、Wide&Deep 钻速预测神经网络模型在测试集上的预测结果如图 6 所示,深色数据点为实际钻速,浅色数据点为模型预测钻速。

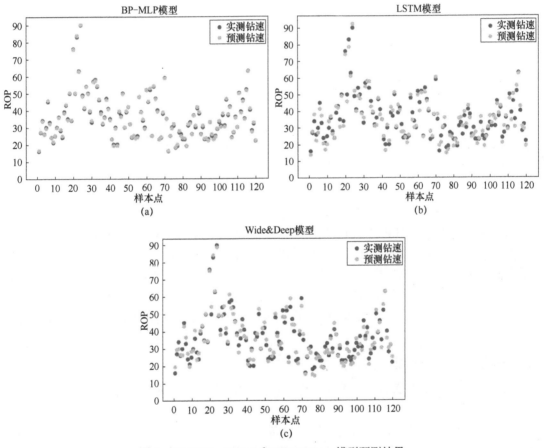

图 6　BP-MLP、LSTM 和 Wide&Deep 模型预测结果

Fig.6　The prediction of BP-MLP、LSTM & Wide&Deep

## 4. 机械钻速智能预测模型优选

### 4.1　模型精度对比

因为可以将钻速模型的建立过程看成一个回归模型的建立过程,所以我们采用 RMSE 和 $R^2$ 作为模型的精度评价指标,模型训练结果如表 2 所示。

表2 模型训练结果
Table 2 Models training results

| 模型 | RMSE | | $R^2$ | |
| --- | --- | --- | --- | --- |
| | 训练集 | 测试集 | 训练集 | 测试集 |
| 宾汉模型 | 10.320 | 10.802 | −8.9300 | −9.2400 |
| 修正杨格模型 | 7.3300 | 7.2460 | −8.0020 | −8.3400 |
| SVR 模型 | 0.0502 | 0.0670 | 0.8700 | 0.8300 |
| RF 模型 | 0.0092 | 0.0220 | 0.9400 | 0.8200 |
| BP-MLP 模型 | 0.0087 | 0.0098 | 0.9320 | 0.9380 |
| LSTM 模型 | 3.3830 | 5.7800 | −2.7200 | −2.6880 |
| Wide&Deep 模型 | 0.2420 | 0.2000 | 0.8740 | 0.8900 |

RMSE 即均方根误差，取值范围是$(0,+\infty)$，RMSE 越接近 0，模型的拟合程度就相对越高，计算公式为

$$\text{RMSE} = \sqrt{\frac{1}{m}\sum_{i=1}^{m}(y_i - \hat{y}_i)^2} \tag{3}$$

$R^2$ 即 $R$ 平方值，该值越接近 1，模型的拟合程度就越高，计算公式为

$$R^2 = 1 - \frac{\sum_i(y_i - \hat{y}_i)^2}{\sum_i(y_i - \overline{y}_i)^2} \tag{4}$$

从结果可以看出，钻速智能模型相比于传统模型在精度上有很大优势。在钻速智能模型中，SVR、RF、BP-MLP 这三个相对较简单的模型无论是从 RMSE 还是 $R^2$ 来看，都比相对复杂的 LSTM 模型、Wide&Deep 模型精度要高。但简单模型的高精度往往会带来过拟合问题，如 SVR 模型、RF 模型在训练集上的精度比在测试集上的精度高了不少。LSTM、Wide&Deep 作为两个较为复杂的模型，需要投入更多的时间训练网络和优化网络才能带来更高的预测精度。综合来看，BP-MLP 模型结构相对简单，但是在训练集和测试集上都有着不错的表现。

### 4.2 模型训练效率对比

在衡量、对比模型优劣时，不能只考虑模型的预测精度，还要结合模型训练所需要的时间开销（即模型的训练效率）。为了对比各个模型的训练效率，把模型达到最高预测精度作为模型训练终止的条件，在相同计算机设备上进行训练，训练结束后，记录每个模型达到此条件时模型的训练时间，将此时间作为模型训练效率的标准。各模型的训练时间如表 3 所示。

表3 各模型的训练时间
Table 3 Training time of models

| 模型 | SVR | RF | BP-MLP | LSTM | Wide&Deep |
| --- | --- | --- | --- | --- | --- |
| 时间/min | 3.2 | 5.7 | 10.5 | 30 | 20 |
| 最高精度/$R^2$ | 0.0670 | 0.0220 | 0.0098 | 5.7800 | 5.200 |

从上述结果可以看出，SVR、RF 模型训练的时间相对较短，BP-MLP 模型次之，Wide&Deep 模型训练时间将近 20min，这是由于网络结构较为复杂导致的，所以我们在不追求过高精度的前提下可以选择相对简单的模型来缩短训练时间，BP-MLP 模型有较高的预测精度和较为合适的训练时间。

### 4.3 模型稳定性对比

在实际应用场景中，采集到的数据存在或大或小的噪声是不可避免的，所以模型的抗噪声能力好坏也可以作为评价模型稳定性的标准。我们对数据集中的数据进行随机加噪，噪声范围分别为原始数据范围的 3%、6%、9%。然后对比预测精度来观察上述模型的抗噪能力。模型抗噪能力检测结果如表 4 所示，这里将 $R^2$ 作为抗噪检验实验中的模型精度。

表 4  模型抗噪能力检测结果
Table 4  Detection of noise resistance of the models

| 噪声范围 | SVR | RF | BP-MLP | LSTM | Wide&Deep |
|---|---|---|---|---|---|
| 0% | 0.8300 | 0.8200 | 0.9300 | 0.6800 | 0.8900 |
| 3% | 0.8050 | 0.7932 | 0.9127 | 3.9600 | 0.8670 |
| 6% | 0.7500 | 0.7205 | 0.8900 | 5.8900 | 1.6900 |
| 9% | 0.6500 | 0.6900 | 0.8305 | 8.9700 | 1.8400 |

通过上述实验数据对比发现，当噪声范围较小（3%）时，各模型的预测精度都只有较小的变化，但随着噪声范围的增大，不同模型对噪声的敏感程度逐渐区分开来，当噪声范围为 9%时，除 BP-MLP 模型外的模型，其 $R^2$ 值都下降至 0.7 以下，这样的模型一般是满足不了实际应用需求的。BP-MLP 模型的抗噪能力在已建立的模型中是表现最优的。

## 5. 结论

本文通过新疆某油田 KS 区块钻井数据建立了 5 种钻速智能预测模型，得到如下结论。

（1）通过对钻井日志、测井数据、录井数据等钻井过程中可采集到的数据进行整合，整合数据的多参数特性使钻速智能模型的预测效果更好，比参考文献中查到的、只考虑工程因素训练出的结果精度高 10%左右。

（2）通过采用小区域滑动方差滤波、随机森林、近邻聚类算法的结合，解决了该井钻井数据中的异常点检测问题。处理后的数据稳定、整洁，更有利于对智能预测模型的训练。

（3）建立了 5 种钻速智能预测模型和两种物理钻速预测模型。通过对比模型预测精度、模型训练效率、模型稳定性发现，物理钻速预测模型预测精度低；机器学习钻速预测模型虽然有很高的精度，但是存在相当严重的过拟合现象；深度学习钻速预测模型预测精度相对较高且不宜出现过拟合现象。

本文由叶山林执笔，宋先知指导。

## 参考文献

[1] BINGHAM, M.G., 1965. A New Approach to Interpreting Rock Drillability. Petroleum Publishing Company.

[2] BOURGOYNE, A., MILLHEIM, K., CHENEVERT, M., 1986. Applied Drilling Engineering. Society of

Petroleum Engineers.

[3] MOTAHHARI, H., HARELAND, G., JAMES, J., 2010. Improved drilling efficiency technique using integrated PDM and PDC bit parameters. J. Can. Pet. Technol. 49, 45–52.

[4] SEIFABAD, M.C., EHTESHAMI, P., 2013. Estimating the drilling rate in Ahvaz oil field. J. Pet.Explor. Prod. Technol. 3, 169–173.

[5] HEGDE, C.M., WALLACE, S.P., GRAY, K.E., 2015. Use of regression and bootstrapping in drilling inference and prediction. In: SPE Middle East Intelligent Oil and Gas Conference and Exhibition, 15-16 September, Abu Dhabi. UAE, Society of Petroleum Engineers.

[6] MORAVEJI, M.K., NADERI, M. 2016. Drilling rate of penetration prediction and optimization using response surface methodology and bat algorithm. J. Nat. Gas Sci. Eng. 31,829–841.

[7] 武成刚, 赵明, 郭志文. 基于主成分分析法的钻速预测研究[J]. 矿业研究与开发, 2015, 35(10): 84-86.

[8] 王文, 刘小刚, 窦蓬, 等. 基于神经网络的深层机械钻速预测方法[J]. 石油钻采工艺, 2018, 40(S1): 121-124.

[9] 刘维凯, 徐文. 基于神经网络方法的井下机械钻速研究[J]. 中国锰业, 2019, 37(04): 90-94.

[10] 殷志明, 刘书杰, 谭扬等. 基于机器学习的深水钻井大数据处理方法研究[J]. 海洋工程装备与技术, 2019, 6(S1): 446-453.

# 基于数据驱动模型的水下气田产量预测

**摘 要** 监测单口井油、气、水等各个组分的流量是一项重要的工作，虚拟流量计（VMS）作为一种新的流量计量工具被应用的越来越广泛。但由数据驱动的 VMS 系统过度依赖数据，设计出精度更高、消耗数据量更小的 VMS 系统是必要的。本文基于 BP 神经网络、LSTM 神经网络和随机森林算法建立了数据驱动的虚拟计量系统，对模型进行了误差分析、稳定性分析和数据开销分析，并从多角度分析了模型的实用性；最后基于 LSTM 神经网络设计了迁移学习模型，分析了迁移学习模型的优缺点。结果显示迁移学习模型表现优异，相对平均误差为 3.9%，同时具有高稳定性和数据开销小的特点；迁移学习模型提高了传统模型的通用性，同时在 LSTM 网络基础上进一步减小了数据开销。

**关键词** 虚拟流量计；数据驱动模型；LSTM 神经网络；数据开销；迁移学习

# Production Prediction of Underwater Gas Field Based on Data Driven Model

**Abstract** Monitoring the flow of oil, gas, water and other components in a single well is an important thing. Virtual flowmeter (VMS) as a new flow measurement method is more and more widely used. However, the data-driven VMS system relies heavily on data, so it is necessary to design a VMS system with higher accuracy and less data consumption. In this paper, a data-driven virtual measurement system is established based on BP network, LSTM network and random forest algorithm.The error analysis, stability analysis and data cost analysis of the model are carried out, and the practicability of the model is analyzed from many angles; Finally, the transfer learning model is designed based on LSTM network, and the advantages and disadvantages of the transfer learning model are analyzed. The results show that LSTM network model has excellent performance, the average relative error is 3.9%, and has the characteristics of high stability and low data overhead; The migration learning model improves the generality of the traditional model, and further reduces the data overhead on the basis of LSTM network.

**Keywords** virtual metering system; date-driven mode; LSTM neural network; cost data; transfer learning

## 1. 引言

单井油气产量计量是油气生产管理的重要环节，虚拟流量计（Virtual Metering System，VMS 或 Virtual Flow Meter，VFM，本文简称 VMS）安装成本较低且维护简单，正逐步取代传统的多相流量计。

虚拟计量技术在 20 世纪 90 年代首次被提出[1]，并很快被应用于油气田的生产开发中。经过 20 多年的发展，虚拟计量技术已经逐渐成熟。国外已经形成了一套完整的精度较高的流量监控、预测系统。图 1 为水下油气田生产示意图。

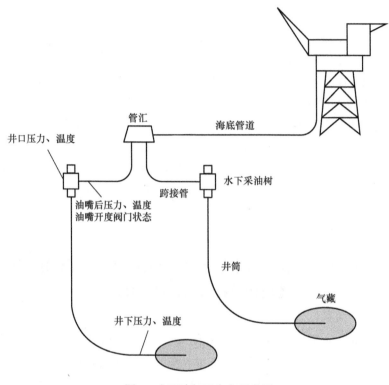

图 1　水下油气田生产示意图

Fig.1　Subsea oil and gas field production

VMS 系统分为两类：一类是基于机理模型的 VMS 系统；另一类是基于数据驱动的 VMS 系统。基于机理模型的 VMS 系统是基于传感器采集到的管道内部的温度、压力等特征参数，根据流体性质模型、水力-热力模型、生产系统模型等物理模型建立流量预测模型。基于数据驱动的 VMS 系统是根据现场收集到的特征参数直接拟合与流量之间的数学关系，而不会精确描述各个数据之间的物理关系。

从 20 世纪 90 年代开始，研究者对基于数据驱动的 VMS 系统进行了大量尝试。早期 Qiu 等人将压力数据输入前馈神经网络预测多相流量[1]。之后以 AI-Qutami 等人为代表的大量研究者对传统神经网络做出了改进，包括使用交叉验证确定模型参数，使用早停法防止过拟合等[2][3]。近年来，随着深度学习的兴起导致越来越多的算法被应用，Loh K 等人将 LSTM 神经网络应用在石油和天然气流量预测问题上进行了尝试，LSTM 神经网络呈现出比传统神经网络更高的准确率[4]。尽管研究者在各自的数据集上使用不同的数据驱动算法取得了较高的准确率，但实际上这些模型没有体现出很强的通用性。并且研究者并没有从根本上解决数据驱动模型在实际应用中的弊端，即模型需要花费大量的数据进行训练，各井参数不同导致模型不能通用。这也导致虽然在大多数实验中基于数据驱动的 VMS 系统的相对误差维持在 5%左右[5]，但是数据驱动模型仍然没有被广泛使用的原因。针对以上问题本文做出如下工作。

（1）从模型误差的角度优选出在流量预测问题上表现较好的机器学习算法。

（2）从模型误差、稳定性和数据开销的角度对模型进行分析，确定各个模型的优缺点，进一步分析模型的实用性。

（3）设计得到了新的迁移学习模型架构，并探究了迁移学习模型在保持较高精度的情况下模型数据开销的变化情况。

## 2. 方法介绍

### 2.1 数据介绍和特征工程

数据驱动模型通过一系列的数据变换将高维数据映射到低维数据，从而实现对流量的预测，这是一个非线性回归问题，该映射过程参数的确定被称为模型的训练。模型的预测精度由数据的种类、质量和模型的非线性拟合能力决定。模型训练时任何与生产过程相关的数据都可能作为输入参数，包括该井的历史生产数据和实时生产数据，数据种类既包括生产过程中管道、井筒和井底等位置的压力、温度，还包括地层参数及机械的运动参数等。实验过程首先收集大量相关数据，收集的数据包括大量的噪声（异常值、缺失值等），这些噪声不能直接参与模型训练。故需要对数据进行异常值处理、归一化等操作，以挖掘更多有用的信息，帮助模型获得更高的准确率，这一数据处理过程被称为特征工程[6]。

本次实验从南海某油田获取到 3 口井（A1 井、A3 井、A4 井）的数据，数据包括 7 个特征和 1 个标签。7 个特征分别是跨接管温度 $T_p$，跨接管压力 $P_p$，油嘴后温度 $T_v$，油嘴后压力 $P_v$，井口温度 $T_o$，井口压力 $P_o$，油嘴开度 $\mu$；标签是单口井的质量流量 $Q$。图 2 展示了 3 口井不同采样点的质量流量变化。

数据的特征工程是一系列数据处理过程的统称，并没有明确数据处理方法，需要根据数据特点设定独特的数据处理流程。

表 1 展示了部分特征工程的处理方法及其作用。对数据进行异常值和缺失值处理、数据归一化及滤波处理能够在加快模型收敛的基础上有效提升模型的泛化能力[7]。特征衍生的本质是将原始数据根据数学、物理规律或经验模型进行线性或非线性变换，这能够帮助数据驱动算法发现输入特征与输出变量间的复杂关系[8]。原始特征的组合要结合数据的物理意义和建模者自身的经验，这一过程并没有明确的处理方法。本文结合经验和数据特征的物理意义设计出 4 个新特征：井口温度与油嘴后温度的温差 $T_{o-v}$、油嘴后温度与跨接管温度的温差 $T_{v-p}$、井口压力油与嘴后压力的压力差 $P_{o-v}$、油嘴后压力与跨接管压力的压力差 $P_{v-p}$。这 4 个特征将和已有的 7 个特征一起参与模型训练。相关性分析、PCA（主成分分析）和 Wrapper 算法能够选择出原始特征的子集或对原始特征进行降维，以减少特征数量，降低计算成本。数据驱动模型输入和输出之间的关系具有很强的不确定性，每个模型输入的特征数量也不确定，最常见的方法是使用 Wrapper 算法对特征随机组合，根据模型的输出选择最优结果对应的特征。每个模型的最优特征组合在 2.3 节中会进行详细介绍。

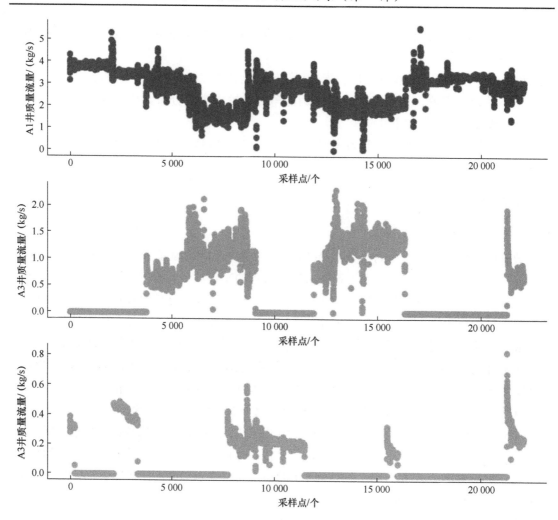

图2 3口井不同采样点的质量流量变化

Fig.2 The variation of mass flow at different sampling points in three wells

表1 部分特征工程的处理方法及其作用

Table 1 The treatment method of partial feature engineering and its function

| 处 理 方 法 | 作 用 |
| --- | --- |
| 异常值、缺失值处理 | 加快收敛，提高稳定性 |
| 滤波处理 | 提高稳定性 |
| 归一化 | 无量纲处理 |
| 特征衍生 | 提高信息利用率 |
| 相关性分析 | 防止特征冗余 |
| PCA | 防止特征冗余 |
| Wrapper | 优选特征 |

## 2.2 模型介绍

Bikmukhametov T 等人[9]对机器学习算法在流量预测这一问题上的应用情况进行了系统性分析，结果显示不同的模型在数据不同的情况下表现差异很大。对"没有免费的午餐定理"[10]做出合理解释,即没有任意一种算法能够在所有数据中的表现都优于其他算法,针对数据分布规律寻找合适的应用模型很关键。Bikmukhametov T 在分析中发现,早期 BP 神经网络及其变种在流量预测问题中被广泛使用,后期随机森林等集成算法的表现要优于 BP 神经网络。近年来,研究者发现循环神经网络能够根据历史信息准确地估计现有流量,本文根据历史经验选择 BP 神经网络、随机森林和 LSTM 神经网络 3 种代表性模型进行研究。

数据驱动模型包含了大量的超参数,超参数的选取对模型的准确性起了关键作用。合适的超参数能够提高模型精度、缩短训练时间并且可以避免模型过拟合。BP 神经网络和 LSTM 神经网络由多个神经元按照一定的拓扑结构连接组成[11][12],超参数主要包括神经元网络的层数、隐藏层神经元的数量、训练的轮数等。随机森林由多个决策树组成,是集成学习的代表性算法[13],超参数包括决策树的数量、决策树的最大深度等。机器学习的研究者对超参数进行了大量研究,仍没有可靠的算法可以直接固定超参数的大小,通常使用"经验+搜索算法"的模式寻找局部最优超参数[14]。搜索算法是确定模型超参数的一种有效方法,实施过程就是根据经验初步确定超参数范围,之后多次改变各超参数的大小,再根据模型的输出结果评判超参数的适用性。除了模型的超参数,在训练模型时还有许多其他参数和算法,例如,随机森林的划分指标、神经网络激活函数和优化函数等,此处不再详细介绍。BP 神经网络、随机森林和 LSTM 神经网络这 3 种模型的超参数搜索范围及其他参数和算法的选择情况如表 2 所示。

表 2 模型参数
Table 2 Model parameter of three models

| 模 型 | 超参数 | 搜索范围 | 其他 | 处理方法 |
|---|---|---|---|---|
| BP 神经网络 | 学习率 | [0.0001,0.01] | 激活函数 | ReLU/sigmoid |
| | 隐藏层数 | [1,3] | 优化函数 | Adam |
| | 隐藏层节点数 | [10,30] | 训练轮数 | 100 |
| | | | 实现框架 | sklearn |
| 随机森林 | 树的数量 | [10,30] | 实现框架 | sklearn |
| | 树最大深度 | [5,15] | 决策树 | CART |
| LSTM 神经网络 | 学习率 | [0.0001,0.01] | 激活函数 | ReLU/tanh |
| | 隐藏层数 | [1,3] | 优化函数 | Adam |
| | 隐藏层节点数 | [10,40] | 训练轮数 | 10 |
| | Droupout 比例 | [0.05,0.3] | 实现框架 | PyTorch |
| | 窗口大小 | [5,15] | — | |

在模型训练时,除表 2 中列出的超参数、优化函数和激活参数外,还需要有损失函数。损失函数在训练模型时起着非常重要的作用,合适的损失函数能够加快模型的收敛速度、减小模型误差[15]。本次实验使用的损失函数是均方误差(MSE),MSE 的计算公式为

$$\mathrm{MSE} = \frac{1}{N}\sum_{i=1}^{N}(y_i' - y_i)^2 \tag{1}$$

其中，$y'_i$ 为模型预测结果，$y_i$ 为真实值。

若使用 MSE 作为损失函数，则 MSE 也表示评判模型优劣的指标，在实际工业应用中，平均绝对误差（MAE）是评价模型优劣指标中较常见的函数。MAE 的计算公式为

$$\text{MAE} = \frac{1}{N}\sum_{i=1}^{N}|y'_i - y_i| \qquad (2)$$

其中，$y'_i$ 为模型预测结果，$y_i$ 为真实值。

本文在模型训练时使用 MSE 作为模型的评价函数，在实际应用中使用 MAE 作为模型的评价函数。

## 2.3 结果分析

前文介绍了特征工程和超参数的选择算法，实验时将数据按照 8∶2 的比例划分训练集和测试集（在数据划分时按时间先后顺序划分，以保证使用历史数据预测未来数据，防止数据泄露），使用 Wrapper 算法对输入特征进行筛选，同时使用网格搜索对模型参数进行选择，得到的各模型的确定参数和输入特征如表 3 所示。

表3 模型的确定参数和输入特征
Table 3  The determined parameters and input features of the model

| 模型 | 超参数 | 搜索结果 | 其他 | 处理方法 |
|---|---|---|---|---|
| BP 神经网络 | 学习率 | 0.001 | 激活函数 | sigmoid |
| | 隐藏层数 | 1 | 优化函数 | Adam |
| | 隐藏层节点数 | 30 | 训练轮数 | 10 |
| | | | 实现框架 | sklearn |
| | | | 输入特征 | $P_p, P_v, T_o, T_p, T_v, P_o, u$ $T_{o-v}, T_{v-p}, P_{o-v}, P_{v-p}$ |
| 随机森林 | 树的数量 | 15 | 实现框架 | sklearn |
| | 树最大深度 | 10 | 决策树 | CART |
| | | | 输入特征 | $T_p, T_v, T_o, T_p, T_v, P_o, u$ $T_{o-v}, T_{v-p}, P_{o-v}$ |
| LSTM 神经网络 | 学习率 | 0.001 | 激活函数 | ReLU |
| | 隐藏层数 | 1 | 优化函数 | Adam |
| | 隐藏层节点数 | 35 | 训练轮数 | 4 |
| | Droupout 比例 | 0.1 | 实现框架 | PyTorch |
| | 窗口大小 | 10 | 输入特征 | $T_p, T_v, T_o, P_v, P_o$ |

图 3 为模型预测结果对比，表 4 为模型误差。

表4 模型误差
Table 4  Model error

| 算法 | MRE | MAE |
|---|---|---|
| BP 神经网络 | 8.6% | 0.051 |
| 随机森林 | 6.2% | 0.041 |
| LSTM 神经网络 | 3.4% | 0.014 |

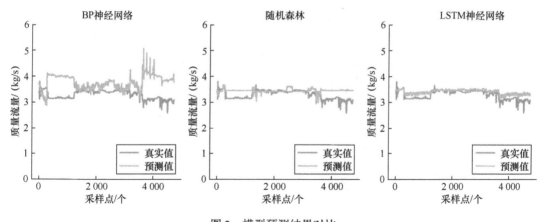

图 3 模型预测结果对比

Fig.3 Comparison of model prediction results

根据表 3、表 4 和图 3 的数据，可以发现以下规律。

（1）对神经网络来说，训练轮数、神经元数量和神经网络的层数应该与使用的数据量和数据维度相匹配。LSTM 神经网络和 BP 神经网络都只有一个隐藏层，原因是与单隐藏层神经网络相比，含有两个隐藏层的神经网络更容易陷入局部极小，更难收敛。同时，增加隐藏层神经元数量或增加训练轮数都能够提高模型的拟合能力，但模型拟合能力的提高会导致模型出现过拟合的概率变大[16]，这也是表 3 中神经网络的神经元数量和训练轮数都较小的原因。

（2）随机森林的拟合能力要强于 BP 神经网络的，但弱于 LSTM 神经网络的。LSTM 神经网络的拟合能力较强的很大一部分原因是其对历史数据的有效利用和内部复杂的拓扑结构。依据经验可知，流量生产过程本身是类时序的，即此刻的流量会受到上一时刻流量的影响，LSTM 神经网络对时序信息进行了有效提取，因此可以取得最优结果。而随机森林是集成模型的代表，它本身由多个弱学习器组成，预测时会采用投票的方式进行，这使得模型的拟合能力大大提高，同时这也导致随机森林对数据需求量的增大，这部分会在后文详细介绍。

（3）BP 神经网络和随机森林都用到了特征衍生的数据，LSTM 神经网络则直接使用原始数据。模型拟合能力越强对数据特征工程的要求越弱，这个规律是显而易见的。特征工程的本质就是人为进行数据处理以帮助模型提高数据利用率，对拟合能力较强的模型来说，模型自身可以实现数据的复杂变换，而不需要人为设计复杂的特征变换。

## 2.4 模型实用性分析

20 世纪 90 年代，使用数据驱动模型计算石油或天然气流量的研究已经不断开展[17]，并取得了较好的研究成果。早期使用的数据驱动模型计算流量不具有实用性，通常仅用于理论研究，直到 2010 年左右被大规模用于商业。通常从 3 个方面分析模型的实用性，分别是准确性、稳定性和数据开销。模型的准确性在 2.2 节中已经详细讨论过，下面对模型的数据开销和稳定性进行详细分析。

### 2.4.1 模型稳定性分析

模型的稳定性主要体现模型的可复现性。如果模型训练时每次都能找到最优参数，那么使用同样的数据训练模型一定会收敛于固定点，故多次训练一定会出现相同的模型参数。实际情况是模型训练时往往会找到局部极值点，这导致模型多次训练的结果有所差异。根据表 3 中的模型确定参数，使用相同数据训练模型得到多次训练的平均误差，并与模型的最小误差进行对比，结果如图 4 所示。

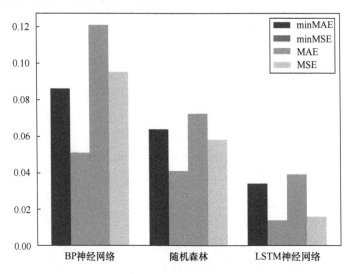

图 4　模型误差变化

Fig.4　Changes in model errors

图 4 展示了 3 种模型在 MAE 和 MSE 两个评判指标上，其平均值与最小值的变化情况。可以直观地看到，BP 神经网络在 MAE 和 MSE 两个指标的变化情况要大于随机森林和 LSTM 神经网络的，LSTM 神经网络的变化最小，可知 LSTM 神经网络的稳定性最强，BP 神经网络的稳定性最弱。

影响模型的稳定性的因素众多，包括模型的参数量、模型的拓扑结构和数据量等。当模型参数量很少时，模型训练时容易受到初始点的干扰，模型更容易陷入局部极小值，这是模型在多次训练时误差变化大的主要原因之一。

#### 2.4.2　模型数据开销

数据开销就是在保证模型收敛时训练模型使用的最少数据量。数据驱动模型训练过程是发生在模型内大量的参数发生复杂的非线性变化。训练数据量的大小对模型的效果有关键性的影响，一般研究者认为，足够多准确的数据会让模型的准确率逼近上限，但采集训练数据往往受到多种限制。

在油气田生产过程中每口井地质参数、管道参数等数据的差异导致井间模型不通用，对每口井的模型进行实际预测前都必须先采集部分准确数据进行模型训练。在生产环境下，采集数据意味着部分井的停产，停产会造成大量的经济损失。因此在进行模型训练时数据开销越小带来的损失就越小。

在使用 A1 井的数据进行模型训练时，不断减小数据量，并使用随机森林算法重新确定模型结构，在不同数据开销下的模型 MAE 的变化如图 5 所示。图 5 中横坐标为数据开销，纵坐标为 MAE，数据开销越小且模型的 MAE 越小，该模型实用的可能性越大。从

图 5 可知,对于 LSTM 神经网络,无论是模型的误差还是数据开销都有绝对的优势。同时还可以发现:当数据开销较小时,随机森林的 MAE 大于 BP 神经网络的 MAE;当数据开销较大时,随机森林的 MAE 小于 BP 神经网络的 MAE,可得出结论,随机森林的低误差依赖大量的数据开销,在拟合少量数据时随机森林不具有实用性。

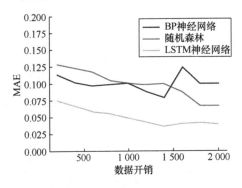

图 5　MAE 随数据开销的变化
Fig.5　MAE varies with the data overhead

## 2.5　模型总结

表 5 展示了 3 种模型在准确性、稳定性、数据开销 3 个方面的表现情况,其中 LSTM 神经网络具有小误差、高稳定性和适当的数据开销等特点,是最适合在生产环境中应用的模型。

表 5　3 种模型统计结果
Table 5　Statistical results of three models

| 模　　型 | MAE | 稳定性 | 数据开销 |
|---|---|---|---|
| BP 神经网络 | 10.1% | 低 | 小 |
| LSTM 神经网络 | 3.9% | 高 | 适中 |
| 随机森林 | 7.2% | 高 | 大 |

# 3.　模型迁移应用

第 2 节提到 LSTM 神经网络是三种模型中最适合被应用的模型,但由图 5 可以看出,要想达到工业使用的要求,仍需要 1000 个左右的数据进行模型训练,数据开销仍远大于机理模型。机理模型数据开销小的原因是机理模型有一个基模型(数学或物理的经验公式),在基模型的基础上只需要进行少量参数的调整便可将该模型应用于新的生产环境中。在数据驱动模型中,在基模型的基础上进行训练被称为迁移学习[18],本节尝试建立迁移学习模型以提高模型的适用性,进一步减小模型的数据开销。

迁移学习的本质是模型参数的迁移应用,迁移学习认为神经网络提取的是数据间的深层特征,这些特征可分为两类:一类是特有特征;另一类是通用特征。特有特征蕴含了数据自身特有的分布规律;通用特征则揭示了这类数据的普遍规律。因此可以将通用特征间的规律总结出来并以模型参数的形式体现,减少在构建新模型时的通用特征部分的重复提取。

根据第 2 节的结论，设计得到一种新的神经网络——迁移学习模型，其拓扑结构如图 6 所示。该神经网络由两部分组成：一部分是 LSTM 神经网络；另一部分是一层 BP 神经网络。模型训练时，首先迁移得到训练好的 LSTM 神经网络参数，将参数确定（这就是基模型），并将 LSTM 神经网络的输出结果与特征同时输入 BP 神经网络，从而进行新的训练。

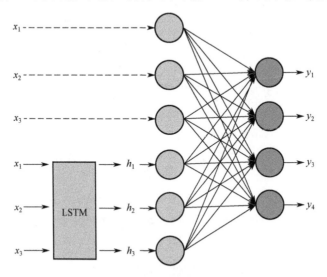

图 6  迁移学习模型的拓扑结构

Fig.6  The topology of transfer learning model

将 A1 井的参数通过迁移学习模型应用到 A3 井的数据中，将模型误差、数据开销与 LSTM 神经网络对比，其预测结果如图 7 所示。从图 7 中可知，当训练数据量较小时，迁移学习模型的误差小于 LSTM 神经网络的，随着训练数据量增大，LSTM 神经网络的误差逐渐小于迁移学习模型的。故当数据量少时使用迁移学习模型能够进一步减小模型的数据开销，提高模型实用性和迁移性。

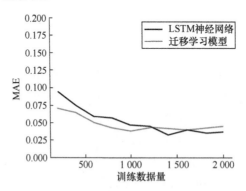

图 7  迁移学习模型预测结果

Fig.7  Prediction results of transfer learning model

迁移学习模型结合了 BP 神经网络收敛快和 LSTM 神经网络非线性拟合能力强的优点，在开始进行模型训练时，在基模型的基础上提取特征，加快了模型收敛速度，减小了数据开销。随着训练数据量的增多，BP 神经网络的存在则限制了模型精度的进一步提高，这也导致训练后期迁移学习模型的误差大于 LSTM 神经网络的。迁移学习模型在保证较小误差的情况下，有效减小了模型的数据开销，从实用性角度考虑，迁移学习模型具有较高的实用性，为基于数据驱动的 VMS 系统的实际应用提供了可行性。

## 4. 结论

本文在进行了大量的研究和实验后，得出以下结论。

（1）LSTM 神经网络考虑了上一个时间步流量大小对当前时间步流量的影响，使得 LSTM 神经网络在预测流量时不仅能够捕捉温度、压力等参数与流量间的关系，还能捕捉流量随时间的变化特征，这导致 LSTM 神经网络的预测误差小于 BP 神经网络和随机森林的。

（2）从准确性、稳定性和数据开销 3 个方面分析了 BP 神经网络、随机森林和 LSTM 神经网络 3 种模型的实用性。LSTM 神经网络具有低误差、高稳定性、适当的数据开销等特点，是 3 种模型中最具实用性的模型。

（3）基于 LSTM 神经网络和 BP 神经网络的特点，设计构建了迁移学习模型，迁移学习模型能够为不同井提供基模型。在基模型的基础上进行模型训练能够在不增大数据开销的前提下，减小模型误差，与 LSTM 神经网络相比，迁移学习模型的实用性更强。

**本文由吴冕执笔，宫敬指导。**

## 参考文献

[1] BERG K, DAVALATH J. Field Applications of I-dun Production Measurement System[C].Offshore Technology Conference, Houston, U.S.A, 6-9 May, 2002: OTC 14007.

[2] GARCIA A, ALMEIDA I, SINGH G, et al. An implementation of on-line well virtual metering of oil production[C].SPE Intelligent Energy Conference and Exhibition. Society of Petroleum Engineers, 2010:SPE 127520.

[3] BIKMUKHAMETOV T, JÄSCHKE J. First principles and machine learning virtual flow metering: a literature review[J]. Journal of Petroleum Science and Engineering, 2020, 184: 106487.

[4] TURNER C R, FUGGETTA A, LAVAZZA L, et al. A conceptual basis for featureengineering[J]. Journal of Systems and Software, 1999, 49(1): 3-15.

[5] G Dong, H Liu. Feature engineering for machine learning and data analytics[M]. CRC Press, 2018.

[6] BIKMUKHAMETOV T, JÄSCHKE J. Combining machine learning and process engineering physics towards enhanced accuracy and explainability of data-driven models[J]. Computers & Chemical Engineering, 2020, 138: 106834.

[7] BIKMUKHAMETOV T, JÄSCHKE J. First principles and machine learning Virtual Flow Metering: A literature review[J]. Journal of Petroleum Science and Engineering, 2020, 184: 106487.

[8] WOLPERT D H, MACREADY W G. No free lunch theorems for optimization[J]. IEEE transactions on evolutionary computation, 1997, 1(1): 67-82.

[9] 朱大奇, 史慧. 人工神经网络原理及应用[M]. 北京：科学出版社，2006.

[10] GRAVES A, FERNÁNDEZ S, SCHMIDHUBER J. Bidirectional LSTM networks for improved phoneme classification and recognition[C]:International conference on artificial neural networks. Springer, Berlin, Heidelberg,2005: 799-804.

[11] BREIMAN L. Random forests[J]. Machine learning, 2001, 45(1): 5-32.

[12] BERGSTRA J, BENGIO Y. Random search for hyper-parameter optimization[J]. Journal of machine learning research, 2012, 13(2).

[13] CULOTTA A, KANANI P, HALL R, et al. Author disambiguation using error-driven machine learning with a ranking loss function[C]//Sixth International Workshop on Information Integration on the Web (IIWeb-07), Vancouver, Canada. 2007.

[14] Multilayer feedforward networks are universal approximators [J].Neural Networks,1989, 2(5):359-366.

[15] DIETTERICH T. Overfitting and undercomputing in machine learning[J]. ACM computing surveys (CSUR), 1995, 27(3): 326-327.

[16] TORREY L, SHAVLIK J. Transfer learning[M]:Handbook of research on machine learning applications and trends: algorithms, methods, and techniques. IGI global, 2010: 242-264.

[17] QIU J, TORAL H. Three-phase flow-rate measurement by pressure transducers[C] SPE Annual Technical Conference and Exhibition. OnePetro, 1993.

[18] AL-QUTAMI T A, IBRAHIM R, ISMAIL I. Hybrid neural network and regression tree ensemble pruned by simulated annealing for virtual flow metering application[C] 2017 IEEE International Conference on Signal and Image Processing Applications (ICSIPA). IEEE, 2017: 304-309.

[19] LOH K, OMRANI P S, VAN DER LINDEN R. Deep learning and data assimilation for real-time production prediction in natural gas wells[J]. arXiv preprint arXiv:1802.05141, 2018.

# 基于无监督聚类分析的均衡压裂布缝位置优选

**摘　要**　水力压裂是非常规油气资源高效采出的关键技术。因储层非均质性强，簇间裂缝竞争开裂，改造效果不均衡，目前的压裂方案设计方法难以考虑储层的非均质性，缺乏相应的储层岩石破裂压力精细评价与方法。本文通过数据驱动法对储层破裂压力相近井段进行聚类，进而设计射孔簇的位置。优选现场钻井数据和测井数据并进行预处理，建立无监督聚类模型，基于聚类结果综合分析将储层岩石划分至类似破裂压力的页岩组，优选储层破裂压力相近井段布置射孔簇位置，尽可能降低射孔簇之间储层破裂压力的可变性（即非均质性），使得裂缝均匀起裂。基于钻录测优选特征参数建立了一套机器学习流程来评价储层破裂压力，适用于精细定量区分储层段的非均匀性，对于射孔簇位置优化设计有一定指导意义。

**关键词**　机器学习；无监督学习；神经网络；水力压裂

# Optimal Placement of Balanced Fracturing Based on Unsupervised Clustering Analysis

**Abstract**　Hydraulic fracturing is a key technology for efficient production of unconventional oil and gas resources. Due to the strong heterogeneity of reservoir, the competition and cracking of fractures among clusters, and the uneven transformation effect, the current fracturing design method is difficult to consider the heterogeneity of reservoir, and there is a lack of corresponding fine evaluation and method of fracture pressure of reservoir rock. In this paper, the data driven method is used to cluster the well sections with similar fracture pressure in the reservoir to design the perforation cluster location. Optimization field drilling data and logging data preprocessing, and unsupervised clustering model is established, based on the clustering results comprehensive analysis will be divided to similar reservoir rock fracture pressure of shale group, optimizing reservoir fracture pressure close interval perforation cluster location, minimize perforation of reservoir fracture pressure variability between clusters (heterogeneity), makes the crack even crack. A set of machine learning process is established to evaluate the fracture pressure of the reservoir based on the optimized characteristic parameters of drilling survey, which is suitable for the fine quantitative differentiation of the heterogeneity of the reservoir section, and has a certain guiding significance for the optimization design of perforation cluster location.

**Keywords**　machine learning; unsupervised learning; neural network; hydraulic fracturing

## 1. 引言

均衡压裂改造是以压裂井段裂缝有效产生并均衡扩展为目标的改造理念，特别适用于长水平井分段压裂和厚储层直井分层压裂。我国塔里木盆地分布多个超深巨厚油气储层，然而储层渗透率低，纵向非均质性强，客观上易造成裂缝无序起裂、扩展不均的难题，亟需精细评价井筒方向岩石强度分布，优选布缝位置在岩石强度相近的井段，有望实现超深巨厚储层均衡压裂。

以往压裂布缝的优选位置主要是在地质甜点的基础上，选择储层岩石脆性和可压性级别高的工程甜点井段。然而影响岩石脆性和可压性的因素众多且关联复杂，前人建立了多种形式的岩石脆性和可压性评价方法，Robinson Slocombe 等人[1]以水平测井数据为基础进行岩石物性和地质力学分析，生成了每口井的最佳压裂段和射孔簇位置等完井方案的设计建议。Cipolla 等人[2]建立了一整套算法来利用应力场、岩石力学和图像测量等数据来识别天然裂缝，从而选择段间距和射孔位置，将复杂裂缝离散网格化用于油藏模拟。但应用效果参差不齐，仍难以形成统一、综合的工程甜点评价指标。基于数据驱动的无监督聚类方法可实现多因素、多维聚类分析，提取与储层岩石强度相关的特征参数，运用无监督聚类方法将井筒方向的岩石强度分组，最终优选布缝位置。在岩石强度同一组别的井段，解决超深巨厚、强非均质储层裂缝有效产生并均衡扩展的难题。

本文综合选取与储层岩石强度相关的钻录井和测井特征参数，建立了自组织特征映射神经网络无监督聚类模型和分类数量的确定方法，并将其应用于塔里木盆地某口深井压裂设计中，对比提升了超深巨厚储层布缝位置设计的合理性。

## 2. 特征参数选取及预处理

岩石强度的表征评价不仅能与储层测井参数有关，还与钻井参数相关。本文布缝位置优选模型的输入数据源自塔里木油田克深区块油田，所有数据包括录井数据、测井数据和压裂加砂方案，从中选取数据的标准包括相关性、完整性、有效性。将获取到的数据来源划分为井深数据、钻井数据、测井数据，共 9 个特征参数（见表 1）。井深数据包括标准井深，钻井数据包括钻压、转速、扭矩、钻时、dc 指数，根据经验总结出，其中钻压、扭矩、dc 指数、钻时的大小和储层破裂压力大小呈正相关，转速与储层破裂压力大小呈负相关。测井数据包括中子、声波时差、自然伽马值，这 3 个参数均在一定程度上表征岩性。

表 1 特征数据类型统计
Table 1 Statistics of characteristic data

| 参数来源 | 特 征 参 数 |
|---|---|
| 井深数据 | 标准井深 |
| 钻井数据 | 钻压、转速、扭矩、钻时、dc 指数 |
| 测井数据 | 中子、声波时差、自然伽马值 |

数据质量对于数据挖掘与模型的建立影响很大，通常决定了模型效果的上限。从油田现场获取的实时数据，会因设备故障等不可控因素存在着缺失值。因此，在进行布缝位置优选建模前，本文对数据进行了完整性处理及数据预处理，以提高数据质量并满足模型的应用条件。

## 2.1 数据的完整性处理

油田原始数据完整性处理包括统一不同来源的数据，统一数据格式，补充缺失数据。油田所提供的现场数据文件中的钻录井数据和测井数据的存储形式不同且单位尺度不同，即现场使用综合录井仪对于工程参数采用连续测量，每整米读 1 点；使用测井设备对目的层进行测量，每 0.1 米读 1 点。针对钻录井数据和测井数据不同单位尺度的情况，使用 Python 语言和 Pandas 库将获得的现场钻录井数据和测井数据按录井数据所记录的井深合并，将存储在不同文件的钻录井数据与测井数据对应至同一单位尺度，并形成同一个数据文件，使之在后续分析过程中可以直接调用。

本文选取预测回归中的 KNN（K 最临近）算法来填补缺失值，常见的数据缺失值的处理方法有：删除含有缺失值的数据、用可能值插补缺失值、预测填充等。而 KNN 算法被广泛认为是传统插补技术的替代品，即基于欧式距离最短的点来识别空间相似或相近的 K 个样本，获得距离矩阵，然后使用这些样本来估计缺失数据点的值。对比其他方法，该算法的优点是考虑高维空间中的多维数据样本间的相关性，使得填补的缺失值更加精确、真实。

## 2.2 数据的标准化处理

由于数据类型、计量方式及单位不同，因此在建立模型前要将样本特征值转化为无量纲数值，让不同维度之间的特征在数值上有一定可比较性。本文所建模型基于欧式几何距离，在涉及距离度量时，采用 Z-Score 标准化的处理方法表现更好。Z-Score 标准化方法为：将数据按属性通过减去均值然后除以方差（或标准差）的方法进行处理，经处理后的数据符合标准正态分布，即均值为 0，标准差为 1。对数据进行标准化处理，将提高最优解求解速度和精度，对于无监督聚类模型，小数量级的特征参数对模型的影响将变大。

本文使用的 Z-Score 标准化函数为

$$x_{\text{new}} = \frac{x - \mu}{\sigma} \tag{1}$$

其中，$x_{\text{new}}$ 表示处理后的数据值，$x$ 表示原始数据值，$\mu$ 表示数据均值，$\sigma$ 表示数据标准差。

## 3. 储层岩石强度无监督聚类模型及布缝位置优选方法

所获取的钻录井、测井数据，能够从不同的研究角度来表征储层岩性，包括储层的岩石破裂压力。本文选取无监督学习的方式对优选钻测录特征参数进行无监督聚类分析，对储层的钻测录数据进行探索和分析。无监督学习不需要额外标签去发掘样本的内在联系和区别，通过模型训练达到"物以类聚"的目的。根据数据的内在联系将样本划分为若干类别，使得同类样本之间的相似度高，不同类样本之间的相似度低。

常见的无监督学习方式有 K 均值聚类、层次聚类等基于欧式几何距离的算法，这些算法均需要人为设定聚类类别数量。本文使用的是自组织特征映射神经网络模型（Self-Organizing feature Map，SOM）。SOM 是一种融入了人脑神经元的信号处理机制，有着独特的结构特点，基于竞争学习方式，依靠神经元之间的互相竞争逐步优化网络，在类别未知的情况下，可以识别内在关联的特征对数据进行聚类。与传统 K 均值聚类等算法相比较，其特点在于：采用先进的神经网络模型和竞争学习策略，能够更好地挖掘数据的内部关系，还可以维持输入控件的拓扑结构。K 均值聚类等算法需要预先设定聚类类别数量，SOM 网络聚类类别的数量可以由网络自动识别出来。

搭建的自组织映射神经网络包括两层神经网络，即输出层和竞争层，每个输入的样本将在输出层中找到最匹配的节点，对输入的样本数据进行训练，自动聚类得到聚类结果，即将沿井筒方向的每米页岩划分为类似的页岩组，每组页岩包含相似性质，包括具有相近破裂压力的页岩。该研究方法的流程图如图 1 所示。

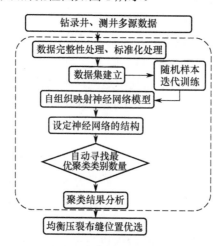

图 1  布缝位置优选方法的流程图

Fig.1  Flow chart of fabric seam position optimization method

## 3.1  应用实例分析

本文研究的数据均来源于新疆阿克苏地区某井（K13），其井深为 7465m。本井自井深 4500m 开始综合录井，压裂井段为白垩系巴什基奇克组 7306~7455m，以褐色中砂岩、细砂岩为主，夹薄层褐色含砾砂岩、泥质粉砂岩、粉砂岩及少量泥岩，对井段 7306~7455m 进行加砂压裂施工，射孔跨度达 149m。

本文以井 K13 的 8 个特征参数（包括钻压、转速、扭矩、钻时、dc 指数、中子、声波时差、自然伽马值）作为输入特征值，建立自组织特征映射神经网络模型，选择随机样本迭代训练进行学习，得到网格最佳边长为 8，样本数据最优聚类类别数量为 5，经该模型处理后，所有样本点被划分。

基于前人研究，实时钻井参数计算所得的机械比能值可以间接体现储层岩石的力学特性，能直接或间接表征储层破裂压力[3-9]，可以作为一种预测工具来驱动工程的完井设计[10]，，计算得到井 K13 沿井深的机械比能值按从小到大顺序排序后进行分组，划分为 5 类（见表 2）。最后，将聚类结果和机械比能分类结果进行匹配，计算不同聚类结果在所有分类结果中的比重，选取占比最大的比重作为该组的页岩性质（见表 3）。虽然人所研究的机械比能计算模型历经修正，但在实际应用中很难避免误差，且机械比能值仅考虑钻井工程参数，尚未综合考虑地质参数，因此本文只将机械比能值作为参照。

表2  井K13的机械比能分类结果

Table 2  Mechanical specific energy classification results of well K13

| 机械比能/MPa | 类别 | 计数 |
|---|---|---|
| <100 | 低机械比能 | 21 |
| 100~150 | 中低机械比能 | 42 |
| 150~200 | 中机械比能 | 31 |
| 200~250 | 中高机械比能 | 27 |
| >250 | 高机械比能 | 29 |

表3  井K13的SOM聚类结果及其占比

Table 3  SOM clustering results and proportions of well K13

| 聚类类别标签 | 类别 | 计数 | 占比 |
|---|---|---|---|
| 2 | 低机械比能 | 43 | 19/21 |
| 3 | 中低机械比能 | 15 | 14/42 |
| 4 | 中机械比能 | 36 | 24/31 |
| 0 | 中高机械比能 | 36 | 22/27 |
| 1 | 高机械比能 | 20 | 17/29 |

由井K13加砂压裂方案设计了解到，原加砂压裂改造分级情况为：在纵向上有明显的应力分层现象，根据应力分布情况采用暂堵剂分为三级。根据模型所得结果进行了射孔簇位置的优化设计，即根据聚类所得结果并考虑该井区常用设计的压裂射孔设计方案，在不同压裂级中选择属于同一聚类类别且破裂压力低的位置，绘制沿井深多簇射孔优化位置设计图并对比原压裂射孔簇位置设计（见图2），图2中从浅色到深色分别对应破裂压力由小到大的不同类别的页岩组。

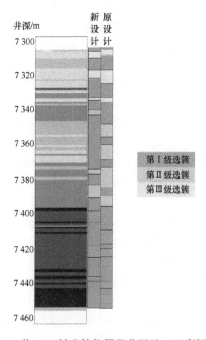

图2  井K13射孔簇位置优化设计（见彩插）

Fig.2  Optimization design of perforation cluster location in well K13

可以观察到，原井区根据应力分层所进行的设计与模型所得新设计相比较，新设计中射孔簇位置要更为精细的设计在与储层破裂压力相近的井段，在进行压裂时，使得同一级内不同射孔簇位置的裂缝均匀起裂。

## 4. 结论

（1）无监督学习算法的优势在于可以在样本数据缺乏标签值的情况下，通过对数据的学习来找到不同特征之间可能存在的共性或隐性层次结构，从而挖掘出钻录井、测井数据与储层破裂压力的相关性，其聚类结果对压裂射孔簇位置优化设计提供了新思路。

（2）本文建立了一套机器学习流程来评价储层破裂压力，综合考虑对钻井、录井、测井多维度数据进行聚类，适用于精细定量区分储层段非均匀分布的储层破裂压力。设计了新疆阿克苏地区的某口井开展压裂射孔簇位置优选方案，并指导了现场压裂设计，应用效果较好。

本文由胡诗梦执笔，盛茂指导。

## 参考文献

[1] ROBINSON S, LITTLEFORD T, LUU T, et al. Acoustic Imaging of Perforation Erosion in Hydraulically Fractured Wells for Optimizing Cluster Efficiency[C]. SPE Hydraulic Fracturing Technology Conference and Exhibition, 2020.

[2] CIPOLLA C, WENG X, ONDA H, et al. New algorithms and integrated workflow for tight gas and shale completions[C]. SPE annual technical conference and exhibition, 2011.

[3] PESSIER R C, FEAR M J. Quantifying Common Drilling Problems With Mechanical Specific Energy and a Bit-Specific Coefficient of Sliding Friction[J]. Software - Practice and Experience, 1992.

[4] DUPRIEST F E, KOEDERITZ W L. Maximizing Drill Rates with Real-Time Surveillance of Mechanical Specific Energy[J]. Distributed Computing, 2005.

[5] HAMMOUTENE, C. FEA Modeled MSE/UCS Values Optimize PDC Design for Entire Hole Section[C]. North Africa Annual Technical Conference and Exhibition. Society of Petroleum Engineers, 2012.

[6] 樊洪海, 冯广庆, 肖伟, 等. 基于机械比能理论的钻头磨损监测新方法[J]. 石油钻探技术, 2012,40(03): 116-120.

[7] CHEN X, FAN H, GUO B, et al. Real-Time Prediction and Optimization of Drilling Performance Based on a New Mechanical Specific Energy Model[J]. Arabian Journal for Science and Engineering, 2014, 39(11): 8221-8231.

[8] CHEN X, GAO D, GUO B, et al. Real-time optimization of drilling parameters based on mechanical specific energy for rotating drilling with positive displacement motor in the hard formation[J]. Journal of Natural Gas Science and Engineering, 2016: 686-694.

[9] ALSUDANI J A. Real-time monitoring of mechanical specific energy and bit wear using control engineering systems[J]. Journal of Petroleum Science and Engineering, 2017: 171-182.

[10] DALAMARINIS, PANAGIOTIS, ET AL. "Real-Time Hydraulic Fracture Optimization Based on the Integration of Fracture Diagnostics and Reservoir Geomechanics." Unconventional Resources Technology Conference, 20–22 July 2020. Unconventional Resources Technology Conference (URTEC), 2020.

# 基于机器学习的抽油机井工况诊断

**摘 要** 有杆泵采油法是目前陆上应用最广泛的人工举升采油法之一，由于长期处于井下，受到气、水、砂、蜡等因素的影响，井下抽油泵经常发生故障。快速准确识别井下工况有利于及时调节生产参数，开展油井维修工作，提高油井管理水平。基于对地面各类示功图形成机理和图形轮廓的研究，本文对示功图数据集进行了特定的图像预处理与数据增强。为实现对油井工况的准确判断，并兼顾模型大小，本文设计了一种基于轻量化卷积神经网络 MobileNet-V3 的抽油机工况分阶诊断模型。通过设计模型结构和调节焦点损失函数（Focal Loss）的调整因子，增强诊断模型对异常工况的敏感程度，该模型能在 11 类工况的测试集中达到 98.4%的诊断准确率。在此基础上，本文使用 PyQt5 和 SQL Server 进行抽油机工况诊断软件的开发工作。该软件界面简洁、运行稳定，能够有效解决油井工况的实时诊断问题。
**关键词** 深度学习；卷积神经网络；有杆抽油泵；工况诊断

# Fault Diagnosis of Pumping Unit Based on Machine Learning

**Abstract** The method of oil extraction with rod pump is the most widely used artificial lifting method. Due to long-term underground, by gas, water, sand, wax and other physical and chemical factors, underground pumping pumps often fail. Rapid and accurate identification of downhole conditions is conducive to the correct development of oil well maintenance work and the improvement of oilfield operation efficiency. Based on the study of the formation mechanism and contour of various dynamometer cards on the ground, this paper carries out specific image preprocessing and data enhancement for the working condition data set. In order to realize the accurate judgment of the working condition of the pump, and take into account the size of the model, this paper designs a hierarchical diagnosis model of the working condition of the pumping unit based on MobileNet-v3. By designing the model structure and adjusting the adjustment factor of focal loss, the sensitivity of the diagnosis model to abnormal conditions is enhanced. The model can achieve 98.4% accuracy in 11 kinds of working conditions. On this basis, we used the PyQt5 and SQL Server databases to develop pump condition recognition software. The software interface is simple and stable, which can effectively solve the real-time diagnosis of pump operation.
**Keywords** deep learning; convolutional neural networks; sucker rod pump; conditions diagnosis

## 1. 引言

有杆泵采油法是目前陆上油田最常见的几种机械采油方式之一，占到国内机械采油的 85%[1]。在进行采油作业时，有杆抽油泵需要长时间在井下几千米深的油管内工作。由于井下环境的复杂性，抽油泵常常受到气、水、砂、蜡及一些其他物理、化学因素的影响，降低油井的生产效率，甚至造成油井损坏。

油井示功图是由抽油机悬点处的位移与载荷构成的封闭曲线，其形状能反映当前抽油机井的工作状态。传统的抽油机井工况识别主要依靠专家人工识别油井示功图的类别、判断抽油机井工作状态，这种方法受到个人经验的影响较大，并且工作效率低。近年来，随着算法的快速更迭，计算机视觉技术得到了显著的发展，利用机器学习算法实现抽油机示功图的自动诊断已经成为一种趋势。部分学者们采用支持向量机[2-3]、全连接神经网络[4-5]等传统机器学习方法，通过人工对油井示功图的特征进行提取和筛选，并通过训练机器学习模型来识别油井示功图。受到算法自身的机制限制，传统机器学习无法有效提取和利用油井示功图的轮廓特征，导致最终模型识别效果不太理想。2012年，由Hinton和他的学生设计的AlexNet在ImageNet竞赛中取得冠军后[6]，卷积神经网络成为图像识别领域的核心方法，最近几年该方法也是识别示功图的主要方向[7-9]。但经典的卷积神经网络的参数量过于庞大，需要占用很大的存储和运行空间，不适合在油井监测设备上开展嵌入式开发。针对油井故障的实时诊断问题，本文根据对实测油井示功图的分析，基于轻量卷积神经网络MobileNet-V3建立了一套轻量化的油井工况诊断模型，并基于该模型编写了一套抽油机工况诊断软件。

## 2. 油井示功图数据集制作

### 2.1 有杆抽油系统典型工况

有杆抽油系统由抽油机、抽油泵、抽油杆三部分组成。抽油机将电能转化为机械能，使驴头往复摆动，驴头将运动传递给抽油杆，再经过抽油杆将运动传递给井下抽油泵，抽油泵负责抽取举升，将原油传递到地面。原油的开采需要这三部分协调运行。油井示功图由抽油机悬点处的位移与载荷构成，工作人员通过观察油井示功图来监测当前抽油机的工作状态。有杆抽油系统结构图如图1所示。

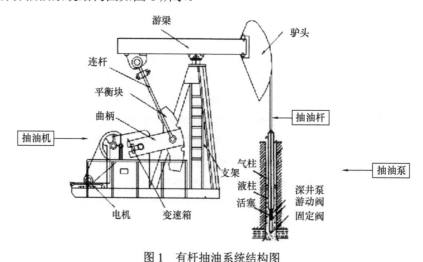

图1　有杆抽油系统结构图

Fig.1　Structural diagram of sucker-rod pumping well

由于多种因素的影响，井下抽油泵容易出现异常工况，影响有杆抽油系统的正常运行。例如，在油藏开采的中后期，油藏储层条件变差，容易出现砂体影响、油井结蜡等工况。又如，当抽油井设备存在问题（如固定阀与底座配合不严、防冲距设置不合理）时，容易出现固定漏失、柱塞脱出等工况。

本文收集了 11 类常见油井示功图，除正常工况外，还包括 10 种实际生产中常见的异常工况，数据集中的异常工况如图 2 所示。

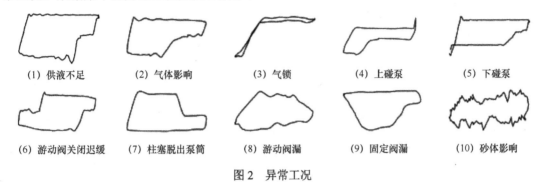

图 2 异常工况

Fig.2 Abnormal condition

## 2.2 油井示功图轮廓分析

（1）异类工况油井示功图具有相似性。由于气、水、砂、蜡等因素的影响，地面油井示功图形状多样，但一些不同工况的油井示功图间又存在一些相似的地方，例如，在异常程度较轻时，气体影响和供液不足这两种工况的油井示功图轮廓相近。

（2）同类工况油井示功图具有差异性。属于同种类型工况的油井示功图之间也存在一定的差异性，这些差异性主要来源以下两个方面。

① 当抽油机冲次加快时，抽油泵与光杆的惯性载荷也会因此增大，造成地面实测油井示功图沿着顺时针方向发生一定的偏转。抽油机的惯性载荷不同，图像的偏转角度也不同。利用本特点，在后期进行数据增强时，部分油井示功图采取了微角度旋转的方式。

② 当抽油井故障程度不同时，同一类工况的油井示功图也会存在一些差异。如图 3 所示，两张图为供液不足程度不同时的异常油井示功图，图中卸载线的位置代表当前油泵的充满程度，卸载线越靠左，油井供液不足的程度越严重。同种工况的油井示功图的差异性也会在一定程度上影响工况诊断效果，因此模型要抓住油井示功图最主要的特征。

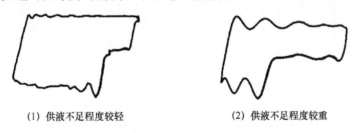

图 3 供液不足工况对比

Fig.3 Comparison of insufficient liquid supply conditions

## 2.3 油井示功图的图像预处理与数据增强

在绘制图像时，首先需要将油井示功图的载荷与位移归一化处理，然后将这些离散点绘制成封闭曲线，并保存为 224 像素×224 像素的图像。油井示功图内部的面积可以理解为在本周期内做功的大小，封闭曲线围成的面积具有实际意义，故将油井示功图封闭曲线的内部区域设为黑色，将封闭曲线外部区域设为白色。在油田生产中，抽油机工作状态以正常工况居多，本次收集的数据集中也存在这个现象，正常工况占数据集总量的 33.9%。原始数据存在严重的样本数量不均衡现象，为了尽量减小该现象对后期模型训练的影响，本文针对数据集中工况类型为异常的油井示功图进行数据增强操作。因为本文数据集为黑白图像，所以不宜采取颜色转化增强，只适合进行几何变化增强。在进行几何变化时，有些方法会导致油井示功图失去其最重要的形状特征，故对每种工况进行的数据增强方式不同，油井示功图的数据增强方式如表 1 所示。

表 1 油井示功图的数据增强方式
Table1　Data enhancement method of oil well indicator diagram

| 工况类型 | 数据增强方式 | 工况类型 | 数据增强方式 |
| --- | --- | --- | --- |
| 供液不足 | 平移 | 游动阀关闭迟缓 | 平移、微角度旋转 |
| 气体影响 | 平移 | 柱塞脱出泵筒 | 平移 |
| 气锁 | 平移、微角度旋转 | 游动阀漏 | 平移、水平方向镜像 |
| 上碰泵 | 平移、放缩 | 固定阀漏 | 平移、水平方向镜像 |
| 下碰泵 | 平移、放缩 | 砂体影响 | 平移、镜像 |

## 3　基于卷积神经网络的油井工况诊断模型

### 3.1　深度可分离卷积

为减少抽油机工况诊断模型的参数量，本文使用的卷积神经网络为 MobileNet-V3[9]。这是一种由 Google 团队在 2019 年提出的轻量化卷积神经网络，该算法使用深度可分离卷积操作来代替标准卷积。在标准卷积过程中，通道和空间是联合运算的，而深度可分离卷积将这一过程分解为深度卷积和逐点卷积两部分。在深度卷积阶段，卷积核只进行单通道内的特征提取，之后逐点卷积利用 1×1 卷积核对以上阶段的输出进行线性组合，计算新的特征图。设输入特征图为 $D_F \times D_F \times M$，卷积核大小为 $D_K \times D_K$，卷积前后特征图大小不变，通道数变为 $N$。标准卷积与深度可分离卷积如图 4 所示。

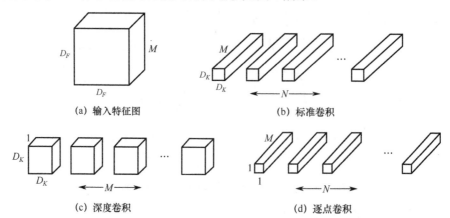

图 4　标准卷积与深度可分离卷积

Fig.4　Standard convolution and depth separable convolution

由图 3 可知，标准卷积的计算量为

$$D_F * D_F * M * N * D_K * D_K \tag{1}$$

深度可分离卷积的计算量为

$$D_F * D_F * M * N * D_K * D_K + D_K * D_K * M * D_F * D_F \tag{2}$$

两者比值为

$$\frac{D_F * D_F * M * N + D_K * D_K * M * D_F * D_F}{D_F * D_F * M * N * D_K * D_K} \approx \frac{1}{D_K^2} \tag{3}$$

深度可分离卷积计算量仅为标准卷积的 $1/D_K^2$，使用深度可分离卷积可以实现对模型计算量的大幅度减小。

## 3.2 损失函数优选

在抽油机工况数据集中，部分工况的轮廓特征独特、明显且易于分类，如砂卡和气锁。但还存在一些轮廓特征较为相似的工况，如气体影响与供液不足。在模型训练阶段，易分类工况训练相对简单，而难分类工况决定了模型的最终识别准确率。多分类模型选用的损失函数一般为交叉熵函数，该函数对每类工况的权重都是一样的，无法解决前面提到的样本数量和分类难度不均衡的问题。本文使用焦点损失函数来代替交叉熵函数，该函数使用了两种机制：数量占比权重机制和误分类率调整机制。数量占比权重机制可以在一定程度上解决各工况数量失衡带来的问题；通过调整系数实现误分类率调整机制，当某样本的误分类率较小时，调整系数趋于 0，反之趋于 1。该函数可以在一定程度上增强模型对难分类工况的学习程度。

$$\text{Cross Entropy}(y, \tilde{y}) = -\sum_{j=1}^{N} \log(\tilde{y}_j) \tag{4}$$

$$\text{Focal Loss}(p_t) = \sum_{j=1}^{N} a_j (1 - p_t)^\gamma \log(p_t) \tag{5}$$

式中，$y$ 为真实的工况类别，$\tilde{y}$ 为模型的判断结果，$N$ 为数据集类别数，$p_t$ 为样本正确分类率，$a_j$ 为权重系数，$(1-p_t)^\gamma$ 为调整系数，$\gamma$ 为调整因子。

## 3.3 工况诊断、流程设计

由于在日常生产中油井工况以正常为主，本次收集的油井示功图数据集存在较为严重的数据失衡问题，仅正常工况一类就占到了原始数据集的 33.9%。数据失衡会导致最终训练模型产生偏向性，故为了提高模型整体的识别率，需要增强模型对正常工况的敏感程度，降低对其他异常工况的敏感程度。

为了减轻该影响，本文将工况类型诊断分为两个阶段来进行，第一阶段判断抽油机井工作状态是否正常，若工作状态异常，则模型将在 10 种异常工况中进一步判断该异常工况的详细类型（属于第二阶段），诊断流程图如图 4 所示。由于正常工况的数量占比较大，但其余异常工况的占比相似，因此将工况诊断任务分为两阶段可以将一个数据失衡的多分类任务变为一个数量占比相对均匀的二分类任务和一个数据占比均匀的多分类任务。

## 3.4 工况诊断模型训练与分析

首先，按照第一节中介绍的方法对原始数据集进行数据预处理，对异常工况图像进行数据增强,之后按照 8∶2 的比例划分训练集与测试集,训练集用于第一阶段与第二阶段模型训练,测试集用来评价两阶段模型的预测效果。

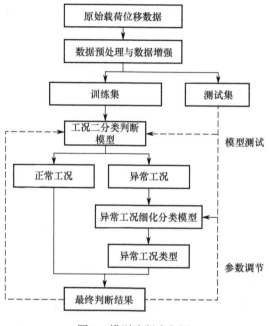

图 5　模型诊断流程图

Fig.5　Flow Chart of model diagnosis

1. 工况二分类判断模型

在第一阶段,模型对油井工作状态进行二分类判断,正常工况与异常工况的轮廓差异相对明显,并且正常工况数量占比与异常工况的总数量占比在同一个数量级,本阶段的分类任务相对简单,模型选择不宜复杂,故在本阶段采用的分类模型为 MobileNet-V3 的 Small 版。

使用所有类别的油井示功图数据训练该模型,正常工况标签设为 0,异常为 1。该阶段优化器选用 Adam 算法,将步长设置为 32,损失函数为交叉熵,学习率为 0.001,模型训练 200 轮,训练时每 4 轮记录一次测试集准确率和损失,并将测试集准确率最高时的模型参数保存下来。模型重复训练 3 次,每次训练时划分不同的训练集和测试集,以 3 次测试集最高准确率的平均值作为该阶段预测准确率。

2. 异常工况细化分类模型

在本阶段,模型要进行异常工况细化分类判断,将第一阶段判断为异常工况的油井示功图的图像输入并细化分类模型,得到最终判断结果。本阶段要进行一个十分类任务,分类难度较大,模型需要有更强的特征提取能力,故以 MobileNet-V3 的 Large 版本作为本阶段的分类模型。

此阶段同样训练 3 次,使用训练集、测试集中的异常工况样本作为本阶段的训练集、测试集,以 Adam 算法作为优化器,学习率为 0.001,Focal loss 作为损失函数,将步长设置为 16,模型训练 200 轮。保存测试集准确率最高的模型作为该阶段模型。

本阶段需要确定焦点损失函数的最优调整因子 $\lambda$,我们选取不同的 $\lambda$ 训练模型,最后将两阶段模型结合起来,以模型在测试集上的准确率作为评价指标,同样训练三次取平均值。不同调整因子对模型准确率的影响如图 6 所示。从图 6 中可以看出,当调整因子为 0 时,焦点损失函数相当于带权重的交叉熵函数,当调整因子变大时,工况识别准确率先上升后下降,本文焦点损失函数的最佳调整因子为 2,此时模型准确率为 98.4%。

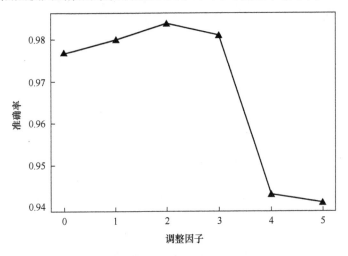

图 6 调整因子对准确率的影响

Fig.6 The effect of adjustment factors on accuracy

为验证分阶诊断模型的有效性,本文还使用了 4 种对比模型分别对工况数据集进行训练,对比模型包括 ResNet-18、AlexNet、ResNet-50 和 MobileNet-V3-Large,对比模型使用与分阶模型相似的训练策略,同样使用焦点损失函数作为损失函数,调整因子为 2。各模型训练 200 轮后的诊断效果如表 2 所示。

表 2 各模型的诊断效果

Table2 Diagnostic results of models

| 模 型 | AlexNet | ResNet-18 | ResNet-50 | MobileNet-V3-Large | 分阶诊断模型 |
|---|---|---|---|---|---|
| 训练时间/h | 9.2 | 5.6 | 7.2 | 2.4 | 4.4 |
| 参数量/M | 61.8 | 11.2 | 25.6 | 4.02 | 5.97 |
| 模型大小/MB | 240 | 42.6 | 99.5 | 15.4 | 22.9 |
| 识别准确率 | 96% | 96.4% | 98.6% | 97.4% | 98.4% |

由表 2 可知,在各类模型中,工况诊断效果最好的模型是 ResNet-50,识别准确率达到 98.6%,分阶诊断模型的识别准确率略低于 ResNet-50 的。识别准确率排名前三的模型分别为 ResNet-50、分阶诊断模型和 MobileNet-V3-Large 模型,这三种模型对每类工况的识别准确率如图 7 所示。可以看到,使用分阶诊断模型的各类工况诊断效果基本都好于 MobileNet-V3-Large 模型,虽然分阶诊断模型的整体准确率略低于 ResNet-50 的,但异常工况分类效果基本好于 ResNet-50,或与其持平。分阶诊断模型的参数量仅为 ResNet-50 的 1/5,并且对异常工况具有一定的敏感性,整体诊断效果相对较好,符合模型设计的初衷。

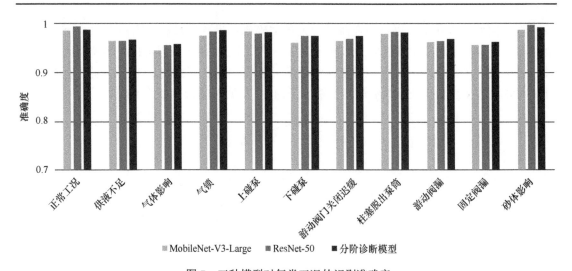

图 7 三种模型对每类工况的识别准确率

Fig.7 Recogntion accuracy of the three models for each type of working conditions

## 4. 抽油机工况诊断软件

抽油机工况诊断软件的整体架构可分为 4 层，依次是数据采集层、数据存储层、工况诊断层和软件应用层如图 8 所示。数据采集层负责定时采集油田现场的抽油机井载荷数据、位移数据生产数据与其他数据，之后按照数据采集标准将数据保存在数据存储层中。数据存储层将数据进行科学化管理，为后期工况判断、数据查询等功能打下基础。工况诊断层是整个软件的核心层，该层将新收集到的数据绘制成油井示功图，利用诊断模型判断油井示功图类型。软件应用层负责接收用户操作指令，完成用户指定的任务。

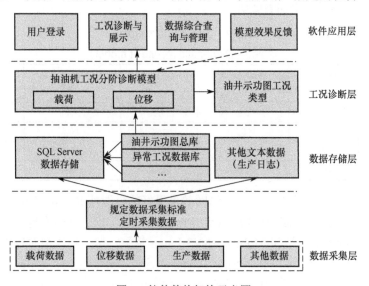

图 8 软件整体架构示意图

Fig.8 Software architecture diagram

根据软件的主要功能可将软件分为三个模块：工况诊断与展示模块、数据综合查询与管理模块、模型效果反馈模块。

（1）工况诊断与展示模块：工况诊断与展示模块是本软件的核心模块，主要负责读取油井示功图数据、进行工况诊断和诊断结果入库。

（2）数据综合查询与管理模块：该模块主要由两部分组成，即异常工况管理子模块与生产参数查询子模块。异常工况管理子模块主要负责对工况诊断为异常的油井进行统一管理。

（3）模型效果反馈模块：该模块支持更新工况诊断模型，管理员可以根据现场反馈结果，重新训练诊断模型，之后在模型库中添加新模型。

## 5. 总结

基于对每类油井示功图轮廓特征的分析，本文对异常工况油井示功图进行了特定的图像预处理与数据增强。之后利用轻量化网络 MobileNet-V3 搭建工况分阶诊断模型，将抽油井故障诊断问题分成两个阶段进行，以增强模型对异常工况的敏感程度。本文使用焦点损失函数作为诊断模型的损失函数，减小数据集类比失衡造成的影响，通过调节焦点损失函数的调整因子，提高模型对难分类工况的关注程度。分阶诊断模型的参数量仅有 22.9MB，在 11 类工况上的识别准确率达到 98.4%，故障诊断精度可满足油田现场需求。最后针对油井故障的实时诊断问题，本文基于分阶诊断模型，完成了抽油机井工况诊断软件的设计。

**本文由杨丁丁执笔，韩国庆指导。**

## 参考文献

[1] 王晓方. 国内外采油工业的现状分析及发展趋势研究[J]. 中国矿业, 2005(05): 4-5+36.

[2] 王晓菡. 用于工况诊断的示功图特征提取方法研究[D]. 中国石油大学, 2011.

[3] 侯士波. 基于萤火虫支持向量机的抽油机工况故障诊断研究[D]. 东北石油大学, 2017.

[4] JAMI A, HEYNS P S. Impeller fault detection under variable flow conditions based on three feature extraction methods and artificial neural networks[J]. Journal of Mechanical Science and Technology, 2018, 32(9): 4079-4087.

[5] 任毅飞. 基于PSO-RBF神经网络的示功图识别[J]. 微型机与应用, 2016, 35(03): 61-64, 67.

[6] KRIZHEVSKY A，SUTSKEVER I，HINTON G E. Imagenet classification with deep convolutional neural networks[C]. Advances in neural information processing systems. 2012: 1097-1105.

[7] 刘宝军. 基于CNN卷积神经网络的示功图诊断技术[J]. 西安石油大学学报 (自然科学版), 2018, 33(5): 70-82.

[8] 段友祥. 改进的Alexnet模型及在油井示功图分类中的应用[J]. 计算机应用与软件, 2018, 35(07): 226-230+272.

[9] 杜娟. 基于卷积神经网络的抽油机故障诊断[J]. 电子科技大学学报, 2020, 49(05): 751-757.

[10] HOWARD A, SANDLER M, CHU G, et al.. Searching for MobileNetV3[J]. Computer Vision and Pattern Recognition, 2019.

# 基于人工智能算法的 $CO_2$-原油体系 MMP 预测模型及主控因素分析

**摘 要** $CO_2$ 气驱采油技术可以实现 $CO_2$ 封存，一定程度上能够加快实现我国 2060 年的碳中和目标，而其驱油效果会受到 $CO_2$ 和原油是否混相的制约，所以需要对 $CO_2$-原油体系最小混相压力（MMP）进行精准预测。本文以 $CO_2$、$H_2S$、$C_1$、$C_2 \sim C_5$、$N_2$ 的摩尔分数及油藏温度、平均临界温度等作为变量，采用 MLP、GA-RBF、RF、PSO-GBDT、AdaBoost SVR 共 5 种智能算法建立 MMP 预测模型。为此，本文使用了 160 行的数据库进行预测分析，采用 5 种不同评估指标及可视化图像对不同模型结果进行对比分析，并验证模型的准确性。最终测试效果证明，在数据有限的情况下，PSO-GBDT 算法对 MMP 预测模型具有最佳的预测效果，并且相对误差的平均绝对百分比（AAPRE）为 4.89，均方根误差（RMSE）为 0.83，相关系数 $R^2$ 为 0.96。此算法精度最高，且灵活性、鲁棒性最好。

**关键词** 人工智能；MMP；预测；PSO-GBDT；AdaBoost SVR

# MMP Prediction Model And Main Control Factor Analysis of $CO_2$-crude Oil System Based On Artificial Intelligence Algorithm

**Abstract** $CO_2$ gas flooding technology can achieve $CO_2$ sequestration and accelerate the realization of China's carbon neutrality goal by 2060 to a certain extent. The oil displacement effect is restricted by the miscibility of $CO_2$ and crude oil, so it is necessary to accurately predict the minimum miscibility pressure (MMP) of $CO_2$-crude oil system. In this paper, the mole fractions of $CO_2$, $H_2S$, $C_1$, $C_2 \sim C_5$ and $N_2$, reservoir temperature and average critical temperature were used as variables, and five intelligent algorithms, such as MLP, GA-RBF, RF, PSO-GBDT and AdaBoost SVR, were used to establish the MMP prediction model. Therefore, this paper uses a 160-line database for prediction analysis, and uses five different evaluation indicators and visual images to compare the results of different models, and verify the accuracy of the models. The final test results proved that the model based on PSO-GBDT algorithm had the best MMP prediction effect in the case of limited data, with the average absolute percentage relative error (AAPRE) of PSO-GBDT being 4.89, the root mean square error (RMSE) of PSO-GBDT being 0.83, and the test set $R^2$ being 0.96. This model has the highest accuracy, flexibility and robustness.

**Keywords** artificial intelligence；MMP；prediction；PSO-GBDT；AdaBoost SVR

## 1. 引言

在影响 $CO_2$ 气驱采收率的参数中，MMP 值是最为重要的。通过国内外学者的研究已经证明，混相驱对采油效率的提升显著高于非混相驱[1]。为了达到混相驱，必须找到一个最小压力值，即 MMP。对 MMP 预测过大或过小都会对工程造成比较严重的影响，因此研究确定 MMP 对于提高原油采收率和优化三次采油（EOR）方法具有非常重要的意义。

目前，对 MMP 的预测涉及到多种因素的影响和大量数据的处理。传统实验法[2]所需时间成本较大，经验公式法[3]具有应用局限性，数学建模计算过程[4][5]比较烦琐，使用人工智能算法能大大减少工作量，提高计算效率。所以至今越来越多的智能算法被应用到了 MMP 预测模型中。Huang 等人[6]使用三层反向传播神经网络分别对纯 $CO_2$ 和不纯 $CO_2$ 进行 MMP 预测。陈光莹[7]建立了 4 种理论模型对纯 $CO_2$ 和不纯 $CO_2$-原油进行 MMP 预测分析，分别是 WinProp 流体相态模型、传统神经网络模型（BPNN 和 RBFNN）、改进型神经网络模型（GA-BPNN 和 PSO-BPNN）及改进型数值关联式模型。其中，改进型神经网络模型可以在很大程度上改进 BP 神经网络模型发生过拟合及容易产生局部最优解的缺陷，且可以提高预测精度和泛化能力。Ayatollahi 等人[8]为了确定储层原油和注入气体之间的界面张力（IFT），开发了一种新的监督学习方法，称为最小二乘支持向量机（LSSVM），以估计石油-$CO_2$ 系统的 IFT。Ampomah 等人[9]使用多项式响应面法（PRSM）构建了由代理或代理模型组成的优化方法，并采用具有混合整数能力优化方法的遗传算法来确定最佳的开发策略，预测结果表明遗传算法可优化石油采收率和 $CO_2$ 储存的鲁棒性和可靠性。李鼎[10]研究提出了 4 种基于机器学习的 MMP 预测模型，即神经网络分析、遗传函数近似、多元线性回归和偏最小二乘法。Huang 等人[11]利用文献中收集的归一化参数对数据分组处理（GMDH）网络进行改进，修正后的网络具有更高的精度。Ekechukwu 等人[12]使用了高斯过程机器学习（GPML）算法，通过对比模型表现出更高的性能。Chen 等人[13]提出了一种新的基于 SVM 的 $CO_2$-原油预测 MMP 模型，并验证了学习曲线和单因素控制变量分析。

除此之外，越来越多的国内外研究者也尝试使用多种算法相结合的方式进行 MMP 预测，这样可以在一定程度上防止使用单一算法出现过拟合和陷入局部最优的情况。Shokrollahi 等人[14]介绍了基于最小二乘支持向量机的范式（LSSVM）和径向基（RBF）神经网络。Chen 等人[15]开发出一种基于遗传算法的反向传播神经网络进行 MMP 预测。Zhong 等人[16]提出一种新的混合核函数与支持向量回归的混合模型（MKM-SVR）。孙雷等人[17]为了得到更精确的 MMP，建立了基于遗传算法参数寻优的支持向量回归机模型，该模型的优点是可以将数据结构风险降到最低，并且在数据精度高、回归函数复杂的情况下可以很容易地进行全局搜索并得到最优解。Karkevandi 等人[18]以 GA、PSO、DE、ACO 和帝国主义竞争算法（ICA）为目标，建立了 RBF 神经网络模型，提出的 RBF-ICA 为 MMP 的测定提供了最可靠的结果。Li 等人[19]使用了 4 种基于机器学习的预测模型（即 NNA、FA、MLR、PLS），结果分析表明，4 种模型都能很好地解决 MMP 预测问题。Sayyad 等人[20]利用粒子群算法对人工神经网络的连接权重和网络结构进行优化以预测 MMP。Ghiasi 等人[21]提出了 Hybrid-ANFIS 模型和 AdaBoost-CART 模型，两者精度均高于基准模型，可用于各种石油工程模拟器。在未来预测 MMP 的研究中，这样的组合算法将会越来越多。鉴于此，本文也使用了三种组合智能算法。

## 2. MMP 主控因素分析

### 2.1 分析方法

#### 2.1.1 Pearson 相关系数法

Pearson 相关系数法是一种用来衡量两者线性相关性的常用方法，其计算公式为

$$\rho_{X,Y} = \frac{\text{cov}(X,Y)}{\sigma_X \sigma_Y} = \frac{E((X-\mu_X)(Y-\mu_Y))}{\sigma_X \sigma_Y} = \frac{E(XY)-E(X)E(Y)}{\sqrt{E(X^2)-E^2(X)}\sqrt{E(Y^2)-E^2(Y)}} \quad (1)$$

其中，$X$、$Y$ 是需要计算相关性的两个变量；$\mu_X$、$\mu_Y$ 分别表示 $X$、$Y$ 的均值；$E_X$、$E_Y$ 分别表示 $X$、$Y$ 的期望；$\sigma_X$、$\sigma_Y$ 分别表示 $X$、$Y$ 的标准差；$\text{cov}(X,Y)$ 表示 $X$ 与 $Y$ 的协方差。

#### 2.1.2 随机森林特征选择

随机森林特征选择性的步骤如下。

（1）对每棵决策树，计算相应的 OOB（袋外）数据的误差，记为 errOOB$_1$。
（2）随机选择一个特征 $X$，加入噪声干扰，计算其袋外数据误差，记为 errOOB$_2$。
（3）若随机森林里有 $N$ 棵树，则最后特征 $X$ 重要性 = $\sum$(errOOB$_2$-errOOB$_1$)/$N$，之所以可以这样计算的原因是：当某个特征被随机加入噪声进行干扰后，其对应的袋外准确率大幅下降，则可以说明此特征对随机森林预测结果的影响较大，即该特征比较重要。

#### 2.1.3 偏相关分析法

偏相关分析是指剔除第三个变量的影响，只分析其他两个变量之间相关程度的过程，判定指标是相关系数 $R$ 值。若 $R$ 值越大，则相关程度越高；若 $R$ 值越小，则相关程度越低。

### 2.2 数据采集和处理

通常为了设计准确的 MMP 预测模型，首先需要一个较为全面的数据库。本文选取了一些来自油田生产和实验室的真实数据[10][22]，通过对这些数据进行预处理和特征选择后，形成此次研究的数据库，最终数据库的数据有 160 行，MMP 值为 6.9MPa～24.13MPa。

预处理的步骤主要分为剔除空值、离群点检测、异常值处理、缺失值填补、重复值删除、数据合并等。这对后续使用数据挖掘和人工智能算法都起到很关键的作用。

### 2.3 分析结果

如图 1 所示，通过 Pearson 相关系数法和随机森林进行特征选择后，得出结论：油藏温度 $T_r$、重质组分 $C_{5+}$ 的相对分子量、易挥发性组分（$C_1$、$N_2$）和中间组分（$H_2S$、$CO_2$、$C_2$、$C_3$、$C_4$）的摩尔百分比（简称 vol./int.）对 MMP 的影响较大。而平均临界温度 $T_c$、注入气 $C_1$、$CO_2$、$C_2$～$C_5$、$N_2$、$H_2S$ 的分子量对 MMP 的影响较小。

经过两种方法进行特征选择后，还需要使用偏相关分析法考虑是否有某几个特征会对 MMP 产生重复影响，其结果如图 2 所示。可以看到，没有任意两个因素与其他因素的相关系数的整体趋势一样。这表明，没有任意两个特征与 MMP 之间 $R$ 值相似，且这 9 个特征之间没有重复作用。

所以，共筛选出 9 个对 MMP 预测有影响的特征。其中，油藏温度 $T_r$ 对 MMP 的影响最大，重质组分 $C_{5+}$ 次之，而将第三重要的中间组分的摩尔百分比作为一个特征的原因是：Alston 等人[23]研究表明，在原油组成中，易挥发性组分和中间组分各自对 MMP 的影响都

很小，只有当两者的摩尔百分比较大时，MMP 才会受到较大的影响。易挥发组分 $C_1$ 与 $C_2\sim C_5$ 对 MMP 影响很小，这是因为轻质组分与原油和 $CO_2$ 混相状态前缘组分相似，所以其对混相的影响程度极小。

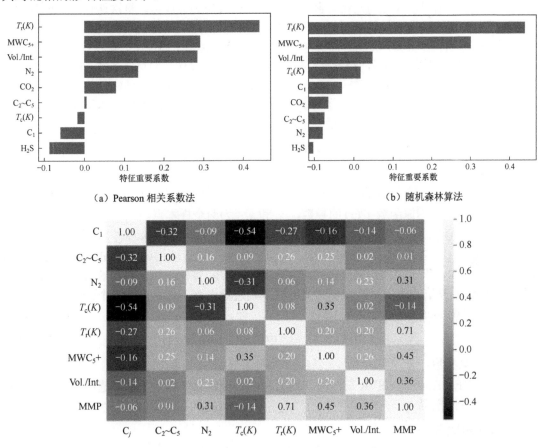

图 2 偏相关分析结果（见彩插）

Fig.2 Partial correlation analysis results

## 3. 基于人工智能算法的 MMP 预测模型

### 3.1 模型构建

#### 3.1.1 机器学习常规算法

本文采用的 5 种混合智能算法包括了 6 种机器学习常规算法，即多层感知机（MLP）、径向基函数（RBF）神经网络、随机森林（RF）、梯度提升决策树（GBDT）、自适应增强（AdaBoost）、支持向量回归机（SVR）。

#### 3.1.2 算法优化

考虑到组合算法在 MMP 预测中的效果优势及应用趋势，本文针对 RBF 神经网络容易陷入局部最优解及 GBDT 需要仔细调参、训练时间长的缺陷，分别使用可以弥补各自缺陷的遗传算法（GA）和粒子群（PSO）算法对两者进行优化。

遗传算法是 19 世纪 70 年代由 Holland[24]提出的模仿生物进化机制的随机全局搜索和优化算法。该算法通过对染色体编码初始化种群，利用适应度函数对种群个体进行优胜劣汰的选择、交叉、变异等操作，一代代更新，直到种群满足最优解条件。

粒子群算法最早由 Eberhart 和 Kennedy[25]于 1995 年提出，该算法能够解决复杂约束优化问题，同时又有较快的收敛速度。该算法主要是模拟鸟群觅食，每个粒子就像鸟一样有自己的速度和位置。利用该算法初始化一群粒子，通过迭代找到最优解。每次迭代中，所有的粒子都通过个体极值和全局最优解更新速度和位置。粒子群算法具有相当快的逼近最优解的速度，可以有效地优化 GBDT 算法。粒子群算法与遗传算法都是全局优化、随机搜索算法，但粒子群算法有记忆，不需要编码，也没有选择、交叉、变异等操作，并且粒子都在内部更新。

针对优化后的 GA-RBF 算法、PSO-GBDT 算法可能还是会存在早熟收敛及搜索效率低的问题，本文在优化算法中又引入了 BFGS 算子，对遗传算法中的染色体及粒子群算法中的粒子进行 BFGS 线性迭代，得到最优的结构及参数。BFGS 逼近公式为

$$D_{k+1} = \left(1 - \frac{s_k y_k^T}{y_k^T s_k}\right) D_k \left(1 - \frac{y_k s_k^T}{y_k^T s_k}\right) + \frac{s_k s_k^T}{y_k^T s_k} \tag{2}$$

其中，$D_k$ 表示二阶导函数的倒数，$D_{k+1}$ 为下一步迭代后的 $D_k$，$s_k = x_{k+1} - x_k$，$y_k = g_{k+1} - g_k$，$g_k$ 为原函数 $f'(x)$ 的导数，$x_k$ 和 $x_{k+1}$ 为两个样本点。

考虑到 AdaBoost 算法精度高但对数据敏感，以及 SVR 算法鲁棒性高但惩罚因子不宜过大的优缺点，两者可以进行优劣互补。因此，本文将自适应增强（AdaBoost）与支持向量回归机（SVR）组合使用，首先使用样本集训练 SVR 算法，之后将训练好的 SVR 算法作为 Adaboost 算法的弱学习器，再次使用样本集进行训练，最终得到一个强学习器。此次研究选择的 Adaboost SVR 组合算法的损失函数，即

$$L(t_m, Wl_i(x_m)) = 1 - \exp\left(-|t_m - Wl_i(x_m)|\right) \tag{3}$$

其中，$t_m$ 为真实值，$W$ 为权重因子，$l_i(x_m)$ 为基函数。

MLP、RF、Adaboost SVR 三种算法均采用网格搜索寻优调参，循环遍历不同的参数组合，以得到最优模型。

### 3.2 结果对比与研究

如前所述，本文实现了 5 种智能算法，包括 MLP、GA-RBF、RF、PSO-GBDT、AdaBoost SVR，以建立准确且稳定性强的 $CO_2$-原油体系 MMP 预测模型。在所有上述方法中，以储层温度（$T_r$）、部分气体的摩尔百分比（$C_1$ 和 $N_2$）、注入原油的中间组分及重组分（$H_2S$，$CO_2$，$C_2 \sim C_5$）的分子量和注入气流的平均临界温度（$T_c$）作为输入。5 种算法均由 Python 语言编写实现。

通过相关调研，为了能够较好地展现各个模型的效果，选取 4 种统计学误差函数对 5 种模型性能进行评判，包括标准差（SD）、平均相对误差百分比（APRE）、相对误差的平均绝对百分比（AAPRE）、均方根误差（RMSE）。这些数值越接近 0，表示模型精度越高。本文还使用相关系数 $R^2$ 作为回归评价指标，$R^2$ 越接近 1，表示拟合效果越好。

除了上述统计标准，本文还应用了图形评估来可视化范例的性能，如误差分布图、MMP 变化趋势图等。下面进行详细说明。

#### 3.2.1 5 种算法效果对比

前面已经介绍过此次研究所用的数据库。在建模阶段，将 85%的可用数据集用于训练模型，其余 15%用于测试已开发模型的性能。

表 1 通过记录所用的几种评判指标值展示了每种算法的实现性能。在此表中，分别

列出了训练集、测试集的性能。通过此表可知，PSO-GBDT 算法在训练集与测试集上的 $R^2$ 都很接近 1，分别为 0.98 和 0.96。在测试集上，PSO-GBDT 算法的 AAPRE 和 RMSE 值均很小，分别为 4.89% 和 0.83。针对这些指标，可看出 PSO-GBDT 算法的预测精度最高，最为稳定，且鲁棒性最强。而 AdaBoost SVR 算法的预测效果也不错，仅次于 PSO-GBDT 算法。其他三种算法预测效果也很好，结果相差不大，但相对 PSO-GBDT 算法略显逊色。相比之下，GA-RBF 算法的性能最差。

表 1　5 种算法的评估指标值

Table 1　Evaluation index values of the five algorithms

| 数据集 | 性能参数 | PSO-GBDT 算法 | RF 算法 | AdaBoost SVR 算法 | MLP 算法 | GA-RBF 算法 |
|---|---|---|---|---|---|---|
| 训练集 | $R^2$ | 0.98 | 0.96 | 0.98 | 0.98 | 0.92 |
|  | AAPRE/% | 2.69 | 4.20 | 2.76 | 2.59 | 7.00 |
|  | APRE/% | −0.31 | 0.26 | −0.29 | −0.77 | −0.10 |
|  | SD | 0.03 | 0.06 | 0.04 | 0.05 | 0.09 |
|  | RMSE | 0.50 | 0.84 | 0.49 | 0.58 | 1.27 |
| 测试集 | $R^2$ | 0.96 | 0.93 | 0.95 | 0.92 | 0.87 |
|  | AAPRE/% | 4.89 | 7.47 | 7.61 | 7.06 | 9.21 |
|  | APRE/% | 0.44 | −3.44 | −0.84 | −5.33 | 2.36 |
|  | SD | 0.06 | 0.10 | 0.08 | 0.11 | 0.12 |
|  | RMSE | 0.83 | 1.12 | 1.27 | 0.92 | 1.56 |

在这 5 种算法中，PSO-GBDT 算法、AdaBoost SVR 算法、RF 算法三者都属于集成学习。相较于另外两种算法来说，集成学习在处理少数据时有很大优势，其数据集也无须规范化（归一化）。而在这三者之间，RF 算法的优点主要是实现简单、速度极快，且能将特征以重要性大小进行排序。但缺点是在噪声较大的回归问题上可能会出现过拟合现象。AdaBoost SVR 算法的优点在于泛化错误率低，精度高，且 AdaBoost 算法与 SVR 算法共同训练避免了各自的一些弊端，如数据不平衡、对离群点敏感等问题。AdaBoost 算法可以解决样本不足、精度低的问题，而 SVR 算法有很好的鲁棒性，因此用 SVR 算法来增强 AdaBoost 算法的回归能力能够达到很好的效果，加之本文使用交叉验证进行二次训练，此次算法效果很理想，但整体还存在一定的鲁棒性问题。GBDT 算法的优点在于可以灵活处理各类数据，对异常值有很好的鲁棒性，但不适合高维稀疏特征且调参时间长。本文数据略有稀疏，而使用 PSO 算法对 GBDT 算法进行优化后，在一定程度上帮助 GBDT 算法避免了部分稀疏数据的影响且改进了 GBDT 算法的调参缺陷，因此在本文使用的 5 种算法中，PSO-GBDT 算法预测能力最强。

在本次 MMP 预测研究中，使用 GA 算法优化后的 RBF 算法并没有展现出很出众的预测能力，可能是因为相关研究领域缺乏海量数据，没有发挥出神经网络的大数据拟合优势。

#### 3.2.2　5 种算法与文献算法对比

为了进一步验证算法的预测能力，本文将基于以往算法实现统计误差分析，将已实现的范例与文献中的可用算法性能与本文研究的 5 种算法对比，所选的文献算法为

Yellig 等人[27]、Kamari 等人[28]及 Ahmadi 等人[29]提出的，其算法各项指标对比如表 2 所示。

表 2 不同文献算法和本研究提出的算法的统计误差分析
Table 2 Statistical error analysis of different literature models and algorithms proposed in this study

| 算法 | AAPRE/% | APRE/% | RMSE | SD |
| --- | --- | --- | --- | --- |
| Yellig et al.[26] | 18.63 | 6.521 | 3.76 | 0.23 |
| Kamari et al.[27] | 10.00 | 0.860 | 1.864 | 0.12 |
| Ahmadi et al.[28] | 12.92 | −2.251 | 2.082 | 0.16 |
| PSO-GBDT 算法 | 4.89 | 0.44 | 0.83 | 0.06 |
| Adaboost SVR 算法 | 7.61 | −0.84 | 1.27 | 0.08 |
| RF 算法 | 7.47 | −3.44 | 1.12 | 0.10 |
| MLP 算法 | 7.06 | −5.33 | 0.92 | 0.11 |
| GA-RBF 算法 | 9.21 | 2.36 | 1.56 | 0.12 |

在这三个文献算法中，Kamari 提出的基因表达编程（GEP）算法是最准确的。表 2 中显示的结果表明，与已知的相关性和算法相比，本文中的 5 种算法都已拥有很强的优越性。从各项指标可看出，PSO-GBDT 算法具有最好的预测能力及稳定性。除 PSO-GBDT 算法外，GEP 算法的 APRE 值小于其他 4 种算法的，因此预测稳定性比其他 4 种算法强，但 GEP 算法的 AAPRE、RMSE、SD 等指数还是均大于本文算法的。总体来说，本文研究的 5 种算法预测能力均较强。

### 3.2.3 可视化分析

为了更加直观地看出算法效果，对各个算法的性能进行了可视化分析。在图 3 中，针对真实的 MMP，分别绘制了使用 PSO-GBDT、AdaBoost SVR、RF、GA-RBF 和 MLP 算法预测出的 MMP 数据。

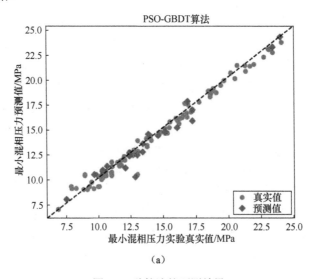

(a)

图 3 5 种算法的预测效果

Fig.3 Prediction performance of five algorithms

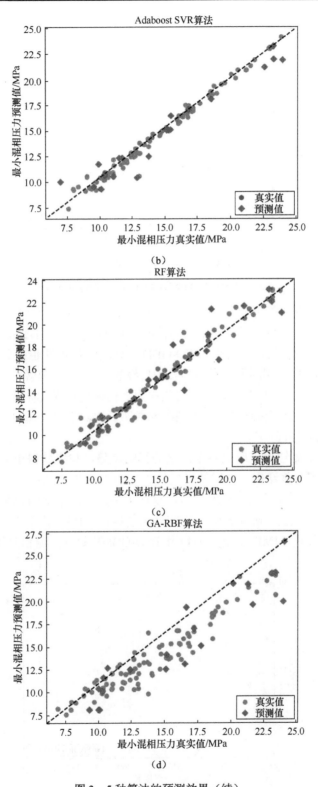

图3 5种算法的预测效果（续）

Fig.3 Prediction performance of five algorithms

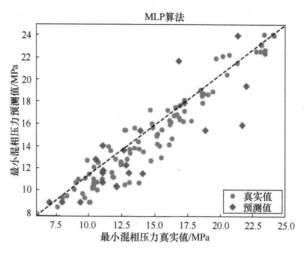

图 3 5种算法预测效果（续）

Fig.8 Prediction performance of five algorithms

可以明显看出，在所提出的 5 种算法中，PSO-GBDT 算法的结果在单位斜率附近实现了很好的集中，这也更加证实了该模型比其他模型的性能更好，且 PSO-GBDT 算法的误差分布较为均衡，异常点极少。因此，PSO-GBDT 算法的稳定性也最强。其次，AdaBoost SVR 算法预测 MMP 值与实际值也显示出较为良好的一致性，而其他三种算法相较于 PSO-GBDT 算法和 AdaBoost SVR 算法，在单位斜率附近的误差可视化显示就比较明显了，但都在可接受的范围内。因此可视化结果更加清晰地展现了 PSO-GBDT 算法的准确性及稳定性。

#### 3.2.4 算法结果验证

可通过算法的预测结果来研究各个因素的影响趋势，与实验得出的影响趋势对比验证结果的真实性。在 5 种算法中，选用效果最佳的 PSO-GBDT 算法进行验证。

为了验证模型是否遵循这些物理趋势，设计了特定情况下的随机数据点，将这些数据点与实际测量值进行比较。研究表明：$T_r$ 的升高会导致 MMP 值增大，这与实验研究相吻合，即温度升高会导致 MMP 值增大。利用 PSO-GBDT 算法预测相对于温度变化的 MMP 值如图 4 所示。

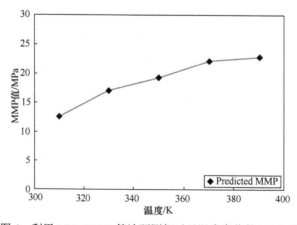

图 4 利用 PSO-GBDT 算法预测相对于温度变化的 MMP 值

Fig.4 Use the PSO-GBDT algorithm to predict the MMP values relative to temperature change

随着 $C_{5+}$ 相对分子量的增大，MMP 值也缓慢增大。对于 MMP 值相对于 $C_{5+}$ 相对分子量的变化趋势，考虑了特定条件下的数据点样本，其结果如图 10 所示。很明显，PSO-GBDT 算法预测结果依旧遵循实际的物理趋势，即 MMP 值随着 $C_{5+}$ 相对分子量的增大而增大。

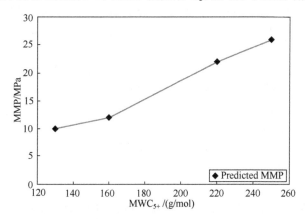

图 5　利用 PSO-GBDT 算法预测的相对于 $C_{5+}$ 相对分子量变化的 MMP 值

Fig.5　Use the PSO-GBDT algorithm to predict the MMP values relative to $C_{5+}$ relative molecular weights change

## 4. 结论

本文首先分析了对 MMP 值的影响因素，得出影响 MMP 值的主控因素。之后，本文建立了 5 种基于人工智能算法的 MMP 预测模型。使用本文研究的数据库，将具有 9 个输入特征的数据代入模型中，并用 5 种不同的回归指标及可视化分析对模型性能进行评估，可以得出的结论如下：

（1）影响 MMP 值的主控因素为油藏温度 $T_r$、重质组分 $C_{5+}$ 的相对分子量及中间组分的摩尔百分比三个。按 RF 算法的结果，影响因素从大到小排序为 $T_r$、重质组分 $C_{5+}$ 的相对分子量、中间组分的摩尔百分比、$T_c$、$C_1$、$CO_2$、$C_2 \sim C_5$、$N_2$、$H_2S$。

（2）本文使用的 5 种算法对 MMP 预测的效果均较好。

（3）经过算法效果对比分析后，研究得出集成学习在 MMP 预测工作中效果普遍优于神经网络模型，且集成学习模型精度更高、稳定性更强。

（4）在此次使用的 5 种算法中，PSO-GBDT 算法预测精度最高，且最稳定，相对误差的平均绝对百分比（AAPRE）为 4.89，均方根误差（RMSE）为 0.83，相关系数 $R^2$ 为 0.96。AdaBoost SVR 算法性能仅次于 PSO-GBDT 算法。

（5）通过观察可视化曲线可知，在一定的气体分子量和温度范围内，利用 PSO-GBDT 算法预测的 MMP 值符合实验及经验得出的变化趋势。

本文由沈斌执笔，杨胜来指导。

## 参考文献

[1]　田巍. $CO_2$/原油的混相与混相驱问题探讨[J]. 科技通报, 2020, 36(12): 8-12+18.

[2]　黄春霞, 汤瑞佳, 余华贵等.高压悬滴法测定 $CO_2$-原油最小混相压力[J]. 岩性油, 2015, 27(01): 127-130.

[3]　杨光宇, 汤勇, 李兆国等. 系线法研究 $CO_2$ 驱最小混相压力影响因素[J]. 油气藏评价与开发, 2019, 9(3): 4.

[4] 李俊刚. 基于多级混合单元模型的 $CO_2$ 驱最小混相压力预测[D]. 黑龙江:东北大学, 2012: 1390.

[5] 江安, 雷少飞. 基于交换条件数学期望的 $CO_2$ 最小混相压力预测模型[J]. 中国科技论文,2016,11(17):2029-2034.

[6] HUANG Y F, HUANG G H, DONG M Z, et al. Development of an artificial neural network model for predicting minimum miscibility pressure in $CO_2$ flooding[J]. Journal of Petroleum Science & Engineering, 2003, 37(1):83-95.

[7] 陈光莹. $CO_2$ 与原油最小混相压力模拟预测及实验测定[D].湖南:湖南大学, 2016.

[8] AYATOLLAHI S, HEMMATI-SARAPARDEH A, ROHAM M, et al. A Rigorous Approach for Determining Interfacial Tension and Minimum Miscibility Pressure in Paraffin-$CO_2$ Systems: Application to Gas Injection Processes[J]. Journal of the Taiwan Institute of Chemical Engineers, 2016:107-115.

[9] AMPOMAH W, BALCH R S, CATHER M, et al. Integrated Reservoir Modeling of $CO_2$-EOR Performance and Storage Potential in the Farnsworth Field Unit, Texas.[C] Agu Fall Meeting. AGU Fall Meeting Abstracts, 2017.

[10] 李鼎. $CO_2$ 与原油体系最小混相压力的模拟预测[D]. 山东: 山东大学, 2020.

[11] HUANG WEI ET AL. Application of modified GMDH network for $CO_2$-oil minimum miscibility pressure prediction[J]. Energy Sources, Part A: Recovery, Utilization, and Environmental Effects, 2020, 42(16) : 2049-2062.

[12] EKECHUKWU G.K, FALODE O, ORODU D. Improved Method for the Estimation of Minimum Miscibility Pressure for Pure and Impure $CO_2$–Crude Oil Systems Using Gaussian Process Machine Learning Approach[J]. Journal of Energy Resources Technology, 2020, 142(12).

[13] CHEN HAO ET AL. A machine learning model for predicting the minimum miscibility pressure of $CO_2$ and crude oil system based on a support vector machine algorithm approach[J]. Fuel, 2021, 290.

[14] SHOKROLLAHI, A, ARABLOO, et al. Intelligent model for prediction of $CO_2$ – Reservoir oil minimum miscibility pressure[J]. FUEL -GUILDFORD-, 2013.

[15] CHEN G, FU K, LIANG Z, et al. The genetic algorithm based back propagation neural network for MMP prediction in $CO_2$-EOR process[J]. FUEL -GUILDFORD-, 2014, 126(1):202-212.

[16] ZHONG, ZHI, CARR, et al. Application of mixed kernels function (MKF) based support vector regression model (SVR) for $CO_2$ C Reservoir oil minimum miscibility pressure prediction.[J]. Fuel, 2016, 184:590-603.

[17] 孙雷, 罗强, 潘毅等. 基于 GA_SVR 的 $CO_2$ 驱原油最小混相压力预测模型[J]. 大油地质与开发. 2017, 36(03): 123-129.

[18] KARKEVANDI-TALKHOONCHEH A, ROSTAMI A, HEMMATI-SARAPARDEH A, et al. Modeling Minimum Miscibility Pressure during Pure and Impure $CO_2$ Flooding Using Hybrid of Radial Basis Function Neural Network and Evolutionary Technique[J]. Fuel, 2018, 220(MAY 15):270-282.

[19] DING LI et al. Four Methods to Estimate Minimum Miscibility Pressure of $CO_2$ - Oil Based on Machine Learning[J]. Chinese Journal of Chemistry, 2019, 37(12) : 1271-1278.

[20] SAYYAD H, MANSHAD A K, ROSTAMI H. Application of hybrid neural particle swarm optimization algorithm for prediction of MMP[J]. Fuel, 2014, 116(jan.):625-633.

[21] GHIASI MOHAMMAD M, MOHAMMADI AMIR H., ZENDEHBOUDI SOHRAB. Use of hybrid-ANFIS and ensemble methods to calculate minimum miscibility pressure of $CO_2$ - reservoir oil system in miscible flooding process[J]. Journal of Molecular Liquids, 2021, 331.

[22] OSAMAH A. ALOMAIR, ALI A. GARROUCH. A general regression neural network model offers reliable

prediction of CO₂ minimum miscibility pressure[J]. Journal of Petroleum Exploration&Production Technology, 2016.

[23] ALSTON R B, KOKOLIS G P, JAMES C F. $CO_2$ Minimum Miscibility Pressure: A Correlation for Impure $CO_2$ Streams and Live Oil Systems[J]. Society of Petroleum Engineers Journal, 1985, 25(02):268-274.

[24] HOLLAND, JOHN. Adaptation in Natural and Artificial Systems. Cambridge, MA: MIT Press.

[25] KENNEDY J, EBERHART R.Particle swarm optimization[C] Proceedings of IEEE International Conference On Neural Networks. Perth: IEEE, 1995: 1942-1948.

[26] YELLIG, W.F. AND METCALFE, R.S.. Determination and Prediction of $CO_2$ Minimum Miscibility Pressures (includes associated paper 8876 ) [J]. Journal of Petroleum Technology, 1980, 32(01): 160-168.

[27] ARASH KAMARI et al. Rapid method to estimate the minimum miscibility pressure (MMP) in live reservoir oil systems during $CO_2$ flooding[J]. Fuel, 2015, 153 : 310-319.

[28] MOHAMMAD A, SOHRAB Z, LESLEY A. A reliable strategy to calculate minimum miscibility pressure of $CO_2$ -oil system in miscible gas flooding processes[J]. Fuel, 2017, 208 : 117-126.

# 专题四 管网与油气储运

# 基于均值特征提取与机器学习的管道泄漏检测

**摘 要** 在油气管道运输过程中,管道泄漏时有发生,不仅污染周边环境,造成经济损失,还可能引发爆炸等安全事故。因此,开展管道泄漏检测研究十分重要。管道泄漏主要有三个参数,分别是泄漏时间、泄漏位置和泄漏系数。准确确定泄漏时间和泄漏位置可直接指导紧急措施和及时救援,泄漏系数反映了泄漏的速率,可以用于估计泄漏量及后果影响。目前,对于泄漏时间和泄漏位置的研究较多且已有现场应用实践,而对于泄漏系数的研究还较少且精度不高,其原因是受泄漏口形状和大小等多种因素耦合影响。本文旨在建立管道泄漏系数检测模型,综合考虑管道流量和压力数据特点,提出序列提取法和均值提取法这两种管道时序性数据的预处理方法,建立多个泄漏系数预测模型,模型评价指标采用相关系数($R^2$)和平均绝对百分比误差(MAPE)。结果表明,随机森林和多层感知机的抗噪性较强,均值提取法具备一定的去噪功能,基于均值提取法建立的多层感知机模型效果最好,其 $R^2$ 为 0.9975,MAPE 为 1.599%。

**关键词** 管道泄漏检测;机器学习;多层感知机;随机森林

# Pipeline Leak Detection Based on Machine Learning

**Abstract** During the transportation of oil and gas pipelines, pipeline leaks occur from time to time, which not only pollutes the surrounding environment and causes economic losses, but may also cause safety accidents such as explosions. Therefore, it is very important to carry out pipeline leak detection research. There are three main parameters for pipeline leakage, namely, leakage time, leakage location and leakage coefficient. The accurate determination of leakage time and leakage location can directly guide emergency measures and timely rescue. The leakage coefficient reflects the rate of leakage and can be used to estimate the amount of leakage and its consequences. At present, there are many researches on leakage time and leakage location and there are field application practices. However, there are few studies on leakage coefficient and the accuracy is not high, which is affected by the coupling of various factors such as the shape and size of the leak. This paper aims to establish a pipeline leakage coefficient detection model, comprehensively considering the characteristics of pipeline flow and pressure data, and proposes sequence extraction method and mean extraction method, two pipeline time series data preprocessing methods, and establishes multiple leakage coefficient prediction models. Model evaluation indicators use correlation coefficient ($R^2$) and mean absolute percentage error (MAPE). The results show that the random forest and multi-layer perceptrons have strong noise resistance, and the mean extraction method has a certain denoising function. The multi-layer perceptron model based on the mean extraction method has the best effect, with R2 of 0.9975 and MAPE of 1.599% .

**Keywords** pipeline leak detection; machine learning; multi-layer perceptron; random forest

## 1. 引言

目前，我国的油气输送方式主要有公路、铁路、水路和管道运输 4 种、在这 4 种运输方式中，管道运输具有许多优势[1]，包括平稳、连续地输送，安全、保质、经济。管道中的输送介质一般都是油气等易燃易爆的危险品，一旦发生泄漏，不仅会造成大量经济损失，污染当地环境，还有可能发生爆炸，造成人员伤亡等重大事故。另外，管道老龄化的比例也在逐年增高，文献[2]指出，1971 年，全球有 7%的管道在役时间不超过 10 年，到了 1995 年，这个数字仅有 8%。我国最早的一批输油管道建设于 20 世纪 70 年代初期，距今已超过 40 年，老龄化带来的问题就是安全隐患。历史上由于管道的泄漏造成的安全事故比比皆是。例如，在 1992 年 4 月 22 日的墨西哥瓜达拉哈拉市，一条汽油管道泄漏，引发连续爆炸，导致 206 人死亡，1470 人受伤，超过 1.5 万人无家可归，8km 长的街道及其他设施毁坏[3]。2000 年 1 月 27 日，广西贵港输油管道泄漏，油品流到附近遇上明火引发连锁反应，明火通过下水道明沟蔓延到南梧公路的下水道暗沟引起爆炸，致使 2 km 街道公路在连环爆炸中毁坏，9 人死亡、16 人受伤[4]。2013 年 11 月 22 日，山东省青岛市东黄输油管道与排水暗渠交汇处管道破裂，导致大量原油外泄，同时产生爆炸混合气体，现场人员施工时产生火花，发生爆炸事故[5]，造成 62 人死亡，136 人受伤，直接经济损失高达 7.5 亿元人民币[6]。从 20 世纪 90 年代以来，我国的输油管道就频繁地遭到不法分子打孔盗油，且屡禁不止。例如，2009 年 1 月 2 日晚，在大港油田南部油区孔南长输管道发生钻孔盗油案件，犯罪嫌疑人钻孔三个，盗走原油 20 余吨。2015 年的采油三厂"8.23"案件，犯罪分子挖出一条长 40m、深 6m 的地道，持续盗取原油数十吨[7]。

对于管道的泄漏检测，在国内外众多学者多年来的研究下，已经有了一些比较成熟的方法，最为常用的方法有质量平衡法[8,9]、负压波法[10,11,12]、实时模型法[13,14,15]、压力梯度法[16,17,18]、统计决策法[19,20,21]等。质量平衡法的成本极低，响应速度快，但只能用来检测泄漏时间，对于加热之后输送的管道需要考虑温降对流体密度的影响，在混油输送时，不同油品的密度也不同，一般与其他方法结合使用。负压波法原理简单，实施方便，泄漏定位能力较强，定位精度较高，但无法预测泄漏系数，容易混淆泄漏与工况调节，误报警率较高，对于混油难以计算。实时模型法的灵敏度和精度均较高，可以适用于各种复杂的工况，对泄漏系数的预测效果也很好，然而计算开销较大，费用高，时间长。压力梯度法实施简单，费用低，但精度低，一般用作其他方法的辅助方法。统计决策法的成本低，误报警率低，对不同管道和不同输送介质的适应能力较强，但对泄漏系数的预测能力弱，更多用来检测泄漏是否发生。

随着近年来机器学习的兴起，部分学者采用机器学习的方法开展管道泄漏检测。Da Silva 等人[22]采用模糊系统对运行模式进行分类，讨论了瞬态过程与质量平衡偏差的关系，在此基础上提出了一种基于聚类和分类相结合的管道泄漏检测方法。Abdulla 等人[23]分析了目前已有的几种方法存在的缺陷，开发了基于神经网络的概率决策支持系统，将管道入口和出口压力及流量的测量结果与泄漏状态相关联，用于检测管道运输系统中是否存在泄漏。Kayaalp 等人[24]通过对比几种多标签分类方法，发现 RAkELd 方法在几乎所有度量上都有着最好的性能，尝试将其用于管道泄漏检测和定位，实验效果良好。

本文基于多种机器学习算法，建立管道泄漏系数预测模型，并进行了结果的对比和分析，本文结构设置如下。

第 1 部分介绍了本文的研究背景和意义,总结了国内外的研究现状,整理了目前比较流行的管道泄漏检测方法。第 2 部分详细介绍了数据的来源,提出了两种不同的数据预处理方法,并给出了两个预测模型的评价指标。第 3 部分描述了如何基于机器学习算法建立泄漏系数预测模型,并简要地说明了模型的训练和优化过程。第 4 部分展示了使用不同数据处理方法建立的各个模型的结果,对结果进行了简要分析,并对模型进行了抗噪性测试。第 5 部分对本文的研究进行了总结并对未来的发展方向做出了展望。

## 2. 管道泄漏数据介绍

由于管道泄漏的情况发生并不频繁,同时各大公司对数据的保密性要求比较高,因此难以收集到足够多的数据来训练各种机器学习的模型。本文所用数据均为基于瞬变流的模拟数据。程序模拟了管道在连续 100s 内的流体流动情况,记录上下游的管道流量和管道压力数据。同时,基于现场操作习惯,控制下游流量和上游压力不变,改变泄漏系数大小,重复多次模拟,共产生 20000 多条数据。每条数据包含管道的上游和下游在 100s 内的流量和压力数据,以及该管道的泄漏系数。由于人为控制了管道下游流量和上游压力不变,因此管道泄漏时的上游流量会变大,下游压力会变小。模型训练时将管道的泄漏系数作为标注,进行监督学习,模拟时所用的其他参数如表 1 所示。管道流量图和压力图如图 1 所示。

表 1 管道基础参数
Table 1 Basic parameters of pipeline

| 管道属性 | 长度/m | 管径/mm | 波速/(m/s) | 单位流量压降/m | 仿真总时间/s | 时间步/s | 重力加速度/(m/s²) |
|---|---|---|---|---|---|---|---|
| 值 | 20000 | 660 | 1,000 | 0.03 | 100 | 0.5 | 9.8 |

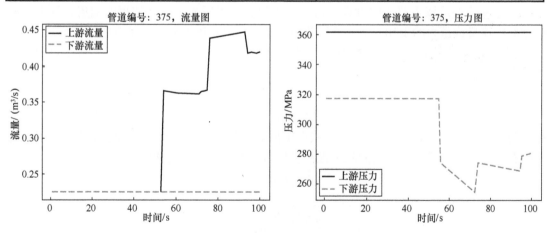

图 1 流量图和压力图
Fig.1 Operating flow rate and pressure

为分析各模型的抗噪性,向数据中分别添加 1%、2%、3%、4%、5%的噪声。向图 1 的流量图和压力图添加 5%的噪声后,得到如图 2 所示的流量图和压力图。

在建立各种机器学习模型前,要先对数据进行预处理:一是使其符合对应的机器学习算法的输入要求;二是提取出相关性更强的特征。本文中一条原始数据的特征有 400 个,若不对这些特征进行预处理,则模型会被如此多的特征"淹没",难以学习到有效知识,效果极差。因此,本文提出了两种数据预处理方法,分别是序列提取法和均值提取法。

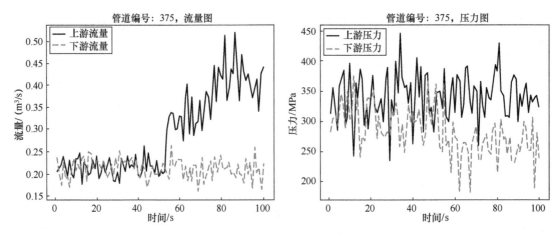

图 2 加噪流量图和压力图

Fig.2 Operating flow rate and pressure with noisy

数据预处理分为 4 步，第 1 步是数据筛选。发生泄漏后，压力波传导到管道两端需要时间，原始数据只记录了 100s 的数据，必须保证在停止记录前，在管道的上游和下游能检测到压力波。因此过滤掉泄漏时间大于 80s 的数据。在实际应用中不需要这一步，只需持续观测数据即可。同时考虑到在管道设计中的经济流量范围，再过滤掉最大流量大于 $0.7m^3/s$ 的数据。

第 2 步是判断变化时间。管道发生泄漏后，上下游的流量和压力一定会发生突变，由于噪声干扰，无法直接判断是正常波动还是管道泄漏，因此需要先确定一个阈值，再用当前时刻的流量值或压力值与之前 10s 的平均值做差，差的绝对值大于这个阈值即视为发生了突变。阈值的选取需要考虑管道正常工况下的流量和压力，本文使用的阈值为管道平稳运行时的流量或压力的 1/10。对于不同管道的数据，有不同的阈值，适应性非常好。

第 3 步是特征提取。序列提取法考虑了原始数据中的时序特性，在特征提取过程中，保留了原始数据的时序性。均值提取法选取管道在突变前后的流量压力来表示整个序列，可以显著降低特征维度。

图 3 为序列提取法示意图，在变化时间点前后各取两段数据，最终的 4 个序列即为提取的特征。本文从原始的 4 组 100s 的数据中提取出变化点前后各 5s 的数据，得到 4 组 10s 的数据，数据中前后数据之间的相关性得以保留。最终特征数为 40。

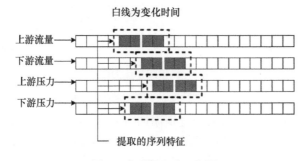

图 3 序列提取法示意图

Fig.3 Diagram of sequence extraction method

注：白色方块代表上下游流量和压力；白线代表上一步中提取的变化时间；黑色方块代表提取的特征。

图 4 为均值提取法示意图，使用变化时间前后一段序列的平均值作为提取的特征。本文提取变化时间点前后各 10s 的数据平均值作为特征，此方法可以有效去除数据中的噪声。最终特征数为 8。

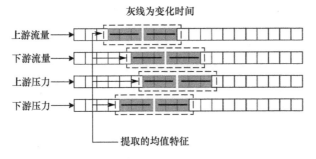

图 4 均值提取法示意图

Fig.4 Diagram of mean extraction method

注：白色方块代表上下游流量和压力；白线代表上一步中提取的变化时间；黑线代表对黑色方块求平均值

第 4 步是归一化处理。在训练绝大多数机器学习算法前都需要对数据进行归一化处理。因为不同的特征具有不同的数量级，导致小数量级的特征很容易被忽略，模型更难收敛。归一化后，参数空间各个方向比较均匀，模型收敛更快，效果更好。公式（1）展示了归一化过程中进行的操作。其中，$x_i$ 为第 $i$ 个样本，$x_{min}$ 为特征值最小的样本，$x_{max}$ 为特征值最大的样本。

$$x_i = (x_i - x_{min})/(x_{max} - x_{min}) \tag{1}$$

本文采用了两个模型评价指标，分别是相关系数（$R^2$）和平均绝对百分比误差（MAPE）。$R^2$ 反映模型拟合程度的高低，该值越接近 1 说明模型拟合程度越高。MAPE 反映预测数据的误差，该值越接近 0 说明误差越小。两者的计算公式分别为

$$R^2 = 1 - \frac{\sum_{i=1}^{n} y_i - \widehat{y_i}}{\sum_{i=1}^{n} y_i - \overline{y}} \tag{2}$$

$$\text{MAPE} = \frac{1}{n} \times \sum_{i=1}^{n} \frac{|y_i - \widehat{y_i}|}{y_i} \times 100\% \tag{3}$$

其中，$n$ 为样本总数，$y_i$ 为第 $i$ 个样本的真实值，$\widehat{y_i}$ 为第 $i$ 个样本的预测值，$\overline{y}$ 为所有样本真实值的平均值。在训练前，先将数据集划分为训练集和测试集，本文所采用的划分比例为 8：2，从所有数据中取出 80%用来训练模型，剩下的 20%用来评估模型性能。如无特殊说明，本文后面列出的所有评估指标均是在测试集上计算得到的结果。

## 3. 基于机器学习的管道泄漏检测模型

多层感知机（MLP）是在生物大脑的启发下提出的一种模型，其结构简单，训练高效，可以拟合任意函数关系，是一种适用范围广且效果出色的模型。多层感知机可以学习上下游的流量压力数据与泄漏系数之间复杂的映射关系，适合用来预测泄漏系数。

多层感知机的基本组成单元是神经元，类似人类大脑中的神经元细胞，它接收一组输

入向量,与自身的权重向量求内积,然后加上偏置向量,再经过激活函数激活得到最终输出。对于输入 $x$,输出 $y=f(wx+b)$,其中, $w$ 为权重向量, $b$ 为偏置向量,函数 $f(\cdot)$ 为激活函数。激活函数必须是非线性函数,例如 sigmoid 函数,ReLU 函数,tanh 函数等,常用的激活函数为 sigmoid 函数为

$$f(x)=\frac{1}{1+e^{-x}} \tag{4}$$

一个神经元会产生一个输出,多个神经元并联到一起,就组成了一层网络。神经元的个数便是这层网络的输出个数,多层感知机就是将几层这样的网络串联到一起,除了最后一层,中间层都称为隐藏层,网络结构示意图如图 5 所示。

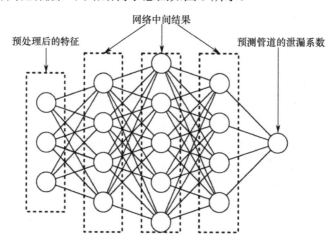

图 5　多层感知机网络结构示意图

Fig.5　Schematic diagyan of multilayer perceptron network structure

图 5 展示了一个含有三个隐藏层的多层感知机,三个隐藏层的神经元数量分别是 4、5、4。在实际应用中,隐藏层层数和每层神经元数量可以随意更改,隐藏层越多,每层的神经元数量就越多,模型的拟合能力也越强。多层感知机模型接收预处理后的管道泄漏数据,利用隐藏层将数据表示为更抽象的特征,最终通过输出层预测管道的泄漏系数。

本文基于两种数据预处理方法,建立了两个多层感知机模型。一个模型使用序列提取法进行数据预处理,输入为提取的 40 个特征,中间设置 4 个隐藏层,激活函数采用 ReLU 函数,输出为预测的泄漏系数。采用小批量学习法,每批均为 256 个样本,使用自适应梯度下降法优化参数,将学习率设置为 0.001,共训练 100 轮。另一个模型使用均值提取法进行数据预处理,输入为提取的 8 个特征,中间设置 4 个隐藏层,激活函数采用 ReLU 函数,输出为预测的泄漏系数。采用小批量学习法,每批均为 256 个样本,使用自适应梯度下降法优化参数,将学习率设置为 0.001,共训练 100 轮。

为了对比效果,建立另外 4 个模型,根据模型的特点分别选用恰当的数据预处理方法。4 个模型分别是使用序列提取法的长短期记忆神经网络(1-LSTM),使用均值提取法的随机森林(2-RF),使用均值提取法的 K 近邻回归(2-KNN),使用均值提取法的支持向量机(2-SVM)。

## 4. 实验结果与分析

6 个模型对泄漏系数预测的结果如表 2 所示。

表 2　6 个模型对泄漏系数预测的结果
Table 2　Leakage coefficient prediction results of six models

| 模　型 | $R^2$ | MAPE/% |
| --- | --- | --- |
| 1-MLP | 0.9930 | 3.374 |
| 1-LSTM | 0.9814 | 3.909 |
| 2-MLP | 0.9975 | 1.599 |
| 2-RF | 0.9610 | 6.742 |
| 2-KNN | 0.9456 | 7.547 |
| 2-SVM | 0.9928 | 2.830 |

表 2 中模型前面的数字 1 表示使用序列提取法，2 表示使用均值提取法，后面的英文缩写代表所选用的模型。表 2 中数据显示，预测效果最好的模型是采用均值提取法建立的多层感知机模型（Z-MLP），其 $R^2$ 为 0.9975，MAPE 为 1.599%。图 6 展示了不同模型的预测结果。

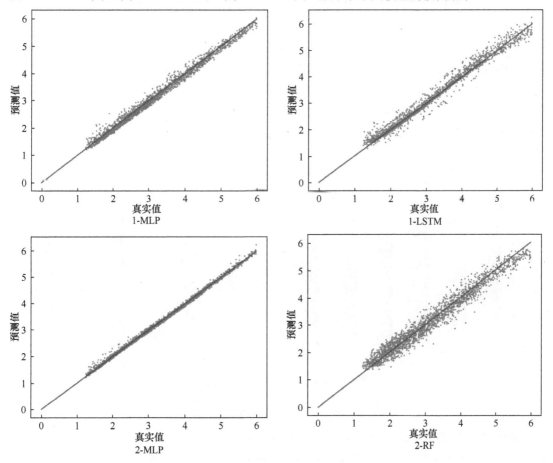

图 6　不同模型的预测结果

Fig.6　Prediction results of different models

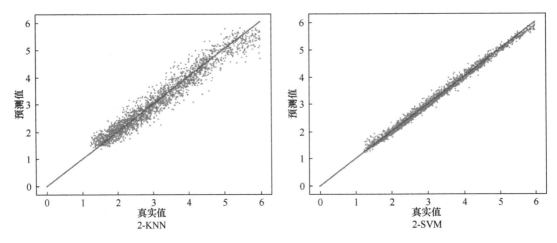

图 6 不同模型的预测结果（续）

Fig.6 Prediction results of different models

注：散点表示一组真实值和预测值的组合；实线为基准线，表示预测值与真实值相等。

1-MLP、2-MLP 和 2-SVM 三个模型的散点都集中在实线附近，说明模型的拟合效果较好，其中 2-MLP 模型预测的值结果与真实值最为接近，1-LSTM、2-RF 和 2-KNN 三个模型的预测值分布较分散，说明模型的效果较差。

为进一步测试模型的性能，对模型进行抗噪性分析。在原始数据中添加一定程度的噪声，再用新的数据训练模型，观察模型的效果变化。在分别添加了 1%~5%的噪声后，不同模型的 $R^2$ 和 MAPE 如图 7 所示。

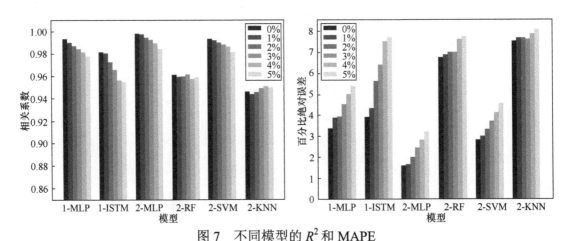

图 7 不同模型的 $R^2$ 和 MAPE

Fig.7 $R^2$ and MAPE of different models

从图 7 中可得出结论，RF 模型和 MLP 模型的抗噪性最好，其次是 SVM 模型。对比 1-MLP 和 2-MLP 两个模型可以发现，使用均值提取法的模型的抗噪性明显优于使用序列提取法的模型。这可以说明均值提取法有一定消除噪声的功能。

## 5. 结论

本文综合考虑了管道流量和压力数据特点，提出了序列提取法和均值提取法这两种针对管道时序性数据的预处理方法，建立了多个泄漏系数预测模型，采用两个评价指标，相关系数（$R^2$）和平均绝对百分比误差（MAPE）对模型进行了评价，并对模型进行了抗噪性分析。结果表明，RF 模型和 MLP 模型拥有最强的抗噪性，其次是 SVM 模型，均值提取法具有一定的去噪能力，可以使模型拥有更强的抗噪性。综合考虑预测精度和抗噪能力，采用均值提取法建立模型对泄漏系数的预测效果最好，在无噪声时，该模型的 $R^2$ 为 0.9975，MAPE 为 1.599%；当噪声为 5%时，该模型的 $R^2$ 为 0.9845，MAPE 为 3.174%，抗噪性能较好。

机器学习方法善于处理复杂的非线性映射关系，基于机器学习的方法来建立管道泄漏检测的模型有一定的可行性。其中，MLP 模型相比于其他机器学习算法，往往能有更高的准确率，但可解释性较差。未来可以探究如何将物理模型的机理知识和公式约束融入到 MLP 模型中，在提高模型精度的同时增强模型的可解释性。这对于建立完善的管道泄漏检测系统具有重要的意义。

**本文由马云路执笔，梁永图指导。**

## 参考文献

[1] 高鹏. 2021 年中国油气管道建设新进展[J]. 国际石油经济, 2022, 30(03): 12-19.

[2] 潘家华. 管道老龄化问题及其应对措施[J]. 油气储运, 2007(06): 1-2.

[3] 马福明, 石仁委. 东黄管道腐蚀泄漏事故剖析[J]. 石油化工腐蚀与防护, 2018, 35(06): 44-46.

[4] 宋光积. 广西贵港石油公司输油管道爆炸事故[J]. 现代班组, 2008(8): 43.

[5] 徐永莉. 基于事故树分析"11•22"输油管道泄漏爆炸事故[J]. 安全, 2015(7): 34-37.

[6] 池洪建. 黄岛管道爆炸启示录[J]. 中国石油石化, 2014(22): 27-33.

[7] 王欣. 长输管道打孔盗油案件的侦查与防范策略[J]. 四川警察学院学报, 2016, 28(06): 31-36.

[8] Jim C, 胡坚. 用质量平衡方法进行管道检漏[J]. 油气储运, 1997(12): 55-58+7.

[9] ISERMANN R. Process fault detection based on modeling and estimation methods—A survey[J]. Automatica, 1984, 20(4): 387-404.

[10] 靳世久, 唐秀家, 王立宁, 等. 原油管道泄漏检测与定位[J]. 仪器仪表学报, 1997(04): 7-12.

[11] 靳世久, 王立宁, 李健, 等. 原油管道漏点定位技术[J]. 石油学报, 1998(03): 105-109.

[12] 王立宁, 李健, 靳世久. 热输原油管道瞬态压力波法泄漏点定位研究[J]. 石油学报, 2000(04): 93-96.

[13] STOUFFS P, GIOT M. Pipeline leak detection based on mass balance: Importance of the packing term[J]. Journal of Loss Prevention in the Process Industries, 1993, 6(5): 307-312.

[14] 支焕. 井区集输管线动态模拟法漏点检测的研究[D]. 西安石油大学 2012.

[15] 葛传虎, 王桂增, 叶昊. 瞬变流能量损耗对管道泄漏检测的影响[J]. 化工学报, 2008(06): 1436-1440.

[16] 周俊, 李永强, 王占宇, 等. 利用压力趋势图判断管道盗油点[J]. 油气储运, 2002(07): 28-29+57-5.

[17] 毛加宁, 阮锦, 刘昕, 等.基于压力梯度法瓦斯抽采管路检漏分析与维护[J]. 昆明冶金高等专科学校学报, 2020, 36(05): 15-19+46.

[18] FUKUDA T. Leak detection and its location in a pipeline system[J]. Proceedings of IMEKO Symposium on Flow Measurement and Control in Industry, 1979(11): 193-198.

[19] 娄身强, 叶昊, 杨红英. 基于模型的管道泄漏监测抗扰动方法研究[J]. 控制工程, 2007(05): 551-554.

[20] 崔谦. 油气管道泄漏检测方法的研究及应用[D].天津大学, 2005.

[21] 张景川, 曾周末, 曹庆松, 等. 基于独立分量分析的管道异常振动事件定位方法[J]. 振动与冲击, 2011(04): 81-85.

[22] DA SILVA H V, MOROOKA C K, GUILHERME I R, et al. Leak detection in petroleum pipelines using a fuzzy system[J]. Journal of Petroleum Science and Engineering, 2005, 49(3‐4): 223-238.

[23] ABDULLA M B, HERZALLAH R O and HAMMAD M A. Pipeline leak detection using artificial neural network: Experimental study[J]. 2013 5th International Conference on Modelling, Identification and Control (ICMIC), 2013, pp. 328-332.

[24] KAYAALP F, ZENGIN A, KARA R, et al. Leakage detection and localization on water transportation pipelines: a multi-label classification approach[J]. Neural Computing & Applications 28, 2905–2914 (2017).

# 基于深度学习的管道漏磁图片智能识别技术

**摘　要**　管道运输已经成为石油天然气运输的主要方式，由于多种因素，如管道使用周期长，石油天然气中的物质具有腐蚀性，对管道造成了不可逆的损害，若不及时处理管道损害，则会造成重大的安全事故。由于石油天然气管道的长度往往都在几百公里到几千公里之间，使用人工进行判别不但耗时长而且容易造成遗漏和判别错误，故本文对管道漏磁图片形貌智能识别技术进行了研究。本文采用 VGG16 神经网络及 LeNet5 神经网络对数据集进行模型训练与测试，并构建基于 VGG16 与 LeNet5 网络的集成模型。使用 COMSOL 搭建仿真数据集，本文主要对三种类型的缺陷（凹陷、环焊缝异常（错边）及金属损失）以及无缺陷进行有限元建模分析，使用 LeNet5 神经网络与 VGG16 神经网络交叉融合方法进行训练、测试及验证，训练集与测试集的准确率都达到 95%以上，验证集的准确率达到 98%以上。

**关键词**　管道漏磁内检测；有限元建模；深度学习；VGG16 网络；LeNet5 网络

# Intelligent Recognition Technology of Pipeline Magnetic Flux Leakage Defect Image Morphology based on Deep Learning

**Abstract**　Pipeline transportation has become the main mode of oil and gas transportation. Due to many factors, such as long service life of the pipeline and corrosion of substances in oil and gas, irreversible damage has been caused to the pipeline. If the pipeline damage is not handled in time, it will cause major safety accidents. Because the length of oil and gas pipelines is often between hundreds of kilometers and thousands of kilometers, manual discrimination is not only time-consuming, but also easy to cause omissions and discrimination errors. This paper studies the intelligent recognition technology of pipeline magnetic flux leakage image morphology. In this paper, VGG16 neural network and LeNet5 neural network are used to train and test the data set, and an integrated model based on VGG16 and LeNet5 network is constructed. COMSOL is used to build the simulation data set. This paper mainly carries out finite element modeling and analysis for three types of defects (depression, circumferential weld abnormality (misalignment) and metal loss) and no defects. The cross fusion method of LeNet5 neural network and VGG16 neural network is used for training, testing and verification. The accuracy of the training set and the test set is more than 95%, The accuracy of the verification set is more than 98%.

**Keywords**　magnetic flux leakage internal detection；finite element modeling；deep learning；VGG16; LeNet5

## 1. 引言

管道运输是我国油气运输的主要运输方式，随着我国能源需求的增加，油气管道规模发展迅速。油气管道运输石油天然气为我国创造巨大经济效益的同时，管道安全事故频频发生。管道安全事故发生的原因是管道存在缺陷，传统的检测方法耗时费力，且存在很多不确定性。1865 年，麦克斯韦方程组的提出对管道漏磁检测技术奠定了夯实的理论研究基础[1]；1947 年，世界上第一套漏磁检测系统被制造出来[1]；2007 年，沈阳工业大学研制出管道漏磁检测系统，并在实际工程中得以应用并取得优秀的效果[1]；2003 年，金涛等人利用小波理论研究了如何有效消除管道漏磁数据中的噪声[2]；2003 年，蒋奇等人利用径向基函数以及滤波等方法提出缺陷尺寸参数的评价模型，并在实际工程中验证该模型的实用性[3]；2004 年，Kim 等人提出了一种新的针对轴向裂纹敏感的管道无损检测方法[4]；2007 年，王长龙等人提出了三维成像方法，量化缺陷的深度，并且将该方法应用到实际工程中，证明该方法能够实现三维漏磁检测的成像[5]；2008 年，李久春使用 SVR 算法建立管道裂纹漏磁场的预测模型量化裂纹漏磁场，并通过实验验证该模型可以得到很好的预测效果[6]；2008 年，Chen 等人提出经验模态分解方法，并对不同类型的缺陷进行实验，表明该方法可以有效地提高漏磁信号的信噪比[7]；2009 年，杨理践等人使用 BP 神经网络对缺陷进行量化分析，识别误差降低[8]；2013 年，Feng 等人结合三轴漏磁检测器技术，对探头和传感器进行了分析与设计[9]；2014 年，姜好等人对比了两种方法的优缺点，并提出了如何对比两种方法所取得数据的对比分析方法[10]；2015 年，Potapov 等人介绍石油化工中缺陷检测传感器的主要计算结果和研究情况[11]；2017 年，Jian 等人提出了一种利用径向基网络的误差调整方法来重构管道缺陷。同时在仿真数据与实验数据中进行了验证，表明了该方法的可行性[12]；2018 年，Yavuz 等人设计了一种基于检测缺陷速度变量的新的管道漏磁检测系统，设计了两个新的清管器，在实验中验证了这个系统的可行性[13]；2020 年，Zhao 等人建立了可以用来定量评价腐蚀程度的腐蚀深度与参数的数学表达式[14]。

近些年来，针对管道漏磁的研究大多数都集中在缺陷量化，高效管道漏磁内检测器的设计及对管道漏磁检测器采集到的数据的处理算法等方面，而较少集中在管道漏磁缺陷图像的自动识别领域。1995 年，Chan 等人使用有效信号分类器的卷积神经网络对乳房 X 光片上的微钙化进行了识别分类[15]；2000 年，秦其明等人将神经网络与分形结合应用于卫星数字图像的分类，主要引入分形描述卫星图像的纹理特点[16]；2004 年，Carcia 等人提出一种识别人脸的算法，较前人研究而言这个方法可以快速检测现实生活中复杂的人脸，而且可以快速检测快速变化的人脸[17]；2006 年，孙季丰等人对图像提取 4 个主要特征，将特征输入 BP 神经网络并对神经网络进行监督训练。通过实验表明该网络对特定的数据集的识别能力很强[18]；图像识别算法发展迅速且逐步成熟，若将图像识别算法应用到管道漏磁图像识别领域，则可以降低许多不确定性且节省时间与人力。

## 2. 有限元仿真建模

本文使用 COMSOL 软件对凹陷、无缺陷、金属损失及错边进行仿真建模，通过改变缺陷的大小和不同的截面提取漏磁数据，每个截面均导出 5 条截线，每种类型均选择 200 个截面，共 800 个截面，使用 Python 对数据进行可视化及打标签操作，搭建仿真数据集。

## 2.1 凹陷建模

### 2.1.1 构建几何模型

根据表1与表2的几何参数搭建凹陷的几何模型，搭建的凹陷三维模型如图1所示。

表1 凹陷几何参数
Table 1 Geometric parameters of depression

| 结构名称 | 长/mm | 宽/mm | 高/mm |
|---|---|---|---|
| 钢板 | 200 | 100 | 16 |
| 钢刷 | 10 | 30 | 10 |
| 永磁体 | 10 | 30 | 30 |
| 扼铁 | 60 | 30 | 10 |
| 空气域 | 400 | 300 | 196 |

表2 凹陷几何参数
Table 2 Geometric parameters of depression

| 结构名称 | 半径/mm | 高/mm |
|---|---|---|
| 凹陷 | 10 | 8 |

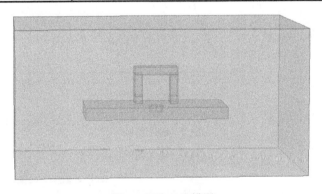

图1 凹陷三维模型

Fig.1 3D model of depression

### 2.1.2 材料的定义

永磁体材料使用内置材料定义，其相对磁导率为4000；空气域的相对磁导率为1；扼铁与钢刷都由外部B-H曲线对材料进行定义，扼铁B-H曲线如图2(a)所示，钢刷B-H曲线如图2(b)所示，管道B-H曲线如图2(c)所示，对于未在曲线范围内的数据，使用线性插值法进行推算。

### 2.1.3 有限元计算

本文采用永磁体对管道进行磁化，由此物理场使用磁场无电流；空气域和扼铁的网格划分方法为较细化，管道和永磁体等使用超细化进行网格划分。三维磁感应强度变化和缺陷处的轴向磁感应强度变化如图3所示。

图3(a)中颜色由深到浅表示磁感应强度变大，管道的缺陷处的磁感应强度高于管道的其他位置；缺陷处的轴向磁感应强度变化如图3(b)所示，轴向磁感应强度在缺陷处也会急剧增大，在管道的其他位置较为平稳。这种磁感应强度的剧烈变化是因为产生漏磁场，当管道存在缺陷时，在缺陷处的两种介质的磁导率不同，磁感应线就会发生折射从而形成漏磁场。

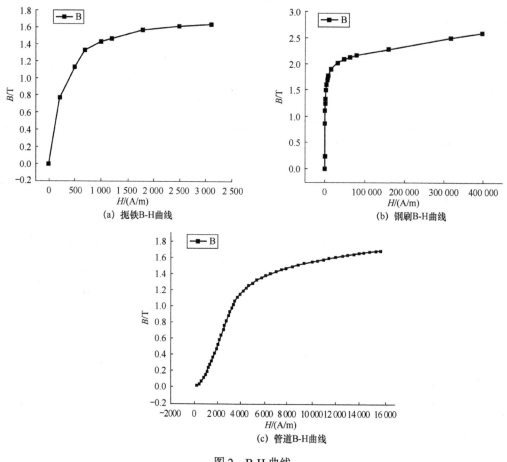

图 2 B-H 曲线

Fig.2 B-H curve

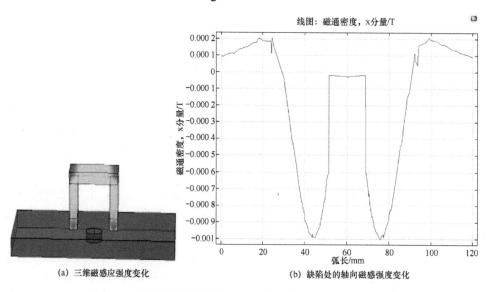

图 3 三维磁感应强度变化和缺陷处的轴向磁感应强度变化

Fig.3 Variation of magnetic induction

## 2.2 错边建模

在错边建模中，材料的定义、物理场的选择和网格的划分与凹陷建模相同。

### 2.2.1 构建几何模型

根据表 3、表 4 的几何参数构建错边的几何模型，构建的三维模型如图 4 所示。

表 3 错边几何参数
Table 3 Geometric parameters of staggered edge

| 结构名称 | 长/mm | 宽/mm | 高/mm |
| --- | --- | --- | --- |
| 左侧钢板 | 50 | 20 | 9 |
| 右侧钢板 | 50 | 20 | 10 |
| 钢刷 | 10 | 10 | 5 |
| 扼铁 | 50 | 10 | 5 |
| 永磁体 | 10 | 10 | 10 |
| 空气域 | 150 | 40 | 60 |

表 4 焊缝几何参数
Table 4 Weld geometry parameters

| 结构名称 | 半径/mm | 扇形角/° |
| --- | --- | --- |
| 环焊缝 | $10/2\sqrt{3}$ | 60 |

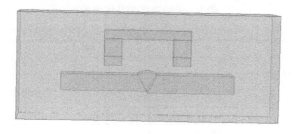

图 4 错边三维模型

Fig 4 3D model of staggered edge

### 2.2.2 有限元计算

通过有限元网格的划分对错边进行有限元计算，由于管道之间的焊缝存在异常，因此在错边处形成漏磁场，错边处的磁感应强度会有所增大，错边三维磁感应强度与轴向磁感应强度如图 5 所示。由图 5 可知，焊缝错边处的磁感应强度都有所增大，且错边的一侧磁感应强度增大速率缓慢。

## 2.3 正常建模

正常建模中的材料的定义、物理场的选择和网格的划分与凹陷建模相同。

### 2.3.1 构建几何模型

根据表 5 的几何参数构建几何模型，无缺陷三维模型如图 6 所示（空气域已隐藏）。

### 2.3.2 有限元计算

通过对无缺陷模型的有限元计算，得到无缺陷三维磁感应强度变化与无缺陷轴向磁感应强度如图 7 所示。

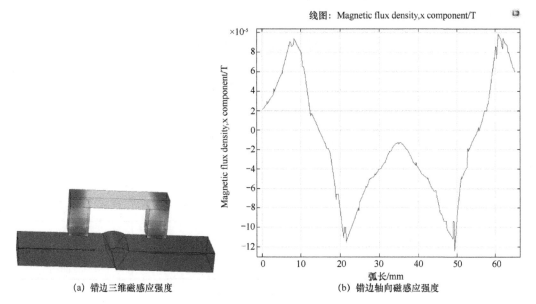

(a) 错边三维磁感应强度　　　　(b) 错边轴向磁感应强度

图5　错边三维磁感应强度与错边轴向磁感应强度

Fig.5　Three dimensional magnetic induction intensity of staggered side and axial magnetic induction strength of staggered edge

表5　无缺陷结构几何参数
Table 5　Geometric parameters of defect free structure

| 结构名称 | 长/mm | 宽/mm | 高/mm |
| --- | --- | --- | --- |
| 钢板 | 200 | 100 | 10 |
| 钢刷 | 10 | 10 | 5 |
| 永磁体 | 10 | 10 | 15 |
| 扼铁 | 60 | 10 | 10 |
| 空气域 | 400 | 200 | 120 |

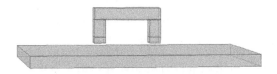

图6　无缺陷三维模型

Fig.6　3D model without defect

如果管道没有缺陷，那么材料的介质就没有发生改变，同样材料的磁导率也没有发生改变，磁感应线也不会发生磁折射，同样不会形成漏磁场，所以磁感应线会在管道中平行均匀的通过。图7(a)中管道中的颜色并没有发生变化，磁感应线在管道中平行均匀的通过。图7(b)中的轴向磁感应强度发生变化呈锯齿状，虽然有浮动，但浮动很小。

## 2.4　金属损失建模

金属损失建模中材料的定义、物理场的选择和网格的划分与凹陷建模相同。

### 2.4.1　构建几何模型

根据表6中的结构参数搭建金属损失三维模型如图8所示。

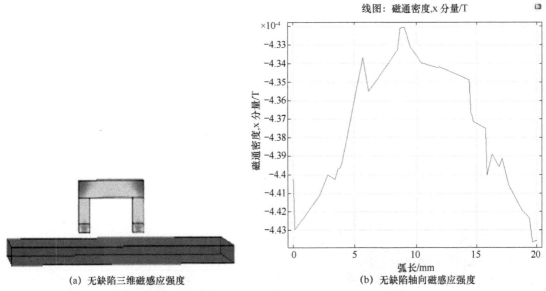

(a) 无缺陷三维磁感应强度　　　　(b) 无缺陷轴向磁感应强度

图 7　无缺陷三维磁感应强与无缺陷三维磁感应强

Fig.7　3D magnetic induction without defect and axial magnetic induction without defect

表 6　金属损失几何参数
Table 6　Geometric parameters of metal loss

| 结构名称 | 长/mm | 宽/mm | 高/mm |
|---|---|---|---|
| 钢板 | 200 | 50 | 50 |
| 钢刷 | 15 | 10 | 5 |
| 永磁体 | 15 | 10 | 15 |
| 扼铁 | 80 | 10 | 10 |
| 空气域 | 600 | 150 | 140 |
| 金属损失缺陷 | 40/20 | 50 | 50 |

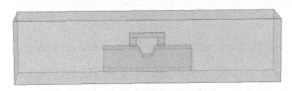

图 8　金属损失三维模型

Fig.8　3D model of metal loss

#### 2.4.2 有限元计算

通过对无缺陷模型的有限元计算，得到三维磁感应强度和轴向磁感应强度变化如图 9 所示。

在管道金属损失处，由于材料介质发生改变，导致磁导率改变，磁感应线折射形成漏磁场，漏磁场的磁感应强度较不存在漏磁场的磁感应强度会有所增大。在图 9(a)中，在金属损失处的三维磁感应强度增大，图 9(b)中的金属损失处的轴向磁感应强度增大。

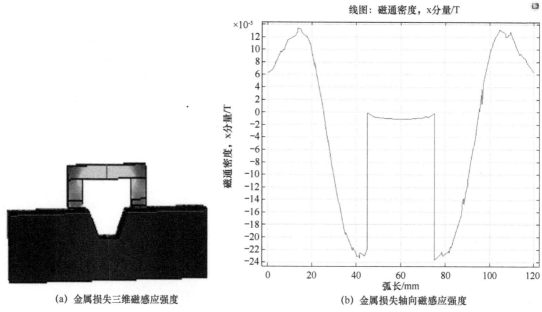

(a) 金属损失三维磁感应强度　　(b) 金属损失轴向磁感应强度

图 9　金属损失三维磁感应强度与金属损失轴向磁感应强度

Fig.9　3D magnetic induction of metal loss and axial magnetic induction of metal loss

## 3. 基于卷积神经网络的漏磁图像智能识别算法

### 3.1　LeNet5 神经网络

LeNet5 神经网络是一种轻量级的神经网络，对手写数字的识别有很好的效果。LeNet5 神经网络主要由 5 层网络构成，其中两层卷积层、两层池化层及一层全连接层，卷积层与池化层相互交替进行，LeNet5 神经网络结构如图 10 所示。

图 10　LeNet 神经网络结构

Fig.10　Architecture of LeNet netural network

网络训练使用 Python 语言结合 PyTorch 深度学习框架搭建 LeNet5 神经网络，搭建的 LeNet5 神经网络在 GPU 中运行，LeNet5 损失函数和准确率如图 11 所示。

如图 11(a)所示，随着训练轮数的增加，LeNet5 神经网络的损失函数值逐渐减小，最后减小到 0.01 以下；图 11(b)中，无论训练集还是测试集的准确率都达到 90%以上，总的运行时间为 274s。

### 3.2　VGG16 神经网络

VGG16 神经网络是一种深度神经网络，多用于处理图像分类和图像识别问题。VGG16 网络结构如图 12 所示。

网络训练使用 Python 语言结合 PyTorch 深度学习框架搭建 VGG16 神经网络，搭建的 VGG16 神经网络在 GPU 中运行。VGG 神经网络损失函数和准确率如图 13 所示。

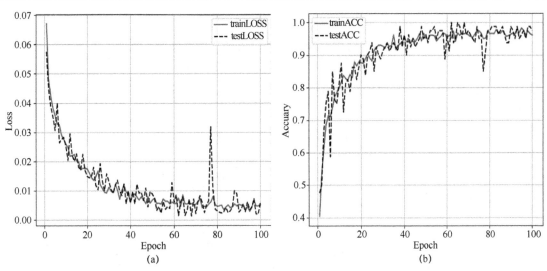

图 11 LeNet5 损失函数与准确率

Fig.11 Loss function and accuracy rate of LeNet5

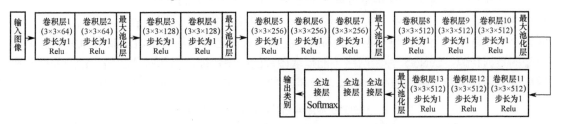

图 12 VGG16 网络架构

Fig.12 Architecture of VGG16 netural Network

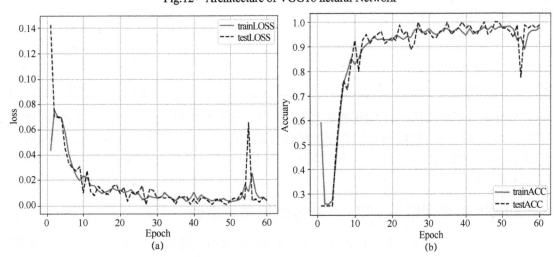

图 13 VGG16 损失函数与 VGG16 准确率

Fig.13 Loss function and accuracy rate of VGG16

VGG16 神经网络的分类效果与 LeNet5 神经网络的分类效果相近，总的运行时间为 236s。

## 3.3 模型验证结果讨论

LeNet5 神经网络作为轻量级网络中的代表网络之一，其网络层数少、参数少，并且提取图片的微少特征；VGG16 神经网络层数为 LeNet5 神经网络层数的 3 倍，其网络层数深、参数大，可以提取图片的微小特征，更加有利于机器进行智能分类。表 7 为 LeNet5 神经网络运行 100 轮后的验证结果。

表 7  LeNet5 神经网络验证结果（训练 100 轮）
Table 7  LeNet5 netural network verification results（epoch100）

| 类型 | 查准率/% | 查全率/% | F1 得分 |
| --- | --- | --- | --- |
| 凹陷 | 95 | 95 | 0.95 |
| 无缺陷 | 95 | 100 | 0.98 |
| 错边 | 95 | 95 | 0.95 |
| 金属损失 | 100 | 95 | 0.97 |
| 总的准确率/% | — | — | 0.96 |

表 7 中的 4 个标准分别是查准率、查全率、F1 得分及总的准确率，F1 得分可以综合评价查准率及查全率。通过表 7 可以发现，LeNet5 神经网络对于无缺陷的预测效果是最好的，同样对于无缺陷预测 F1 得分也是最高的，金属损失次之，凹陷与错边最低为 0.95。凹陷与错边的数据相似，LeNet5 神经网络不能提取图片的细微特征，因此区分凹陷与错边的准确率较区分金属损失及无缺陷的准确率低。表 8 为 VGG16 神经网络训练 50 轮后的验证结果。

表 8  VGG16 神经网络验证结果（训练 50 轮）
Table 8  VGG16 netural network verification results（epoch 神经 50）

| 类型 | 查准率/% | 查全率/% | F1 得分 |
| --- | --- | --- | --- |
| 凹陷 | 95 | 100 | 0.98 |
| 无缺陷 | 95 | 100 | 0.98 |
| 错边 | 100 | 100 | 1.00 |
| 金属损失 | 100 | 90 | 0.95 |
| 总的准确率/% | — | — | 0.97 |

通过表 8 可以发现，VGG16 神经网络对于凹陷及错边分类的 F1 得分都较 LeNet5 神经网络有所提高，其中凹陷的 F1 得分约提高 3%，错边的 F1 得分约提高 5%，可见应用 VGG16 神经网络判别金属损失及凹陷存在一定优势，使用 VGG16 神经网络总的验证准确率较 LeNet5 神经网络约提高 1%。

## 4. LeNet5 神经网络与 VGG16 神经网络交叉模型

LeNet5 神经网络与 VGG16 神经网络对于本实验都有很好的分类效果。LeNet5 神经网络是轻量级网络，对于图片微小的特征没有良好的特征提取能力，只能通过增加迭代次数去提高 LeNet5 神经网络的分类能力，但是模型的运行时间会增加，计算机的计算负荷也会增大。VGG16 神经网络是层数较深的深度神经网络，可以较好地提取图片的微小特征，计算负荷大，训练时间长。针对以上问题，本文提出一种基于 LeNet5 与 VGG16 的交叉神经网络来解决时间与计算负荷的问题，其交叉模型结构如图 14 所示。

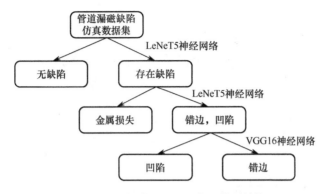

图 14 LeNet5 与 VGG16 交叉模型结构

Fig.14 Cross model architecture of LeNet5 and VGG16

## 4.1 判别是否有缺陷

由于管道是否存在缺陷较容易判别，不需要提取图像的很多微小特征，因此选取 LeNet5 神经网络作为第一阶级的分类模型。数据集分为训练集与测试集，训练集与测试集的比例为 3∶1，训练轮数为 25 轮，运行时间为 31s。损失函数和准确率如图 15 所示。

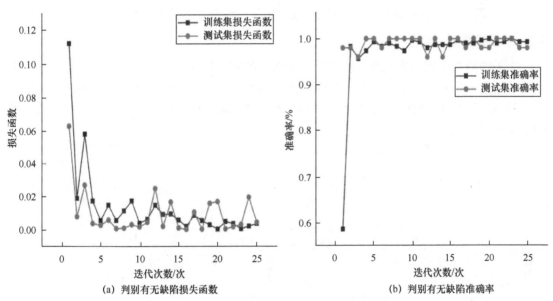

(a) 判别有无缺陷损失函数　　　　(b) 判别有无缺陷准确率

图 15 判别有无缺陷损失函数与准确率

Fig.15 Loss function of defect detection and accuracy rate

在训练次数为 25 轮时损失函数小于 0.01，准确率达到 95%以上。

## 4.2 判别金属损失

由于金属损失与凹陷的错边漏磁图像之间有相似之处，因此为了使得准确率提高及运行时间缩短，选取 LeNet5 神经神经网络作为第二阶级的分类模型。数据集分为训练集、测试集，训练集与测试集的比例为 8∶1，训练轮数为 60 轮，运行时间为 67s。损失函数和准确率如图 16 所示。

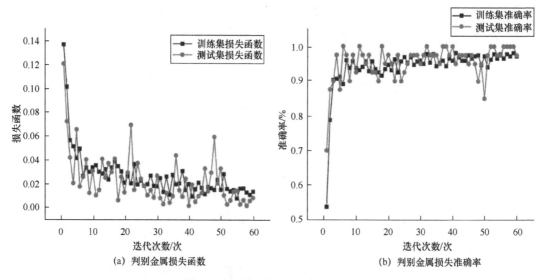

图 16 判别金属损失函数与准确率

Fig.16　Discriminant metal loss function and accuracy rate

在训练次数为 60 轮时损失函数达到 0.02 左右，准确率达到 95% 左右。

### 4.3　判别凹陷与错边

由于凹陷与金属损失相似，需要提取更微小的图片特征，因此为了使得准确率提高及运行时间缩短，选取 VGG16 神经网络作为第三阶级的分类模型。数据集分为训练集、测试集，训练集与测试集的比例为 1∶1，训练轮数为 30 轮，运行时间为 158s。损失函数和准确率如图 17 所示。

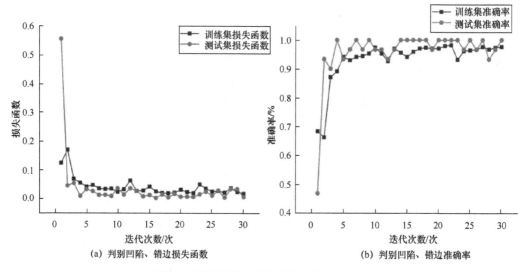

图 17　判别凹陷、错边损失函数与准确率

Fig17.　Loss function for distinguishing sags and misalignment and accuracy rate

在训练次数为 30 轮时损失函数为 0.05 以下，准确率达到 95% 以上。

## 5. LeNet5 神经网络 VGG16 神经网络模型验证结果讨论

### 5.1 利用 LeNet5 神经网络判断是否存在缺陷

保存 LeNet5 神经网络训练 30 轮的结果，对 50 组数据进行验证，50 组数据中有 25 组数据存在缺陷，另外 25 组数据不存在缺陷，对验证的查准率、查全率及 F1 得分进行讨论如表 9 所示。

表 9 利用 LeNet5 神经网络判断是否存在缺陷的验证结果
Table 9 Verification results of LeNet5 netural network judging whether there are defects

| 类型 | 查准率/% | 查分率/% | F1 得分 |
| --- | --- | --- | --- |
| 存在缺陷 | 100 | 100 | 1.00 |
| 无缺陷 | 100 | 100 | 1.00 |
| 总的准确率/% | — | — | 1.00 |

通过表 9 可以发现，使用 LeNet5 神经网络来区别是否存在缺陷完全可行，不论存在缺陷或者无缺陷的准确率都达到 100%，且模型运行时间短。图 18 表示验证结果，其中存在缺陷标签为 0，无缺陷标签为 1，50 组数据的真实标签与预测标签均一一对应，准确率达到 100%。

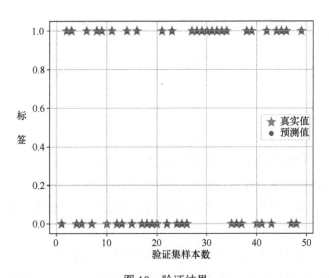

图 18 验证结果

Fig.18 Verification result

### 5.2 利用 LeNet5 神经网络判断金属损失

保存 LeNet5 神经网络训练 60 轮的结果，对 40 组数据进行验证，40 组数据中有 20 组数据缺陷类型为金属损失，另外 20 组数据为凹陷或者错边，对验证的查准率、查全率及 F1 得分进行讨论如表 10 所示。

表 10　利用 LeNet5 神经网络判断金属损失验证结果

Table 10　Verification results of LeNet5 netural network discrimination metal loss

| 类型 | 查准率/% | 查全率/% | F1 得分 |
|---|---|---|---|
| 金属损失 | 97 | 92 | 0.94 |
| 其他 | 91 | 97 | 0.94 |
| 总的准确率/% | — | — | 94 |

通过表 10 发现，使用 LeNet5 神经网络判别金属损失与其他缺陷时，准确率较判别是否存在缺陷有所降低，LeNet5 神经网络识别其他缺陷的准确率为 97%，识别金属损失的准确率为 92%，总的准确率为 94%。图 19 表示判别金属损失的验证结果。图 19 中金属损失标签为 0，其他缺陷标签为 1，40 组真实数据的标签与预测标签有 2 个不对应，准确率达到 95%。

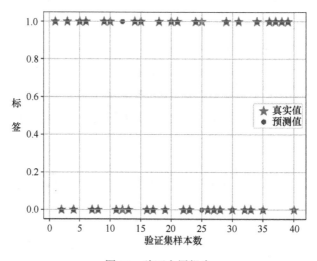

图 19　验证金属损失

Fig.19　Verification of metal loss

## 5.3　利用 VGG16 神经网络判别凹陷与错边

保存 VGG16 神经网络训练 30 轮的结果，对 30 组数据进行验证，30 组数据中有 15 组数据缺陷类型为凹陷，另外 15 组数据为错边，对验证的查准率、查全率及 F1 得分进行讨论如表 11 所示。

表 11　利用 VGG16 神经网络判别凹陷与错边验证结果

Table 11　Verification results of VGG16 netural network discrimination depression and misalignment

| 类型 | 查准率/% | 查全率/% | F1 得分 |
|---|---|---|---|
| 凹陷 | 96 | 96 | 0.96 |
| 错边 | 96 | 96 | 0.96 |
| 总的准确率/% | — | — | 96 |

通过表 11 可以发现，VGG16 神经网络可以很好地区分凹陷与错边，准确率达到 96%，总的准确率也达到 96%。图 20 表示判别凹陷与错边验证结果。图 20 中凹陷标签为

0，错边标签为 1，30 组真实数据的标签与预测标签均一一对应，准确率达到 100%。

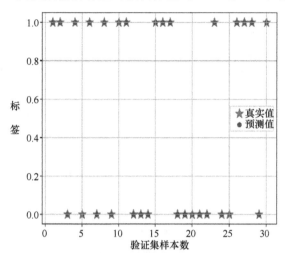

图 20 验证凹陷与错边

Fig.20 Verification of sag and misalignment

## 6. 结论

（1）LeNet5 神经网络与 VGG16 神经网络均适用于本文，且都具有很好的分类效果。但是如果使用 LeNet5 神经网络进行分类，针对凹陷与错边的分类效果不好，训练时间也会增长，计算负荷也有所增大；若使用 VGG16 神经网络进行分类，则具有良好的分类效果，但是 VGG16 神经网络层数多，计算负荷大，训练时间长。

（2）本文结合 LeNet5 神经网络和 VGG16 神经网络的优点，将两种神经网络应用在不同阶级的分类判别中，提出一种交叉模型，不论是运行时间还是针对各个类别的判断准确率都有所提高。

（3）同时本文还存在很多不足之处，文中仅使用仿真数据集；文中的缺陷类型仅为规则缺陷，还有很多其他缺陷未考虑，希望在以后的研究中可以解决以上问题。

**本文由钱伟超执笔，董绍华指导。**

## 参考文献

[1] 王竹筠. 基于深度学习的管道漏磁信号智能识别方法研究[D]. 沈阳工业大学, 2019.

[2] 金涛, 阙沛文. 小波分析对漏磁检测噪声消除实验的分析[J]. 传感技术学报, 2003, 4 (03): 260-262.

[3] 蒋奇, 王太勇, 蒋罕, 等. 管道腐蚀检测与识别技术的研究[J]. 电子测量与仪器学报, 2003, 4 (02): 13-18.

[4] D. KIM, L. UDPA, S. Udpa, et al. Remote field eddy current testing for detection of stress corrosion cracks in gas transmission pipelines[J]. Materials Letters, 2004, 58(15).

[5] 王长龙, 纪凤珠, 王建斌, 等. 油气管道漏磁检测缺陷的三维成像技术[J]. 石油学报, 2007, 4 (05): 146-148+152.

[6] 李久春. 基于 SVR 的管道裂纹漏磁场的预测分析模型[J]. 微计算机信息, 2008, 4 (15): 285-287.

[7] LIANG C, XUN BO LI, GUANGXU QIN, et al. Signal processing of magnetic flux leakage surface flaw inspect in pipeline steel[J]. Russian Journal of Nondestructive Testing, 2008, 44(12):

[8] 杨理践, 马凤铭, 高松巍. 油气管道缺陷漏磁在线检测定量识别技术[J]. 哈尔滨工业大学学报, 2009, 41(01): 245-247.

[9] FENG JIAN, ZHANG, JUN-FENG, et al. Three-axis magnetic flux leakage in-line inspection simulation based on finite-element analysis[J]. Chinese Physics B, 2013, 22(1).

[10] 姜好, 张鹏, 王大庆. 超声波和漏磁检测结果的对比分析[J]. 中国安全生产科学技术, 2014, 10(11): 129-133.

[11] A. I. POTAPOV, V. A. SYAS'KO, O. P. PUDOVKIN. Optimization of the parameters of primary measuring transducers that use the MFL technology[J]. Russian Journal of Nondestructive Testing, 2015, 51(8).

[12] JIAN FENG, FANGMING, LI, SENXIANG, et al. Fast reconstruction of defect profiles from magnetic flux leakage measurements using a RBFNN based error adjustment methodology[J]. IET Science, Measurement & Technology, 2017, 11(3).

[13] YAVUZ EGE, MUSTAFA CORAMIK. A new measurement system using magnetic flux leakage method in pipeline inspection[J]. Measurement, 2018, 123(5).

[14] ZHAO BINGXUN, YAO KAI, WU LIBO, et al. Application of Metal Magnetic Memory Testing Technology to the Detection of Stress Corrosion Defect[J]. Applied Sciences, 2020, 10(20).

[15] CHAN H P, LO S C, SAHINER B, et al. Computer-aided detection of mammographic microcalcifications: pattern recognition with an artificial neural network[J]. Medical physics, 1995, 22(10).

[16] 秦其明, 陆荣建. 分形与神经网络方法在卫星数字图像分类中的应用[J]. 北京大学学报(自然科学版), 2000, 4 (06): 858-864.

[17] GARCIA CHRISTOPHE, DELAKIS MANOLIS. Convolutional face finder: a neural architecture for fast and robust face detection[J]. IEEE transactions on pattern analysis and machine intelligence, 2004, 26(11).

[18] 孙季丰, 邱卫东, 余卫宇, 等. 基于神经网络的图像语义分类的研究[A]. 中国图象图形学学会. 第十三届全国图象图形学学术会议论文集[C]. 中国图象图形学学会: 中国图象图形学学会, 2006: 5.

# 原油储罐智能化完整性管理系统设计

**摘 要** 随着新一代人工智能技术的迅猛发展，原油储罐的建设与运行也逐渐向数字化、智能化转型。结合智慧地球、智慧城市、智慧管网等应用的落地成果，阐述了智慧储罐的内涵，以"端+云+大数据"的实现方式，将其分为感知层、传输层、模型层、应用层 4 个部分，实现从采集数据、分析数据到应用数据的闭环。根据智慧储罐的思想，初步设计出了原油储罐智能化完整性管理系统，并结合实际数据对系统的核心功能进行测试与分析。最后，对智慧储罐建设提出了"软件与硬件并行"的建议，以期为原油储罐智能化管理的提升与发展提供参考。

**关键词** 原油储罐；完整性管理；风险评价；系统设计；智能化

## The Design of Intelligent Integrity Management System for Crude Oil Storage Tank

**Abstract** With the rapid development of the new generation of artificial intelligence technology, the construction and operation of crude oil storage tanks have gradually turned to digital and intelligent transformation. Combined with the application achievements of smart Earth, smart city, smart pipe network and other applications, the connotation of smart storage tank is expounded. In the way of "end + cloud + big data", it is divided into four parts: perception layer, transmission layer, model layer and application layer, to realize the closed loop from data collection, analysis to application data. According to the idea of intelligent storage tank, an intelligent integrity management system for crude oil storage tank is designed preliminarily, and the core functions of the system are tested and analyzed according to the actual data. Finally, the suggestion of "parallel software and hardware" is put forward for the construction of intelligent storage tank, in order to provide reference for the improvement and development of intelligent storage tank management.

**Keywords** crude oil storage tank; integrity management; risk assessment; system design; intelligent

## 1. 引言

在当今社会，石油作为基础能源，在工业、农业等领域中被广泛应用，除此以外，石油作为我国的战略资源，在国民经济中处于战略地位[1]，在经济社会中发挥着重要作用。

原油储罐是石油存储的重要设备[2]，大型储罐一般指体积不小于 $200m^3$ 的储罐。截止 2015 年，我国在用的大型储罐的体积已经达到 150 000$m^3$，世界上的大型储罐最大体积已经达到 240 000$m^3$，100 000$m^3$ 的储罐已经屡见不鲜[3-4]。并且随着石油需求的不断增长以及石油战略地位的不断增强，我国已经进入了大型原油储罐建设的高速增长期[5-7]。

由于储存介质的特殊性，储罐一旦发生泄漏，可能引起火灾、爆炸等严重事故，造成人员伤亡、经济损失和环境污染等恶劣后果[1]。另一方面，进口的中东原油质量越来越低，其中含硫量和含水量都很高，更加重了储罐的腐蚀，使储罐对各种腐蚀影响因素的抵抗能力下降，失效的可能性增大。据相关资料统计，在1960—1990年的30年间，全世界石油石化行业100次重大事故中，在各类设备失效中有16%的事故是由储罐泄漏引起的[8]；在2010—2014年的4年间，我国有多达几十起的储罐泄漏、爆炸等事故发生[8]。近半个世纪以来，原油储罐的安全问题逐渐受到人们的关注。随着大型储罐的不断投入使用，以及大型储备油库的不断建设，一些潜在问题也逐渐暴露出来。

随着信息技术高速发展，"智慧+"的概念在智慧地球、智慧城市、智慧工厂、智慧矿山等领域不断得到完善与发展，使得传统行业逐渐由数字化向智能化迈进。国务院印发的《新一代人工智能发展规划》，提出了面向2030年我国新一代人工智能发展的指导思想、战略目标、重点任务和保障措施，部署构筑我国人工智能发展的先发优势，加快建设创新型国家和世界科技强国[10]，加强物联网、大数据、云计算、人工智能等先进技术与油气行业的融合将会成为油气行业下一阶段发展的主题。以信息技术为主体实现自动化，在此基础上，通过设计原油储罐智能化完整性管理系统，将传统的完整性管理技术与新兴的人工智能等算法相结合，加强对储罐运行的监控力度，提高预测精度，实现对储罐的合理维修，进一步保障储罐的安全运行。

## 2. 智能化完整性管理内涵

### 2.1 完整性管理

从原有的基于事故的管理模式，到后来的周期性的维修管理模式，再到现在的完整性管理模式，大型储罐管理模式的发展共经历了三个阶段。储罐完整性管理广义上可以理解为保持储罐完整性所做的各项管理工作[7]。主要包括拟定完整性管理工作计划和工作程序文件、识别风险因素、制定相关管理策略、检验评价等几个方面的内容[7]。

完整性管理是一个不断进步、不断调整的动态管理过程，完整性管理模式具有较强的适应性，以风险管理为核心[11]，利用整合的观点，综合利用大数据技术、云计算技术、检测技术、风险评估技术等，实现对储罐的完整性管理，从而确保设备的安全运行。

### 2.2 智能化内涵

"智慧"的本意是对人的思维能力及决策能力的评价[12]，拥有智慧的系统，在计算机、互联网、物联网、云计算、大数据、人工智能等技术的基础上，模仿人的感知、分析、判断、决策等能力，并有望在多个方面超越相关专业人员。

智慧储罐的核心内涵是集数字化、智能化为一体的综合信息管理系统。该系统除了具有数据采集、传输、处理、展示等基本功能，还具有自我感知、分析、评价、预测、决策等功能，可以对储罐全生命周期内各项业务做出直接或间接的决策。

大型原油储罐智能化完整性管理系统是一个功能强大的储罐运行监控系统，是智慧储罐的核心所在。通过建立大型原油储罐智能完整性管理系统，实现原油储罐完整性管理的统一化、模式化、数字化、智能化；对储罐的特征数据、检测数据、施工数据和运行数据等进行采集分类，实现完整性数据的规范化录入。对储罐进行完整性评价，确定储罐的完整性等级，根据完整性等级制定相应的计划；通过监测、检测等手段，获取储罐运行的完整信息，对可能使储罐失效的主要危险因素进行检测、检验，为储罐推行完整性管理提供信息与决策支持，最终达到持续改进、减少和预防储罐事故发生的目的。

## 3. 体系架构

智慧储罐采用的是"端+云+大数据"的实现方式，具体分为感知层、传输层、模型层、应用层 4 个部分。感知层通过各种传感器实现储罐本体数据、储罐周边环境数据等一系列数据的实时采集与感知，是智慧储罐建设的基本数据来源；传输层综合利用光纤、4G、5G、卫星、WIFI 等通信技术，实现不同区域、不同设备之间的互联互通，以此解决"信息孤岛"的问题，提高数据的利用率；模型层采用人工智能相关算法，结合大数据技术，解决或预测相关业务问题，提高精确度；应用层是对感知层、传输层、模型层的集成，是储罐运行过程中具体业务的解决管理系统。

### 3.1 感知层

#### 3.1.1 统一数据标准

随着数字化建设的深入与发展，数据的采集格式包括文本格式、音频格式、视频格式等，呈现出多元化的发展趋势。感知层会基于一套完善的数据管理标准，对传感器、摄像头等数据采集设备所采集的数据进行处理，形成标准化、规范化、一体化的数据信息，能够满足"多类别、多来源"的数据采集要求，将数据录入数据库，最终为各类业务的解决与优化提供数据基础。

#### 3.1.2 前端数据处理

设备状态的实时感知是智慧储罐前端智能化的体现，传统数据处理的前端仅仅是一套数据采集系统，将采集完的数据完全传输到后端数据中心进行处理和分析，这给实时监控、故障预测、预警等方面带来了一定的滞后性。

储罐在正常运行过程中产生的数据以正常数据为主，所以理论上具有很大的相似性、重复性，而那些包含故障、危险含义的数据较少，故储罐运行产生的数据具有低价值密度的特征，当这些数据遇到传统的前端处理方法时，会造成数据库资源的浪费、拥塞数据中心等问题。智慧储罐系统要求前端对数据进行实时处理，及时对现场做出反馈，只针对关键数据、有效信息及结果进行上传和存储。

### 3.2 传输层

智慧储罐的传输层需要满足不同区域、不同设备之间的互联互通，将多种通信方式相结合，确保信息快速、准确传达。

#### 3.2.1 多网互通

数据传输需要兼顾成本和传输效率两个方面因素，如 5G 通信技术，在传输速度上理论值能达到 20GB/s，完全能满足智慧储罐的数据传输要求，但是目前对于 5G 通信技术而言，基站建设、通信消耗等方面的成本消耗是不可避免的；而 4G 通信技术在性能等各个方面均要低于 5G 通信技术，能实现一定量数据的随时、随地快速传输，但是其建设成本也相对较低；除此以外，通信卫星在数据、语音通信方面也已经比较成熟，对于 4G、5G 通信技术不完备的地区，储罐的数据传输可以通过通信卫星进行传输。所以综合考虑成本和效率，智慧储罐要求多种通信方式能够有效结合，实现信息互通。

#### 3.2.2 数据安全

数据的网络化传输面临的最严肃的问题是数据的安全性，故在加密方式上采用硬件加密，进一步提高数据的保密性。除此以外，对于不同传输方式的数据，需要统一进行加密认证，并接入内部网络，在终端加入身份验证机制，以此来限制入侵者的访问权限，保证数据的安全性。

### 3.3 模型层

基于信息技术的进一步发展，以及深度学习在语音识别、计算机视觉、自然语言处理等方面的出色表现，人工智能迎来了第三次浪潮。除了算力、算法的发展，人工智能得以发展的另外一个原因便是大数据的应用。人工智能领域主要的研究内容是使计算机模仿或拥有人的感知、判断等能力，最终为人类解决复杂的业务问题，通过对大量数据进行知识挖掘与分析，从而对数据中包含的隐藏信息进行学习，具有代表性的算法包括机器学习、深度学习等，如表 1 所示，根据不同业务需求，可将问题描述为回归问题或者分类问题这两类，设计相关的模型结构，利用 CPU、GPU 加速运算，实现网络参数的迭代更新。

### 3.4 应用层

应用层是对感知层、传输层、模型层的集成，针对不同业务的特征，设计各具特色的系统，包括储罐数字化管理、储罐完整性管理、储罐运行状态管理、腐蚀预测等，形成从数据采集到数据分析的闭环，各个子系统之间可以数据共享、信息互通，为智能化的进一步发展奠定基础。

表 1 机器学习、深度学习相关算法总结

Table 1 Summary of machine learning and deep learning related algorithms

| 算法分类 | 算法名称 |
| --- | --- |
| 机器学习 | K 近邻（KNN） |
| | 朴素贝叶斯 |
| | 决策树 |
| | 主成分分析（PCA） |
| | 支持向量机（SVM） |
| | 随机森林（RF） |
| 深度学习 | 全连接神经网络（DNN） |
| | 卷积神经网络（CNN） |
| | 循环神经网络（RNN） |
| | 长短期记忆（LSTM）网络 |
| | 门控神经单元（GRU） |

## 4. 智慧储罐平台核心功能

以 38 座 100 000 $m^3$ 立式单盘浮顶储罐为例，对原油储罐智能化完整性管理系统的风险评价部分进行应用，储罐的基本参数如表 2 所示。

表2 储罐的基本参数
Table 2　Basic parameters of storage tanks

| 投产日期/年 | 内径/m | 罐壁高度/m | 极限液位/m | 底板中幅板厚度/mm | 底圈壁板厚度/mm |
|---|---|---|---|---|---|
| 2008 | 80 | 21.8 | 2.0～19.5 | 12 | 32 |

储罐定量风险评价技术原理图如图 1 所示，包含管理系统评价、损伤系数、失效后果、评价计算和风险对比 5 个部分，按照储罐编号和评价批次，分别计算储罐的腐蚀速率、失效可能性、失效后果和风险值等，并将评价结果存入数据库；最终在风险对比中，直观地展示出所有储罐和批次的评价结果，包括失效可能性对比图、风险值对比图、风险矩阵和风险评价数据表等。

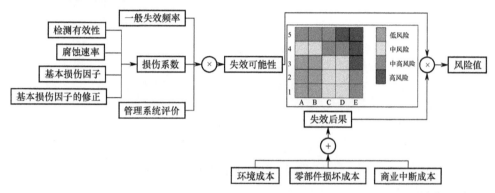

图 1　储罐定量风险评价技术原理图（见彩插）

Fig.1　Schematic diagram of quantitative risk assessment technology for storage tanks

## 4.1 单一储罐风险评价

在单一储罐风险评价中，以一区的 G101 储罐为例，对储罐进行风险值计算。计算结果包括失效可能性、失效后果、风险值三个部分，综合失效可能性等级和失效后果等级，判断 G101 储罐此刻处于中高风险的阶段，并画出该储罐未来几年的风险预测折线图，可以看出该储罐在未来几年的风险将处于一个不断上升的状态。评价计算结果如图 2 所示。

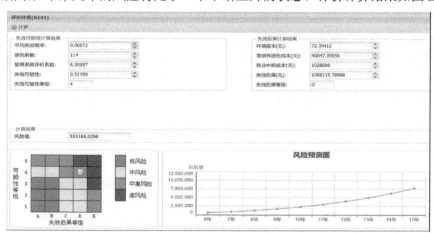

图 2　评价计算截屏图（见彩插）

Fig.2　Result of evaluation calculation

## 4.2 多储罐风险评价对比

在多个储罐风险评价对比中，以 G101、G110、G135 这三个储罐为例，生成风险对比图。

结果以柱状图的形式呈现（见图 3），分别显示了每个储罐对应的失效可能性（浅色）和风险值（深色）。右侧的风险矩阵中分别显示了每个风险区域内的储罐数量，分别对应了每个储罐的风险评价等级结果。由对比结果可以得出，储罐 G135 具有较高的风险值，应该合理调整资源对其进行相关维修、维护操作。

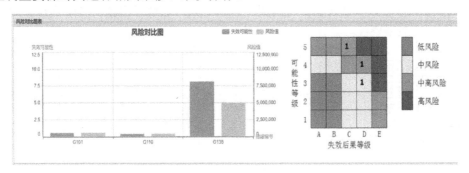

图 3　风险对比（见彩插）

Fig.3　Risk comparison

## 5. 结论与建议

（1）智慧储罐采用"端+云+大数据"的结构，包括感知层、传输层、模型层、应用层 4 个部分，充分考虑了数据的高效利用，坚持以问题为导向，解决问题为目的，不断完善系统。

（2）智慧储罐建设的基础是数据标准的统一，制定相关的数据标准，以适应储罐运行的全生命周期，确保数据的有效性，保证数据的灵活性。

（3）智慧储罐是对现有成熟技术的继承和发展。如今，物联网、大数据、人工智能等技术也日益成熟，应加快新技术与传统油气行业结合方式的探索，为储罐智能化发展提供解决方案，促进油气行业数字化、智能化转型。

（4）除了软件方面的探索研究，对于硬件的发展也至关重要，从数据的采集到数据的传输、存储，以及后来模型的计算等，都离不开硬件的支持，后期可以针对油气的数据特点及特定的业务需求，设计特定的智能化硬件设备，以满足智能化需求。

本文由谢冬执笔，帅健指导

## 参考文献

[1] 帅健, 许学瑞, 韩克江. 原油储罐检修周期[J]. 石油学报, 2012, 33(01): 157-163.

[2] 李光海. 常压储罐检验检测技术[J]. 无损检测, 2010, 32(7): 509-512.

[3] 赵彦修, 闫河. 大型储罐检测标准对比分析[J]. 油气储运, 2010, 29(12): 65-68.

[4] 王光, 李光海, 贾国栋. 常压储罐群的完整性评价技术[J]. 压力容器, 2009, 26(7): 29-32.

[5] 石磊, 帅健, 王晓霖. 储罐完整性管理研究.

[6] 石磊, 帅健. 大型原油储罐完整性管理体系研究[J]. 中国安全科学学报, 2013, 23(06): 151-157.

[7] 张静, 帅健. 储罐的完整性管理[J]. 油气储运, 2010, 29(01): 9-11+89.
[8] 常光忠, 施哲雄, 蒋晓东. 基于 RBI 方法的储罐风险评价技术研究与软件开发[J]. 腐蚀科学与防护技术, 2009, 21(03): 343-346.
[9] 杨平. 罐底腐蚀声发射机理研究[D]. 沈阳工业大学, 2014.
[10] 国务院印发《新一代人工智能发展规划》[J]. 广播电视信息, 2017(08):17.
[11] 李姝仪. 大型原油储罐完整性管理研究[D]. 西安石油大学, 2015.
[12] 吴长春, 左丽丽. 关于中国智慧管道发展的认识与思考[J]. 油气储运, 2020, 39(04): 361-370.

# 基于格拉姆角场的滚动轴承智能诊断方法

**摘　要**　传统的轴承故障诊断技术多采用人工提取特征，不适合处理大量数据，而且依赖专家经验，在面对复杂工况时，该技术自适应能力较差。针对上述问题，提出一种基于格拉姆角场的模型诊断方法，该方法不再依赖于专家经验，能够自动提取特征，有效减少人工提取特征的影响。首先将一维传感器信号通过格拉姆角场完整映射为二维图像，在此基础上可以使用更为成熟的卷积神经网络框架提取图像特征，并且卷积核的移动方式恰好能与格拉姆角场的时序性相结合，每次卷积后的特征图都保留了信号时序性。模型由数据预处理、预测、评价组成。使用格拉姆角场将时序数据转换为包含完整信息的图像；构建卷积神经网络作为图像的分类器；针对凯斯西储大学轴承数据集，模型的分类准确率达97.68%。相较于其他适用于时序数据的模型，提出的分类模型有更好的泛化能力。
**关键词**　振动信号；时序数据；卷积神经网络；特征提取；格拉姆角场

# Intelligent Diagnostic Method of Rolling Bearing Based on Gramian Angular Field

**Abstract**　Traditional bearing fault diagnosis technology, which uses manual extraction characteristics, is not suitable for processing large amounts of data, and relies on expert experience, and is less adaptive in the face of complex operating conditions. To solve these problems, a model diagnosis method based on Gramian Angular Field is proposed. This method no longer relies on expert experience, can automatically extract features, effectively reduce the impact of manual extraction features. First, the one-dimensional sensor signal is fully mapped to a two-dimensional image through the Gramian Angular Field, on the basis of which the image features can be extracted using a more mature convolutional neural network framework, and convolution kernel moves in exactly the same way as the timing of the Gramian Angular Field, and the feature diagram after each convolution retains the signal timing. The model consists of data preprocessing module, prediction module and evaluation module. The Gramin Angular Field is used to transform the time series data into images which contains complete information. Convolutional neural network is constructed as an image classifier. Based on the bearing dataset of CWRU, the classification accuracy is 97.68%. Compared with other models suitable for time series data, the proposed classification model has better generalization ability.
**Keywords**　vibration signal；time series data；CNN；feature extraction；GAF

## 1. 引言

在技术日益发达的今天，现代工业向着智能化、高效化、高度集中化的方向发展[1]，工业的快速发展意味着对大型机械设备有着更高的要求，特别是石油石化领域。在石油石化领域中，机械设备结构复杂且种类繁多，机械设备各个零部件之间相互耦合共同完成复杂的机械操作。在这种情况下，任何一个零部件发生故障都将会影响整个设备的运行状态，造成经济损失甚至人员伤亡，如何对机械设备进行故障诊断变得尤为重要。滚动轴承作为机械设备中常见的零部件之一，其稳定性决定了机械设备的性能。统计表示，旋转机械的故障有30%是由滚动轴承引起的；感应电机的故障中因滚动轴承引起的故障占40%；齿轮箱的滚动轴承故障率占20%[2]。如何对轴承进行有效诊断成为机械故障诊断领域的重点研究内容之一[3]。

现有的轴承故障诊断方法大多基于传统的机器学习方法，主要分为三个步骤：数据处理、特征提取、故障分类。设备的传感器数据经常包含无关信息的干扰，数据处理用于去除无关信息、降低数据维度，常用的方法有主成分分析法[4]等。特征提取用于筛选传感器数据中与故障相关的特征，多采用信号的处理方法有快速傅里叶变换[5]、小波变换[6]、变分模态分解[7]等。最后将提取到的特征作为故障分类器的输入进行分类诊断，常用的故障分类方法有人工神经网络[8]、支持向量机[9]、邻近算法[10]等方法。上述的传统智能诊断方法简单易行，应用范围广，并且其诊断精度可以满足部分任务的要求。然而，该方法的特征提取方法受限于专家经验，依赖人工提取特征。该方法针对特定工况的故障预测精度高，但当设备所处环境发生变化时，其提取到的特征也会发生偏差，泛化能力弱。

随着传感器、数据库等技术的发展，机械设备累积了大量的历史数据，为深度学习打下了良好的数据基础[11]。在面临大量数据的情况下，机器学习的性能往往不如深度学习的性能。深度学习相较于机器学习，可以自动提取特征，其输入为原始数据，通过网络模型来提取特征，最终完成特征到故障类别的映射。在故障诊断领域中，有许多学者就深度学习展开了深入研究，曲建岭等人提出了自适应一维卷积神经网络故障诊断算法，利用一维卷积神经网络实现对原始振动信号特征的自适应提取[12]。高佳豪等人提出了自参考自适应噪声消除技术（SANC）以及一维卷积神经网络的齿轮箱故障诊断方法，利用SANC将振动信号分离为周期性信号成分及随机信号成分，再利用1D-CNN对随机信号成分进行特征提取识别[13]。蔡文波等人提出基于一维卷积神经网络的轴承精细化诊断方法，通过对数据进行分解重构，剔除其噪声信号，再使用一维卷积神经网络进行特征提取，最终以不同故障等级、不同故障类型的数据为分析对象，构建其网络参数模型，能够精细、准确识别出其不同故障类别及故障等级[14]。以上的故障诊断方法都是使用一维卷积对振动信号进行特征提取的，而卷积神经网络的强大之处是能够对图像特征有很好的提取能力，许多经典有效的网络模型都建立在输入是二维图像的基础上。因此，如何将振动信号以图像的形式体现出来显得尤为重要。

本文采用格拉姆角场将振动信号转换为包含完整信息的图像，构建滚动轴承故障数据集，利用卷积神经网络提取图像中的特征，构建泛化能力更强的故障诊断模型。模型以滚动轴承振动信号的格拉姆角场图像作为输入，建立卷积神经网络模型，通过T-SNE降维可视化其特征提取效果。最终将搭建好的模型与1D-CNN、LSTM模型进行对比验证。

## 2. 理论介绍

### 2.1 卷积神经网络

卷积神经网络（Convolutional Neural Network, CNN）是深度学习的一种重要算法，主要用于图像识别，图像分割等领域[15]。卷积神经网络是具有卷积计算的前馈神经网络，其结构通常包含三个部分：卷积层、池化层及全连接层。

卷积层是卷积神经网络的核心部分。卷积层的作用是学习到图片的一些微小特征，即边界、色块等。卷积层通过在感受野上的卷积操作完成输出特征图的构建。卷积层之间的参数有权值共享的特点，能有效减少卷积过程中的参数量，缓解过拟合，提高卷积网络的鲁棒性。卷积层对应的卷积公式为

$$a_i^h = f(b_i^h + \sum_{i \in M} a_i^{h-1} * k_i^h) \tag{1}$$

式中，$a_i^h$ 为卷积网络第 $h$ 层的第 $i$ 个特征图，$f$ 为激活函数，一般为 ReLU 函数，$a_i^{h-1}$ 为卷积网络第 $h-1$ 层的特征图，$k_i^h$ 为卷积网络第 $h$ 层的第 $i$ 个权重矩阵，$b_i^h$ 卷积网络第 $h$ 层的第 $i$ 个特征图的偏置，*为卷积操作。

池化层一般在卷积层之后，与卷积层交替出现，主要是对卷积后的特征图进行降维，减少特征的维度。池化层的操作过程与卷积层的类似，其主要目的是减少网络参数量。池化运算过程分为最大池化和平均池化，最大池化是求区域内最大的特征点，能保留更多的纹理信息。平均池化是求区域内特征点的平均值，能保留更多的背景信息[16]。

全连接层一般与卷积池化的最后一层相连，用于转换卷积层的特征，对卷积层的特征图进行分类或解释。一般将卷积池化层的最后特征图铺平为一维向量后再输入全连接层，全连接对这些一维向量进行特征提取，完成分类的效果。全连接层的公式为

$$y(x) = f(W \times X + b) \tag{2}$$

式中，$f$ 为激活函数，$W$ 为全连接层的权重，$b$ 为全连接层的偏置，$X$ 为全连接层的输入。

## 2.2 格拉姆角场

格拉姆角场（Gramian Angular Field，GAF）是以格拉姆矩阵理论为基础，对一维数据进行重新编码，将其转换为保留时间信息的二维图像[17]。格拉姆角场既能保留数据信息，又能保留其对应的时间戳，保存时间的依赖性，而且能从不同角度对时间序列数据进行解释。格拉姆角场的理论基础及步骤如下。

假设长度为 $N$ 的时间序列是传感器采集的轴承振动数据，即

$$V_i = \{V_1, V_2, V_3, \cdots, V_N\} \tag{3}$$

将其映射到区间[-1,1]内，均值归一化公式为

$$\widetilde{V}_i = \frac{(V_i - V_{\max}) - (V_{\min} - V_i)}{V_{\max} - V_{\min}} \tag{4}$$

时序数据有两个重要特征：时序数据的值及其对应的时间戳。将时序数据转换到极坐标，时序数据的值对应极坐标下的角度，时间戳对应极坐标的半径。归一化将序列缩小至区间[-1,1]内，将角度限制在区间[0,180]内，这种编码方式通过极坐标的方式保留了时间依赖性，更为重要的是整个编码过程是双映射，不会丢失任何信息。对应的数学定义为

$$\varphi_i = \arccos(\widetilde{V}_i), -1 \leq \widetilde{V}_i \leq 1$$
$$r_i = \frac{i}{N} \tag{5}$$

为了同时保留两个不同时间戳数值间的关系，定义式（6）与式（7）的类格拉姆矩

阵，即

$$\begin{pmatrix} \cos(\varphi_1+\varphi_1) & \cos(\varphi_1+\varphi_2) & \cdots & \cos(\varphi_1+\varphi_N) \\ \cos(\varphi_2+\varphi_1) & \cos(\varphi_2+\varphi_2) & \cdots & \cos(\varphi_2+\varphi_N) \\ \vdots & \vdots & \ddots & \vdots \\ \cos(\varphi_N+\varphi_1) & \cos(\varphi_N+\varphi_2) & \cdots & \cos(\varphi_N+\varphi_N) \end{pmatrix} \quad (6)$$

$$\begin{pmatrix} \sin(\varphi_1-\varphi_1) & \sin(\varphi_1-\varphi_2) & \cdots & \sin(\varphi_1-\varphi_N) \\ \sin(\varphi_2-\varphi_1) & \sin(\varphi_2-\varphi_2) & \cdots & \sin(\varphi_2-\varphi_N) \\ \vdots & \vdots & \ddots & \vdots \\ \sin(\varphi_N-\varphi_1) & \sin(\varphi_N-\varphi_2) & \cdots & \sin(\varphi_N-\varphi_N) \end{pmatrix} \quad (7)$$

式中，$\varphi_N$ 表示不同时间戳的数值，式（6）表示格拉姆和场（GASF），式（7）表示格拉姆差场（GADF）。矩阵中的每个元素均表示图片的每个像素，每个元素都是两个不同时间戳下数值的组合，长度为 $N$ 的时序数据可以编码为 $N$ 像素×$N$ 像素大小的图片。

## 3. 基于格拉姆角场的滚动轴承诊断模型建立

本文搭建 GASF-CNN 模型结构如图 1 所示，模型由数据转换层、特征提取层及故障分类层组成。GASF-CNN 模型是一种"端到端"的模型，采用原始一维振动信号作为输入，经数据转换层转换为 GASF 图像，再由特征提取层提取图像特征，最终由故障分类层完成故障分类，可以实时判别滚动轴承运行状况。

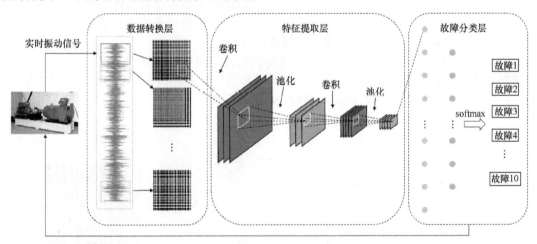

图 1 GASF-CNN 模型结构

Fig.1 Structure of GASF-CNN

### 3.1 数据转换层

数据转换层的作用是对原始信号进行数据预处理，通过格拉姆角场方法将处理后的信号转换为图像数据，构建训练集及测试集。

数据预处理部分主要是对原始信号进行数据增强，扩充数据集。由于滚动轴承的振动信号为时域数据，因此旋转与缩放会改变其原本的时域特征。对于该类型数据，合适的数据集增强方法为平移截取，平移截取的方式可以在保留时域特点的同时增加数据的样本，通过设置滑动步长可以将数据量大大扩充。数据集增强如图 2 所示。

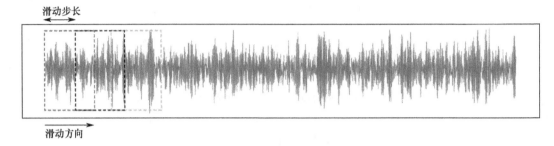

图 2　数据集增强

Fig.2　Dataset enhancement

为了能使一维振动信号完整映射到二维图像上，本文使用了格拉姆角场方法对长度为 224 的振动信号样本进行编码。首先将振动信号映射到极坐标上，通过极坐标的角度和半径保留时序数据的值及对应的时间戳，然后通过构建格拉姆矩阵的方式，将极坐标系下的数据转换到笛卡儿坐标系下，矩阵的每个元素值都对应相应图片位置的像素值。格拉姆角变换过程如图 3 所示。格拉姆角场方法的优点如下。

（1）图像的每个像素点都反映了不同时序节点之间的关系，轴承振动信号的波形振荡区域对应于图片中的白框部分，图像中包含了振动信号的完整特征。

（2）格拉姆角场方法保留了时间依赖性，图像的每个像素值都反映了不同时间戳下各数据之间的关系，编码后的图片关于主对角线对称，主对角线像素则代表了原始时序数据的特征，且其像素从左上角到右下角的时间是递增的。

（3）整个编码方式是双映射，不会丢失任何信息，可以通过主对角线特征还原出原时序数据。格拉姆角场编码后的图像与一维振动信号相比，图片包含的信息更"晦涩难懂"，但时序数据的特征都能在图像上得到完整的映射。

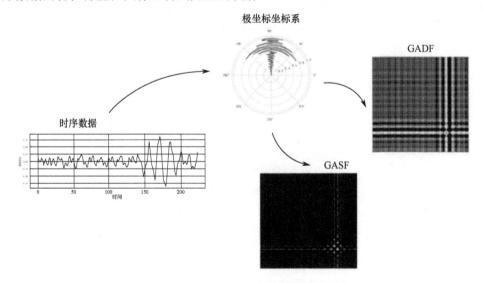

图 3　格拉姆角场变换过程

Fig.3　Transformation process of GAF

## 3.2 特征提取层

特征提取层由多个卷积池化层组成,其输入为 GASF 图像,输出为特征图,用于提取图像特征。GASF 图像时序性随着主对角线的延伸而依次增强,卷积核的移动方式恰好可以与 GASF 图像的时序性结合起来,最终得到的特征图保留了原始 GASF 图像的轮廓及其时序特征。

## 3.3 故障分类层

故障分类层由多个全连接层构成,其输入为特征图,输出为信号所对应的工况。故障分类层的第一层全连接用于将特征图展平为一维向量,最后一层使用 softmax 作为激活函数,增强网络的非线性拟合能力,完成特征向量分类。

## 3.4 GASF-CNN 训练流程

GASF-CNN 的训练过程如图 4 所示,通过设置该模型的学习率、迭代次数、合适的优化算法及损失函数完成模型的优化迭代,在模型训练过程中,通过反向传播算法不断优化损失函数,使得模型的结果逐渐收敛,最终通过测试集验证模型性能。

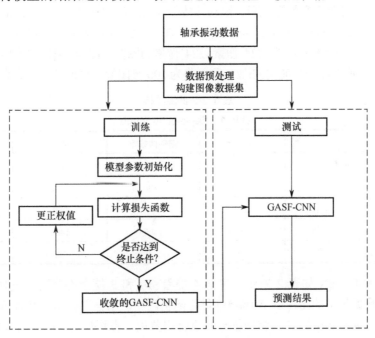

图 4 GASF-CNN 的训练过程
Fig.4 Training process of GASF-CNN

## 4. 实验验证

### 4.1 数据集介绍

为验证 GASF-CNN 的有效性,采用凯斯西储大学轴承数据库中的数据进行分析,实验平台如图 5 所示,包括 1.5kW 的电机、转矩传感器、功率计及电子控制设备,轴承安装在驱动端和风扇端,轴承型号分别为 SKF6205、SKF6203,轴承的损伤为电火花加工的单点损伤。

图 5 凯斯西储大学轴承实验平台
Fig.5 Bearing test platform of CWRU

## 4.2 实验设置

数据集中的故障类型有外圈故障、滚动体故障及内圈故障三类，每类故障的单点损伤直径分为 0.1778mm、0.3556mm、0.5334mm 三类，另加正常的轴承数据共计 10 类数据。使用格拉姆角场将 224 长度的信号转换为 224 像素×224 像素的图像，图像数据集中的每个故障类型均有 1600 张图像，训练集为 1400 张图像，测试集为 200 张图像。数据集结构如表 1 所示。

表 1 数据集结构
Table 1 Dataset structure

|  |  | 正常轴承 | 滚动体故障 | 外圈故障 | 内圈故障 |
| --- | --- | --- | --- | --- | --- |
| 损伤直径/mm |  | 0 | 0.1778 | 0.3556 | 0.5334 |
| 时序数据 | 训练 | 1400 | 1400 | 1400 | 1400 |
| (1024 像素×1 像素) | 测试 | 200 | 200 | 200 | 200 |
| 图像数据 | 训练 | 1400 | 1400 | 1400 | 1400 |
| (224 像素×224 像素) | 测试 | 200 | 200 | 200 | 200 |

构建的 GASF-CNN 如表 2 所示，包含 4 层卷积层和 3 层全连接层。在对该模型进行训练前，首先对数据集中的图片以 50%概率进行随机翻转，增强数据集。在训练过程中，卷积层之间使用了 BatchNorm 方法，将数据分布进行规范化，去除数据之间的差异性。

表 2 GASF-CNN
Table 2 GASF-CNN

| 参数 | 滤波器 | 卷积核大小/步长 | 输入尺寸/像素 | 输出尺寸/像素 |
| --- | --- | --- | --- | --- |
| conv2d_1 | 16 | 5×5 / 1 | 3×224×224 | 16×224×224 |
| maxpool_1 | 16 | 2 x 2 / 2 | 16×224×224 | 16×112×112 |
| conv2d_2 | 32 | 5×5 / 1 | 16×112×112 | 32×112×112 |
| maxpool_2 | 32 | 2 x 2 / 2 | 32×112×112 | 32×56×56 |
| conv2d_3 | 64 | 5×5 / 1 | 32×56×56 | 64×56×56 |

（续表）

| 参数 | 滤波器 | 卷积核大小/步长 | 输入尺寸/像素 | 输出尺寸/像素 |
|---|---|---|---|---|
| maxpool_3 | 64 | 2 x 2 / 2 | 64×56×56 | 64×28×28 |
| conv2d_4 | 128 | 5×5 / 1 | 64×28×28 | 128×28×28 |
| maxpool_4 | 128 | 2 x 2 / 2 | 128×28×28 | 128×14×14 |
| flatten | — | — | 128×14×14 | 25088×1 |
| dense_1 | — | ReLU | 25088×1 | 1024×1 |
| dense_2 | — | | 1024×1 | 128×1 |
| dense_3 | — | Softmax | 128×1 | 10×1 |

## 4.3 GASF-CNN 特征图可视化

为了进一步研究格拉姆角场方法，将 GASF-CNN 中间层的特征图可视化。GASF 特征图包含两类重要特征：不同时振间戳数据的关系及时序特征，其特征再经卷积池化后都能得到很好的保留。振动信号的振荡区域对应 GASF 特征图的条纹区域，GASF 特征图完整映射了其信号趋势，在每次卷积后的特征图中都保留了条纹区域；时序特征则通过像素点的位置得以保留，即 GASF 特征图从左上角到右下角时间顺序依次递增，卷积神经网络的卷积核的移动方式恰好能与格拉姆角场的时序性相结合，每次卷积后的 GASF 特征图都保留了时序性，这也是格拉姆角场编码方式的优越性。

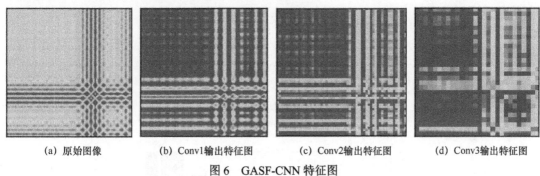

(a) 原始图像　　(b) Conv1输出特征图　　(c) Conv2输出特征图　　(d) Conv3输出特征图

图 6　GASF-CNN 特征图

Fig.6　GASF-CNN feature map

## 4.4 与其他模型的对比

为验证 GASF-CNN 的有效性，另外搭建了 1D-CNN、LSTM。三种模型准确率对比如图 7 所示，1D-CNN 的准确率达 99.95%，其优势在于能够方便、快捷地处理时序信号，对于周期性信号能很好地提取特征，但其准确率受样本长度的影响较大，难以选取合适的长度，而且其网络结构决定了感受野不可能足够得大，训练容易发生过拟合。LSTM 的准确率较低，原因是数据集中的时序信息无意义，难以提取有效信息，凯斯西储大学轴承实验故障是由电火花造成的单点损伤，因此不包含故障从正常到故障的演化过程。GASF-CNN 准确率虽然比 1D-CNN 低 2.27%，但其优势在于其不需要手动筛选合适的样本长度，就能够自动提取信号特征，适合处理不同时间戳数据关系强、时序信息强的信号，相较于另外两种模型，有更好的泛化能力。

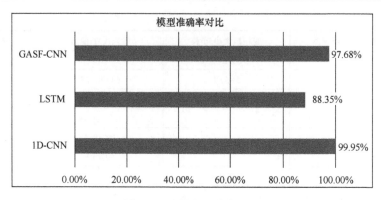

图 7　三种模型准确率对比

Fig.7　Comparison of accuvacy of three models

## 4.5　讨论

如图 8 和图 9 所示为可视化这三类模型的特征提取能力，使用 T-SNE 降维方法[18]将最终的特征向量降至二维向量，同时绘制各模型的混淆矩阵。

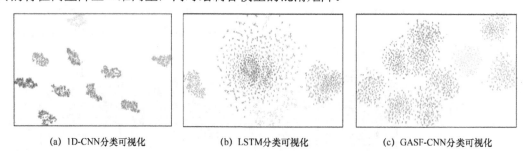

(a) 1D-CNN分类可视化　　(b) LSTM分类可视化　　(c) GASF-CNN分类可视化

图 8　模型的分类可视化

Fig.8　The classification visualization of model

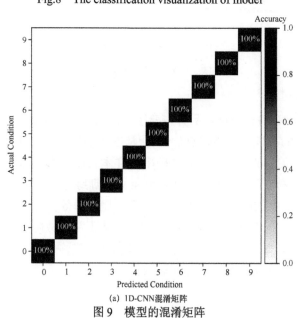

(a) 1D-CNN混淆矩阵

图 9　模型的混淆矩阵

Fig.9　The confusion matrix of model

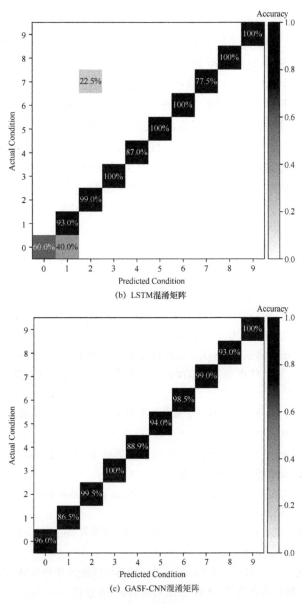

图 9 模型的混淆矩阵（续）

Fig.9 The confusion matrix of model

由图 9 中的混淆矩阵可知，这三种模型准确率的差异主要是由于 0、1 类别的混淆，0、1 类别两种故障均属于滚动体故障，仅损伤半径不同。两种故障类别信号的整体趋势类似，时序特征类似，但信号的振幅大小有所区别。而 1D-CNN 适合处理周期性强、有一定规律的信号数据，能够有效区分 0、1 类别。LSTM 与 GASF-CNN 适合处理包含时序信息、时间关联性强的信号，容易混淆 0、1 类别。

## 5. 结论

本文针对滚动轴承振动信号特征提取展开研究，提出了一种基于格拉姆角场的轴承故障诊断方法,该方法不依赖于专家经验,可以自动提取信号特征,具有较强的泛化能力。通过模型特征图可视化,解释了格拉姆角场方法与卷积神经网络结合的有效性。对比分析了 1D-CNN、LSTM 传统模型的适用条件及分类准确率,得出以下结论。

(1)格拉姆角场编码方式可以完整的保留信号特征,并且卷积神经网络的卷积核的移动方式恰好能与格拉姆角场的时序性相匹配,并且每次卷积池化都可以保留图像的完整信息,对如何将信号完整地以图像方式呈现的问题提供了良好的思路。

(2)提出的 GASF-CNN 与传统的 1D-CNN、LSTM 相比有更好的泛化能力。GASF-CNN 的样本长度是固定的,更适合处理大量数据,并且有成熟的体系可供使用;相较于传统的人工提取方法,该方法可以自动提取特征并能达到较高的准确率;相较于传统的时间序列模型,GASF-CNN 更侧重于把控不同时间戳间数据的关系,有更好的泛化能力。

**本文由籍帅航执笔,王金江指导。**

## 参考文献

[1] 李晗, 萧德云. 基于数据驱动的故障诊断方法综述[J]. 控制与决策, 2011, 26(1): 1-16.

[2] SAHIN F, YAVUZ M C, ARNAVUT, et al. Fault diagnosis for airplane engines using Bayesian networks and distributed particle swarm optimization[J]. Parallel Computing. 2007, 33(2):124-143.

[3] 任浩, 屈剑锋, 柴毅, 等. 深度学习在故障诊断领域中的研究现状与挑战[J]. 控制与决策, 2017(8): 1345-1358.

[4] 张宇飞, 么子云, 唐松林, 等. 一种基于主成分分析和支持向量机的发动机故障诊断方法[J]. 中国机械工程, 2016, 27(24): 3307-3311.

[5] COOLEY J W, LEWIS P A W, WELCH P D. The Fast Fourier Transform and Its Applications[C]. Transactions on Education, IEEE, 1969: 27-34.

[6] OZGONENEL O, KARAGOL S. Transformer differential protection using wavelet transform[J]. Electric Power Systems Research, 2014, 114: 60-67.

[7] 刘长良, 武英杰, 甄成刚. 基于变分模态分解和模糊 C 均值聚类的滚动轴承故障诊断[J]. 中国电机工程学报, 2015, 35(13): 3358-3365.

[8] 范高锋, 王伟胜, 刘纯, 等. 基于人工神经网络的风电功率预测[J].中国电机工报, 2008(34): 118-123.

[9] 姚亚夫, 张星. 基于瞬时能量熵和 SVM 的滚动轴承故障诊断[J]. 电子测量与仪器学报, 2013, 27(10): 957-962.

[10] DENG Z, ZHU X, CHENG D, et al. Efficient kNN classification algorithm for big data[J]. Neurocomputing, 2016, 195: 143-148.

[11] 雷亚国, 贾峰, 孔德同, 等. 大数据下机械智能故障诊断的机遇与挑战[J]. 机械工程学报, 2018, 54(05): 94-104.

[12] 曲建岭, 余路, 袁涛, 等. 基于一维卷积神经网络的滚动轴承自适应故障诊断算法[J]. 仪器仪表学报, 2018, 39(07): 134-143.

[13] 高佳豪, 郭瑜, 伍星. 基于 SANC 和一维卷积神经网络的齿轮箱轴承故障诊断[J]. 振动与冲击, 2020, 39(19): 204-209+257.

[14] 蔡文波, 贾延, 吴一鸣, 等. 基于卷积神经网络的轴承精细化诊断技术研究[J]. 机械工程与自动化, 2021(02): 135-137.

[15] 周飞燕, 金林鹏, 董军. 卷积神经网络研究综述[J]. 计算机学报, 2017, 40(06): 1229-1251.
[16] 朱天放, 胡书山, 余日季, 等. 基于多视角图与卷积神经网络的三维模型检索算法[J]. 湖北大学学报(自然科学版), 2020, 42(03): 325-333.
[17] WANG Z, OATES T. Imaging time-series to improve classification and imputation[C]. Proceedings of the 24th International Conference on Artificial Intelligence, 2015.
[18] MAATEN L V D, HINTON G. Visualizing Data Using t-SNE[J]. Journal of Machine Learning Research, 2008, 9(2605): 2579-2605.

专题五　石油炼制与化工

# 基于自助聚合神经网络的柴油加氢精制
# 反应过程氢耗预测

**摘　要**　加氢装置的氢耗预测可用于炼油企业氢气系统调度优化，有助于提升企业氢气管理水平。本文利用人工智能技术对某炼油厂的柴油加氢装置进行建模，以预测其氢耗。基于某炼油厂一套柴油加氢装置一年内的工艺运行台账，首先对工艺台账进行异常值处理和缺失值处理等数据清洗工作，将缺失值过多的变量和异常的样本剔除。然后使用方差选择、相关性选择、多重共线性分析、结合工艺选择等多种方法对特征进行筛选，只保留对建模工作有价值的特征。最终将 83 个变量减少到了 12 个，得到了含 347 条样本的数据集。在特征选择完成后，建立自助聚合神经网络模型对柴油加氢装置的氢耗进行预测，使用网格搜索和交叉验证方法选取最优的超参数，最终得到的最佳模型回归系数（$R^2$）为 0.921，平均绝对百分比误差（MAPE）为 7.44%。将自助聚合神经网络与其他机器学习模型进行对比，发现该模型不仅精度最高，而且非常稳定。

**关键词**　柴油加氢；氢耗预测；特征工程；集成学习

# Prediction of Hydrogen Consumption in Diesel Hydrofining Reaction Process Based on Bootstrap Aggregated Neural Networks

**Abstract**　With crude oil becoming heavier and more inferior, the proportion of hydrotreatment process in refineries is increasing. To optimize the scheduling of hydrogen system and reduce the cost of hydrogen system, it is necessary to accurately predict the hydrogen consumption of the hydrogenation unit. We obtained process operation data of a diesel hydrotreatment unit in a refinery within one year. In this design, a machine learning model is established to conduct modeling research on this unit. Firstly, outliers and missing values are removed from the data set in data cleaning. Next, multiple methods such as variance selection, correlation selection, multicollinearity analysis, feature selection with mechanism knowledge are used to select the features, and only the features that are valuable for modeling work are retained. As a result, 83 variables are reduced to 12, and we get a data set with 347 samples. After feature selection, a bootstrap aggregated neural networks model is established to predict the hydrogen consumption of diesel hydrotreatment unit. The grid search and cross validation methods are used to select the optimal hyperparameters. Finally, the regression coefficient ($R^2$) of the optimal model is 0.921, and the mean absolute percentage error (MAPE) is 7.44%. Compared with other machine learning models, the bootstrap aggregated neural networks model has the highest accuracy and stability.

**Keywords** diesel hydrotreatment; hydrogen consumption prediction; feature engineering; ensemble learning

## 1. 引言

原油催化加氢过程中需要使用大量的氢气，随着炼厂生产环节中加氢处理比例的升高，氢气的需求也急剧增加，氢气成本也成为炼油企业仅次于原料油成本的一项重要支出。在加氢装置（如加氢裂化、汽油加氢精制、柴油加氢精制等）运行过程中，如果氢气系统产氢量小于需求量，那么加工产品将无法达到相应的要求，影响企业的效益；如果氢气系统产氢量大于需求量，那么炼厂需要放空氢气以降低管网的压力，这会造成氢气资源的浪费，导致成本上升。因此，有必要对氢气系统进行调度优化。其中，对加氢装置的氢耗量进行预测是关键问题之一。

在人工智能技术与机器学习算法得到大规模应用以前，机理模型是对加氢装置进行建模的主流方法。机理模型建模包括查阅文献、推导公式、进行计算，或者使用过程模拟软件对反应过程进行模拟。刘建[1]基于文献中的化学氢耗模型，通过分别计算每种反应的氢耗量，累加得到整个加氢过程的氢耗，计算结果与实际结果的平均相对误差为 1.92%。侯震和齐艳华[2]使用 Aspen 软件对某工业加氢精制装置进行建模，在多种工况下进行模拟得到氢耗数据，并在此基础上建立了关联模型。在加氢精制装置中，由于反应过程的复杂性和部分参数的未知性，动力学建模方法有很大的局限性，无法应用于实际生产。与此同时，加氢装置的分布式控制系统（Distributed Control System，DCS）能够收集大量不同位点的数据，这些数据可以用来训练机器学习模型，对加氢反应过程建立数据驱动模型，以实现脱硫率、脱氮率、氢耗等指标的预测。Shokri 等人[3]利用支持向量机回归对加氢脱硫产品的硫含量进行预测，论文中对数据进行了矢量量化（Vector Quantization，VQ）、主成分分析（Principal Component Analysis，PCA）、特征维度的压缩，然后使用支持向量机回归模型进行训练，得到的模型在测试集上平均绝对值相对误差为 0.0668，回归系数为 0.995。Elkamel 等人[4]使用单隐层的神经网络对减压柴油加氢裂化装置进行建模，用原料 API、含硫量、含氮量、反应温度、氢耗预测 16 种产品的回收率，最终模型的平均百分误差小于 8.71%。Belopukhov[5]用随机森林算法对柴油加氢脱硫过程进行了建模。论文中通过对工艺的分析从 250 个变量中筛选出 14 个可能与产品硫含量相关的因素。然后从 14 个特征中选取不同的特征建立了 9 个不同的随机森林模型，通过交叉验证选择在测试集上表现最好的模型及其所需要的特征，在测试集上，回归系数为 0.701，均方根误差为 1.26。

随着大数据时代的来临，以深度神经网络为代表的深度学习模型因处理海量、复杂数据的能力在很多领域取代了传统的机器学习模型。在炼厂中，分布式控制系统能够产生间隔短至毫秒级别的大量监测数据，为深度学习的应用提供了条件。田水苗和曹萃文[6]使用 Aspen HYSYS 生成 30 000 多条蜡油加氢装置仿真数据，利用前馈神经网络对加氢产品的硫氮含量进行预测，预测结果与仿真数据的误差小于 1%。Song 等人[7]从某炼油厂中收集了加氢裂化装置的运行数据，使用 Aspen HYSYS 计算出产品中各组分的产率，代替以炼油厂收集的产率数据，然后建立了自组织映射（Self-Organizing Maps，SOM）卷积神经网络对产品中各组分的收率进行预测，所有组分的平均误差均为 0.36%。韩金厚[8]利用长短期记忆（Long Short-Term Memory，LSTM）网络对加氢装置的耗氢量分别进行预测。该模型通过将 DCS 数据转换为有监督的时间序列数据，实现了对某个时间点新氢流量的预测（单步预测）和某个时间段内氢耗总量的预测（多步预测），其中单步预测的平均误差在 1.5%左右，多步预测的平均误差在 2%以内。盛茗珉[9]建立基于门控循环单元（GRU）的加氢装置新氢流量预测模型，与长短期记忆网络进行了对比，发现门控循环单元和长短期记忆网络预测性能相近，但是前者稳定性更佳。孙国庆[10]建立卷积神经网络模型对加氢装置的新氢流量进行了预测，该模型为了解决 DCS 数据本身是一维排列无法利用卷积操作提取特征的问题，将当前时间点之前的若干条数据归一化后排列在一起，组成了二维数据，用新数据训练卷积神经网络，最终卷积神经网络模型的性能优于其他机器学习模型的性能。

强化学习也是机器学习的一个重要分支，其思想是让模型与环境不断进行交互，通过环境的反馈改善模型。OH 等人[11]使用 Aspen HYSYS 建立了一个加氢裂化装置的仿真环境，然后建立使用深度神经网络作为估值函数的演员评论家（Actor-Critic）强化学习模型，通过不断与仿真环境进行交互进行迭代，最终模型用于估计装置最佳的操作条件（包括进料流率和床层温度），两个操作条件下的预测准确率分别达到了 97.86%和 98.50%。

本文将针对炼油厂中的柴油加氢精制反应器进行探究，建立柴油加氢精制反应器的预测模型，对柴油加氢精制装置氢耗进行预测，为对反应器进行优化与控制提供条件，以降低用氢成本。

## 2. 柴油加氢精制装置概述

### 2.1 柴油加氢精制原理

未经精制的柴油馏分中一般会含有硫、氮、氧和金属化合物，这些化合物的存在会降低油品的使用性能，柴油加氢精制的主要目的就是通过氢解反应脱除柴油馏分中的这些杂元素，在加氢精制反应中，这些元素分别被转化为 $H_2S$，$NH_3$、水和金属硫化物脱除。除了氢解反应，加氢精制过程还会对部分烯烃和芳烃进行加氢饱和反应，这些反应能够改善油品的使用性能[9]。

### 2.2 影响氢耗的因素

柴油加氢装置的氢耗主要包括 4 个方面：反应氢耗、设备漏损、溶解损失、弛放损失[10]，总氢耗一般可以看成以上 4 项氢耗的总和。

反应氢耗的主要影响因素有加工过程、工艺条件、原料油性质、新氢纯度等。设备漏损耗氢一般与设备的制造和安装有关，与操作条件关系不大，在建立预测模型时可以不用考虑。溶解损失一般与操作压力、温度和产品油的性质有关。弛放损失的损失量与循环氢和新氢纯度有关。

## 3. 数据处理与特征工程

### 3.1 数据集简介

本文所使用的数据集来自国内某石化公司炼油厂柴油加氢精制装置的工艺台账，其时间为 2019 年 9 月—2020 年 8 月，采样间隔为一天，数据量共有 365 条。经初步筛选掉无关变量后，得到有效变量 83 个，其中包括需要预测的新氢流量（$Nm^3/h$）、混合柴油进口量（t/h）、焦化汽油进口量（t/h）、循环氢流量（$Nm^3/h$）、柴油收率（%）等。数据集中部分数据如表 1 所示。

表 1　柴油加氢精制装置数据集
Table 1　Dataset of diesel hydrofining unit

| $x_1$ | $x_2$ | ... | $x_{82}$ | $x_{83}$ |
|---|---|---|---|---|
| 41.0 | 17.0 | ... | 37.72 | 62.27 |
| 50.0 | 17.0 | ... | 40.98 | 59.01 |
| ... | ... | ... | ... | ... |
| 42.0 | 9.0 | ... | 63.71 | 35.73 |
| 45.0 | 9.0 | ... | 62.78 | 37.22 |

## 3.2　异常值处理

本文所使用的 DCS 数据来自加氢精制装置中不同位置的测量仪表，由于仪表本身的精度以及生产环境的影响，数据集中不可避免地存在一定数量的异常值。异常值偏离了样本的整体性质，可能会造成模型对数据集错误的估计，因此在建立机器学习模型前，一般需要剔除异常值。本文所使用的数据集规模较小且异常值比较明显，所以使用人工剔除法删除异常值即可绘制预测的目标变量，即新氢流量变化曲线如图 1 所示。从图 1 中可以看出，部分数据目标值缺失，经查阅台账得知原因为装置停工检修 15 天，去除这些数据。还有 3 条数据明显超出正常值范围，同样予以剔除。经处理后，剩余数据量为 347 条。

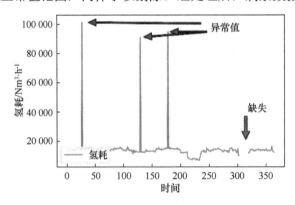

图 1　新氢流量变化曲线

Fig.1　Flowrate curve of Fresh hydrogen

## 3.3　数据归一化

数据集中不同的特征具有不同的量纲和数据范围，特征直接不具有可比性。为了加快模型的训练速度，提升模型的效果，有必要对数据进行归一化。常用的数据归一化方法主要有最大最小归一化和标准化，前者把数据缩放到区间[0,1]内，后者将数据转化为以 0 为均值、1 为方差的分布。一般来说标准化方法适用于数据本身就大致符合正态分布的情况，而最大最小归一化对数据分布没有要求，因此本文采用最大最小归一化，将数据缩放到区间[0,1]内，缩放公式为

$$x' = \frac{x - x_{\min}}{x_{\max} - x_{\min}} \tag{1}$$

## 3.4 特征选择

在机器学习任务中，过多的特征数目不仅会导致计算量呈指数级增长，还会使样本在空间中的分布变得稀疏，降低模型的准确率，这种现象被称为维数灾难。理论上，可以通过增加样本数量来缓解维数灾难，但是成本很高，实际应用中很难实现。

降维是解决维数灾难更实际、有效的途径，其核心思想就是最大程度保留数据原始信息的条件下，将高维数据映射到低维空间，从而减少训练过程的计算量，提高模型的准确率。本文通过多种特征选择方法对数据进行降维。

本文使用基于多种特征选择技巧的混合特征选择方法的具体步骤如下：

（1）对经过异常值剔除和归一化预处理后的数据集进行初步筛选，删除物理意义相同的变量。

（2）计算归一化后变量的方差，删除方差小于 0.01 的变量。

（3）计算变量之间的相关系数，删除与目标变量相关系数相差小于 0.3 的变量，如果任意两个输入变量之间的相关系数大于 0.9，说明这两个变量高度线性相关，只保留与最终目标变量相关性更高的变量。

（4）使用 LASSO[14]方法进行特征选择，删除最终模型中系数为 0 的变量，LASSO 模型的超参数 $\lambda$ 使用 5 折交叉验证的网格搜索方法寻优，最终确定 $\lambda$ 最佳取值为 0.01，LASSO 特征选择结果如图 2 所示。

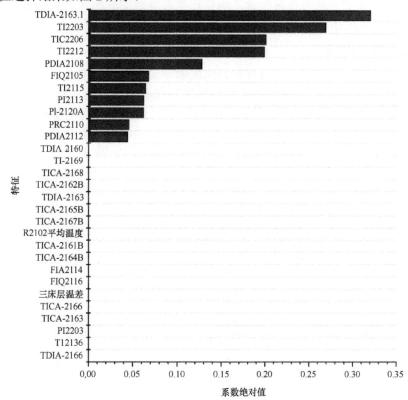

图 2 LASSO 特征选择结果
Fig.2 Results of LASSO feature selection

如表 2 所示，经过以上步骤后，最终保留的变量有 12 个（11 个预测变量和 1 个目标变量）。

表2 预测变量及其统计特征

Table 2  Predictors and the measures of central tendency and variability

| 代号 | 物理意义 | 单位 | 均值 | 方差 | 最小值 | 最大值 |
|---|---|---|---|---|---|---|
| TI2203 | 脱气塔塔底温度 | ℃ | 183.7 | 11.4 | 143 | 210 |
| FIQ2105 | 主燃料气流量 | Nm³/h | 16.7 | 51.4 | 0 | 260 |
| PDIA2108 | 反应器1床层压差 | MPa | 0.1 | 0.02 | 0.07 | 0.15 |
| TI2115 | 加热炉对流室下温度 | ℃ | 373.9 | 57.8 | 250 | 542 |
| TICA-2162B | 反应器2一床层温度 | ℃ | 364.1 | 6.1 | 351 | 377 |
| FIA2114 | 循环氢流量 | Nm³/h | 90828.7 | 9309.4 | 65417 | 107406 |
| TI-2169 | 反应器2出口温度 | ℃ | 367.7 | 8.2 | 353 | 389 |
| TDIA-2166 | 反应器2三床层温度 | ℃ | 15.7 | 4.6 | 2.1 | 22.9 |
| PDIA2112 | 氢压缩机出入口压差 | MPa | 0.7 | 0.05 | 0.61 | 0.85 |
| TDIA-2160 | 反应器2一床层温升 | ℃ | 9.5 | 3.4 | 0.3 | 16 |
| 三床层温差 | 反应器1三床层温差 | ℃ | 11.3 | 2.3 | 4.57 | 15.5 |

## 4. 基于工艺运行台账数据的氢耗预测模型

工厂的运行数据在一定程度上可以体现装置的氢耗量，但是在实际应用中仍然存在较大的困难，原因是预测变量与目标变量之间存在非常复杂的非线性关系，用常规的模型难以对这种非线性关系进行描述，因此需要选择表达能力较强的模型。

### 4.1 自助聚合神经网络

人工神经网络是一种拥有强大拟合能力的机器学习模型，其耦合的神经元和激活函数为模型提供了非线性表达能力。但是神经网络模型也具有容易过拟合且结果不稳定的缺点。为了弥补神经网络的缺点，本文使用自助聚合神经网络[15]模型对氢耗进行预测，该模型是一种基于神经网络的集成学习模型，通过多个神经网络取均值的方式提高模型的稳定性和泛化能力，防止模型过拟合，自助聚合神经网络示意图如图3所示。如果只使用同样的数据训练多个类似的模型取平均，那么平均结果一定介于最好模型和最坏模型之间，起不到提升模型效果的作用，而自助采样的目的就是每个模型都从总的训练集中抽取不同的样本进行训练，从而基模型之间具有明显的差异性。

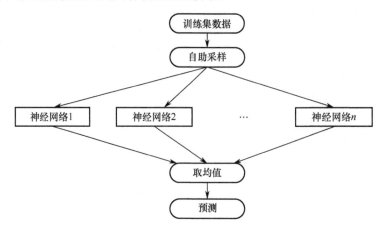

图3 自助聚合神经网络示意图

Fig.3 Diagram of bootstrap aggregated neural network

## 4.2 建模流程

本文将基于自助聚合神经网络建立柴油加氢装置氢耗预测模型，其步骤如下。
（1）对数据集进行剔除异常值、归一化等预处理工作。
（2）特征选择，对输入变量进行筛选。
（3）将数据集划分成训练集与测试集。
（4）设计自助聚合神经网络模型结构，确定单个网络深度、宽度等结构超参数，以及学习率、批大小等训练超参数。
（5）初始化参数，然后训练模型。
（6）模型性能评价。

柴油加氢精制过程氢耗预测建模流程图如图 4 所示。

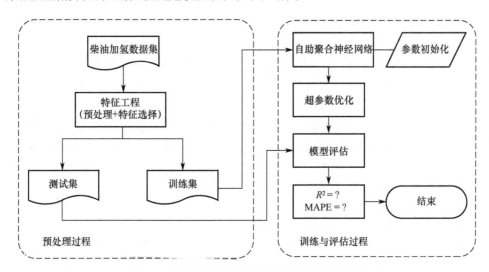

图 4　柴油加氢精制过程氢耗预测建模流程图

Fig.4　Flowchart of hydrogen consumption prediction modeling in diesel hydrofining process

## 4.3 模型优化

选择最优的参数组合是机器学习任务中重要的步骤。自助聚合神经网络的超参数主要包括基学习器的参数与集成模型的参数。

装袋集成模型要求基学习器具有相对好的效果和明显的差异性，该模型的差异性可以用自助取样法实现，但是基学习器本身的效果还是需要人为选取合适的超参数来实现的。自助聚合神经网络模型的基学习器为神经网络，其主要的超参数有网络结构（网络层数及每层神经元数目）、激活函数、学习率、正则化系数、批尺寸和梯度下降方法等。本文使用网格搜索的方法来确定最佳超参数组合。网络结构和其他超参数的搜索集合如表 3 和表 4 所示。最终搜索出的最优超参数组合为激活函数选择 ReLU 函数，初始学习率设为 $10^{-3}$、正则化系数设为 $10^{-6}$，批尺寸选择 16。此外，训练过程的优化算法选择 Adam[16] 算法，最大迭代次数设为 2000 次，终止精度设为 0.0001，损失函数选择均方误差（Mean Square Error，MSE）。

表3 备选网络结构及交叉验证结果
Table 3 Network structure and cross-validation results

|  | 网络结构1 | 网络结构2 | 网络结构3 | 网络结构4 | 网络结构5 |
|---|---|---|---|---|---|
| 隐藏层层数 | 1 | 2 | 2 | 2 | 3 |
| 每层宽度 | [512] | [512, 256] | [512, 64] | [128, 64] | [512, 256, 64] |
| 回归系数 | 0.885 | 0.878 | 0.900 | 0.891 | 0.876 |

表4 超参数及其取值集合
Table 4 Hyper parameters and their value set

| 参 数 | 集 合 |
|---|---|
| 激活函数 | [ReLU, sigmoid, tanh] |
| 初始学习率 | [0.00001, 0.0001, 0.001, 0.01, 0.1] |
| 正则化系数 | [0.000001, 0.0001, 0.001, 0.01] |
| 批尺寸（Batch Size） | [8, 16, 32, 64] |

在确定基学习器的超参数后，还需要确定集成模型的超参数。自助聚合神经网络最重要的超参数是基学习器的个数。在模型中，若神经网络的数目太多，则会造成过拟合；若其数目太少，则模型精度欠佳。同样使用网格搜索确定基学习器数目，取值集合为 [5,10,15,…,50]。为了减小随机误差，每种模型均训练 10 次，然后取均值进行评估，预测结果如图 5 所示。从图 5 中可以看出，当使用模型 $R^2$ 进行评估，集成模型中神经网络的数目为 10 时，集成模型在测试集上的表现最好，泛化能力最强。从 MAPE 指标来看，各个模型的效果相近。因此，最终将基学习器的数量确定为 10。

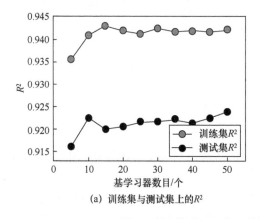
(a) 训练集与测试集上的 $R^2$

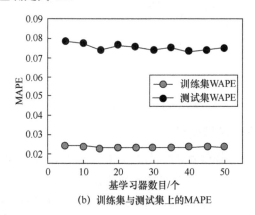
(b) 训练集与测试集上的 MAPE

图5 不同基学习器数目的集成学习模型预测结果对比
Fig.5 Comparison of model prediction results with different numbers of base model

## 4.4 预测结果

以 8∶2 的比例将整体数据集划分为训练集与测试集。使用上文确定的最佳超参数建立自助聚合神经网络模型进行训练。为了减小随机误差，在保存 10 次训练的结果后进行综合评估。10 次训练的 $R^2$ 和 MAPE 如表 5 所示，10 次训练中 $R^2$ 和 MAPE 的均值分别为 0.921 和 7.44%，标准差分别为 0.306% 和 0.494%。其中性能最好的模型在测试集上的效果如图 6 所示。从图 6 中可以看出，测试集中大部分数据点的预测值和实际值基本吻合，小部分数据点误差也在可以接受的范围内，模型总体的预测误差小于 10%，在工业上可以接受。

表5 自助聚合神经网络训练结果
Table 5 Hyper parameters and their value set

| 序 号 | $R^2$ | MAPE |
| --- | --- | --- |
| 1 | 0.919 | 7.29% |
| 2 | 0.923 | 8.44% |
| 3 | 0.920 | 8.32% |
| 4 | 0.926 | 7.19% |
| 5 | 0.915 | 7.27% |
| 6 | 0.922 | 7.17% |
| 7 | 0.921 | 7.49% |
| 8 | 0.923 | 7.11% |
| 9 | 0.916 | 7.24% |
| 10 | 0.923 | 6.87% |
| 平均值 | 0.921 | 7.44% |
| 标准差 | 0.306% | 0.494% |

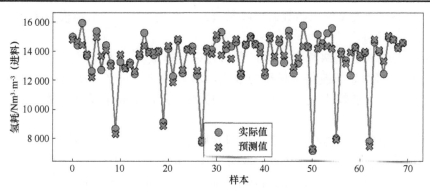

图6 自助聚合神经网络在测试集上的预测效果

Fig.6 Results of bootstrap aggregated neural networks prediction in test set

## 4.5 模型对比

为了验证模型的效果，我们使用多个回归模型进行建模，并将预测结果与本文使用的自助聚合神经网络进行对比，每个模型同样都训练 10 次，训练结果如表 6 所示。从表 6 中可以看出，自助聚合神经网络是预测精度最高且稳定性也很强的模型。在这些模型中，多元线性回归和支持向量机回归都有精确的参数求解方法，因此每次求解的结果都相同，故稳定性很强，但是预测精度偏低。AdaBoost 模型和随机森林两种集成学习模型虽然预测精度低，但是结果稳定性优于神经网络类算法。单独的神经网络是除了自助聚合神经网络预测精度最高的模型，但也是最不稳定的模型，这是因为深度神经网络的参数量是所有模型中最多的，各层权重也一般使用随机方法初始化，因此每次训练的结果都会有比较大的差异，故不太稳定。自助聚合神经网络的主要作用就是通过取平均值的方法来降低神经网络的不稳定性。

表6 不同机器学习模型在测试集上的表现

Table 6 The performance of different machine learning models in test set

| 模型 | $R^2$ 均值 | $R^2$ 标准差 | MAPE 均值 | MAPE 标准差 |
|---|---|---|---|---|
| 多元线性回归 | 0.903 | — | 11.83% | — |
| 支持向量机回归 | 0.909 | — | 15.00% | — |
| AdaBoost | 0.904 | 0.991% | 11.10% | 0.199% |
| 随机森林 | 0.902 | 0.461% | 10.43% | 0.276% |
| 神经网络 | 0.916 | 0.763% | 7.96% | 1.033% |
| 自助聚合神经网络 | 0.921 | 0.306% | 7.44% | 0.494% |

## 5. 结论

本文设计一种基于神经网络的集成学习模型，实现了对柴油加氢精制装置氢耗的预测。本文主要研究结果如下。

（1）针对数量少、特征多、难以训练、容易过拟合的炼油厂柴油加氢装置工艺运行台账数据，使用方差选择、相关性选择、多重共线性分析、结合工艺选择等多种方法挖掘数据中的关系，删除冗余特征，实现了数据的降维，提高了数据的价值密度，改善了建模效果。最终将83个变量的原始数据集降至12个变量，降低了后续模型搭建阶段需要的计算量。

（2）为了弥补神经网络稳定性差、容易过拟合等缺点，本文开发了自助聚合神经网络。通过集成学习的思想改善了模型的效果，将普通神经网络7.96%的平均百分比误差降低到了7.44%，标准差从1.033%降到了0.494%，不仅提高了模型的精度，还增强了模型的稳定性。

（3）在建立自助聚合神经网络后，使用网格搜索和交叉验证等手段对模型的超参数进行调优，获得了模型最佳的参数组合，充分发挥了模型的学习能力和泛化能力，最终的集成模型包含10个结构为11×512×64×1（两个隐含层的神经元数目分别为512与64个）的神经网络。

本文由潘耀宇执笔，邓春指导。

## 参考文献

[1] 刘建. 炼油企业氢气系统设计与调度优化[D]. 中国石油大学(北京), 2020.

[2] 侯震, 齐艳华. 加氢装置氢耗量模型的研究[J]. 计算机与应用化学, 2004(01):31-34.

[3] SHOKRI S, SADEGHI M, AHMADI MARVAST M, et al. Integrating Principal Component Analysis and Vector Quantization with Support Vector Regression for Sulfur Content Prediction in Hds Process[J]. Chemical Industry and Chemical Engineering Quarterly, 2015, 21(3): 379-390.

[4] ELKAMEL A, AL AJMI A, FAHIM M. Modeling the Hydrocracking Process Using Artificial Neural Networks[J]. Petroleum Science and Technology, 1999, 17(9): 931-954.

[5] BELOPUKHOV EA. Machine Learning for the Sulfur Content Prediction in the Diesel Hydrotreatment Product[C]//International Conference on Physics and Chemistry of Combustion and Processes in Extreme Environments, 2020.

[6] 田水苗, 曹萃文. 基于数据驱动的蜡油加氢装置产品预测与多目标操作优化[J]. 石油学报(石油加工),

2021, 37(01): 79-87.

[7] SONG W J, VLADIMIR M, LONG J, et al. Modeling the Hydrocracking Process with Deep Neural Networks[J]. Industrial Engineering Chemistry Research, 2020, 59(7): 3077-3090.

[8] 韩金厚. 炼油厂氢气系统循环神经网络建模与群智能调度研究[D]. 浙江大学, 2018.

[9] 盛茗珉. 基于深度循环神经网络的渣油加氢装置建模研究[D]. 浙江大学, 2019.

[10] 孙国庆. 基于卷积神经网络的加氢裂化装置建模研究[D]. 浙江大学, 2019.

[11] OH D H, ADAMS D, VO N D, et al. Actor-critic Reinforcement Learning to Estimate the Optimal Operating Conditions of the Hydrocracking Process[J]. Computers & Chemical Engineering, 2021, 149:107280.

[12] 徐春明, 杨朝合. 石油炼制工程 第4版 [M]. 北京: 石油工业出版社, 2009: 372-458.

[13] 李大东. 加氢处理工艺与工程[M]. 北京: 中国石化出版社, 2004: 676-679.

[14] ROBERT, TIBSHIRANI. Regression Shrinkage and Selection Via the Lasso[J]. Journal of the Royal Statistical Society. Series B (methodological), 1996, 73(3):273-282.

[15] JIE Z. Developing Robust Non-linear Models Through Bootstrap Aggregated Neural Networks[J]. Neurocomputing, 1999, 25(1): 93-113.

[16] KINGMA D, BA J. Adam: a Method for Stochastic Optimization[C]//International Conference on Learning Representations, 2014.

# 基于粒子群优化算法的化工稳态流程模拟参数优化

**摘　要**　化工流程模拟已广泛应用于石油化工行业，是工艺优化与辅助设计的主要手段。化工过程中的工艺参数具有多样性和复杂性的特点，传统优化方法普遍针对少量关键参数进行灵敏度分析并优化，较难达到全局最优。因此，本文提出了基于粒子群优化算法的化工工艺流程模拟操作参数优化方法。以天然气脱碳工艺过程为研究对象，基于 Aspen HYSYS 的接口实现了流程模拟与优化算法之间的耦合，结合工艺机理知识，实现了基于粒子群优化算法的天然气脱碳稳态流程模拟操作参数的最优化。在产品满足工艺要求的条件下，以最高脱碳率和最小装置运行成本为目标函数，以对工艺有较大影响且可控的操作参数为决策变量，对某 $5.8 \times 10^6$ $m^3/d$ 天然气净化装置进行操作参数的优化。优化结果表明，采用更少的吸收塔和再生塔塔板数即可满足酸性气体的脱除需求；在保证每层塔板处于良好的操作状态的条件下，降低再生塔回流比，塔内的气液相负荷降低，使得再沸器负荷降低；降低贫胺液入吸收塔温度，有利于增大 $CO_2$ 与醇胺液反应的正向进行程度，同时吸收推动力的增大会降低设备的腐蚀程度；提高吸收塔压力，塔内传质推动力增加，使得气体净化效果有所提高。通过粒子群优化算法的天然气脱碳稳态流程模拟操作参数优化，最终使净化气中二氧化碳含量从 0.16 mol%降低到 0.05 mol%，同时每年能量消耗成本降低约 12.96%。该方法在工艺流程模拟的基础上，不需要人为参与，快速自动找到全局最优操作方案，可灵活推广到各种实际工业过程的流程优化中。

**关键词**　天然气脱碳；稳态模拟；粒子群优化算法；智能优化；HYSYS 模拟

# Optimization of Chemical Steady-state Process Simulation Parameters Based on Particle Swarm Optimization Algorithm

**Abstract**　Chemical process simulation has been widely used in the petrochemical industry. This has been the main means of process optimization and aided design. The process parameters in a chemical process are diverse and complicated. It is difficult for traditional optimization methods to achieve global optimization by sensitivity analysis and optimization of a small number of key parameters. Therefore, an optimization method for simulating operating parameters of chemical processes based on particle swarm optimization algorithm is proposed in the present paper. The natural gas decarbonization process is chosen as the research object, the process simulation and optimization algorithm are coupled using Aspen HYSYS software. Combined with the knowledge of the process mechanism, the optimization of operation parameters of the natural gas decarbonization steady-state process simulation based on a particle swarm optimization algorithm has been achieved. Under the condition that the product meets the process requirements, and the controllable operation parameters that have a great influence on the process are used as the decision variables, the operation parameters of a 5.8×10⁶ m³/d natural gas purification unit are optimized by taking the maximum decarbonization rate, the minimum operation cost of the unit as the objective function. The optimization results show that fewer plates in the absorption tower and regeneration tower can meet the needs of acid gas removal requirements. Under the condition that the each tray is in a good operating state, the reflux ratio of the regeneration tower is reduced compared with the original process, and the gas-liquid phase load is also reduced to a certain extent, resulting in a decrease of the reboiler load. The temperature of the lean amine liquid into the absorption tower is lower than the original process, so that the positive reaction degree of carbon doxide with the alcohol amine liquid is increased, and the increased absorption driving force slows down the corrosion of the equipment. The pressure in the absorption tower is increased compared with the original process, which increases the mass transfer driving force in the tower and the purification of the gas. Based on the particle swarm optimization algorithm for the natural gas decarbonization process, the carbon dioxide content in the purified gas is reduced from 0.16 mol% to 0.05 mol%, and the annual energy consumption cost is reduced by about 13%. The method proposed in the present work can find the global optimal operation scheme quickly and automatically without human involvement, and can be flexibly extended to the process optimization of various industrial processes.

**Keywords**  natural gas; natural gas decarbonization; particle swarm optimization algorithm; intelligent optimization; HYSYS simulation

## 1. 引言

化工流程模拟软件目前已广泛应用于石油化工行业。通过流程模拟手段对工艺过程中的操作参数进行数值调整，寻找最佳工艺条件，从而达到节能、降耗、增效的目的[1]。然而流程模拟中操作参数具有多样性和复杂性的特点，体现在每个操作单元都有其对应的操作参数，且多个操作单元之间互相影响，人们多基于工艺机理知识和经验给定操作参数，或者对几个关键操作参数进行灵敏度分析寻优，此方法耗费了大量的时间成本，且无法确定所选取的操作参数数值为最佳数值，仅获得一种能够达到较好工艺效果的操作方案[2-4]。

通过优化算法来获得最佳操作参数是近年来一个非常有前景的研究方向。传统优化算法虽然能够较好解决结构化问题及单极值问题，但面对复杂的化工过程，具有普适问题描述，能够找到全局最优以及能够较好解决多极值问题等优势的启发式智能算法受到了学者们的广泛关注，其中熊俊文等人[5]利用遗传算法实现了催化裂化分馏塔操作参数的最优化设置，保证了分馏塔重石脑油流量和轻柴油流量的同时最优；王珊珊等人[6]介绍了基于约束骨干粒子群算法的化工过程动态多目标优化问题，并将其应用到解决间歇反应器的优化问题中，指出该方法可通过结合偏好等信息控制冷却剂的流率来最大化主产物浓度和最小化副产物浓度；也有学者对智能算法的结构进行了改进[7-8]，使算法具有更简单、更通用、便于并行处理等特点，使其更适用于具体的化工过程。

受宏观经济增长、环保政策推进等因素的拉动，未来几年全球天然气需求将保持1.5%～2.0%的增速持续增涨[9]。随着"碳达峰"和"碳中和"概念在《巴黎协定》中的提出，各国纷纷做出响应以应对全球气候变化问题，目标使全球温升保持在2℃甚至1.5℃以内的水平[10]，因此天然气中二氧化碳的脱除问题获得了学者们的极大关注[11-12]。常用于高进料量、中 低二氧化碳含量、高脱碳率以及甲烷含量损失小的醇胺法脱碳工艺已被广泛应用于化工领域。学者们多通过流程模拟手段对工艺过程中的操作参数进行数值调整，寻找最佳工艺条件，其中常学煜等人[13]利用流程模拟软件对醇胺法脱酸工艺流程进行了参数优化分析，使得流程总能耗较优化前降低 18.84%；刘卜玮等人[14]采用 Aspen HYSYS 软件搭建了脱碳工艺流程并建立了系统能耗计算模型，优化后系统总能耗降低了 2.4%。遗传算法和粒子群优化算法是两个经常应用于化工领域并取得了较好效果的智能算法，相比遗传算法，粒子群优化算法[15]省略了复杂的选择、交叉、变异的计算过程，具有简单的结构和易于实现、不需要借助问题特征进行信息描述的特点，将其与流程模拟结合实现醇胺法脱碳工艺的降本增效可行性更高。因此本文以天然气脱碳工艺过程为研究对象，根据数据对象接口技术利用 Python 脚本语言开发了 Aspen HYSYS 与粒子群优化算法之间的接口程序，在采用 Aspen HYSYS 流程模拟软件对其进行稳态流程模拟的基础上，结合粒子群优化算法进行工艺过程操作参数数值的优化选取，进而获得了一种最优的工艺操作方案，并基于数据库实现了装置稳定运行时异常操作的重新优化。在产品满足工艺要求的条件下，以最高脱碳率和最小装置用能为目标函数，以对工艺有较大影响且可控的操作参数为决策变量，对某容积为 $5.8 \times 10^6$ m³/d 的天然气净化装置实行了操作参数的最优化。

## 2. 基于智能算法的流程模拟参数优化方法

将流程模拟软件与智能算法相结合，对化工生产的挖潜改造、节能增效、生产指导具有重大意义。本文提出的基于智能算法的化工稳态流程模拟操作参数优化方法主要有两大操作步骤：一方面先利用流程模拟软件搭建合理的工艺流程，再利用数据对象接口技术开发流程模拟软件与智能算法之间的接口程序，通过智能算法选取最佳操作参数；另一方面结合数据库将流程模拟收敛的关键过程变量数据进行存储，以便进行模拟效果的验证及异常操作后的重新优化，其整体架构如图 1 所示。

基于智能算法的稳态流程模拟参数优化方法的具体操作步骤如下

（1）选用合适的流程模拟软件搭建相应的化工工艺流程，给定各操作单元操作参数的初始值，使流程模拟收敛，获得初步工艺流程。

（2）依据工艺机理分析工艺过程，根据具体需求，为智能算法构建合理的单目标或多目标函数，选取合适的决策变量，即选择合理的操作参数作为变量进行优化，添加适宜的等式及不等式约束条件。

（3）随机初始化或根据已建立的模拟流程中给定的操作参数作为初值，构建初始数据集。若采用随机初始化数据集的方式，则将随机结果通过接口程序传入流程模拟软件中，若流程模拟软件计算收敛，则进入步骤（4）；若未收敛，则结束程序，再一次执行初始化数据集操作。若采用步骤（1），即操作人员自行建立流程模拟，则使之收敛后直接进入步骤（4）。

（4）流程模拟收敛后，利用接口程序将步骤（2）中建立的智能算法模型所需的参数从流程模拟软件传入智能算法。

（5）在智能算法计算前，先判断收敛的流程模拟是否满足物料平衡、动量平衡和能量平衡等化工机理层面的等式约束及评价标准、能耗分析、设备大小等公用工程上的不等式约束。

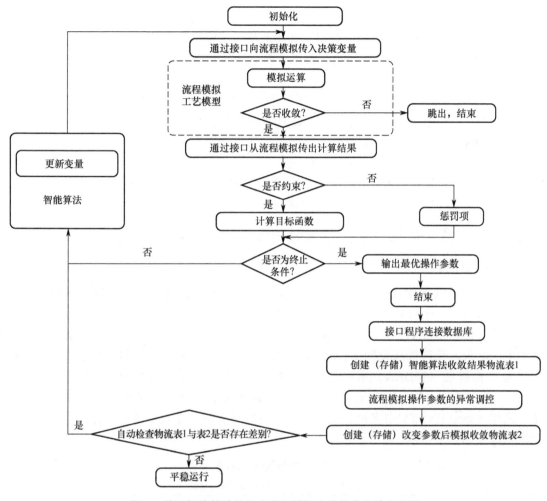

图 1 基于智能算法的稳态流程模拟参数优化方法流程图

Fig.1 Flow diagram of optimization method for steady-state process simulation parameters based on intelligent algorithms

（6）若满足步骤（5）的约束，则根据目标函数进行计算，进入步骤（7）；若未满足步骤（5）的约束，则根据智能算法及工艺机理确定的惩罚项进行约束惩罚，而后进入步骤（7）；

（7）判断根据目标函数或惩罚项进行约束规范后，计算出的结果是否满足此工艺操作方案的要求。

（8）若步骤（7）的结果满足工艺操作方案要求，则将结果输出，至此，我们找到了一种能够达到最佳优化效果的工艺操作方案；若未达到要求，则重新调用智能算法，利用智能算法对决策变量进行惩罚约束更改后再次传入流程模拟，返回到步骤（3）。

（9）当采用最佳操作参数的流程模拟稳定运行时，对数据库进行设置，创建用户名、密码、子协议和驱动程序等信息，利用接口程序与数据库搭建连接，通过接口程序向数据库发送连接请求，若成功，则返回一个数据库连接。

（10）对于程序端数据库操作，数据库端执行接口语言指令，根据操作选择不同的执行方法，ExecuteQuery、Replace into、Commit 和 Execute 分别执行查询、替换、内存到数据库的数据提交、多个结果集的返回操作，继而读取流程模拟中关键过程变量的数据，存储到所建立的数据表 1 中，综合考虑数据查询需求及内存需求等建立相应的数据库主键。

（11）调整流程模拟中操作参数的数值（模拟异常操作的出现），流程模拟软件端重新进行收敛运算。

（12）在接口程序感知模拟收敛后，通过程序端数据库操作，建立与数据表 1 相同的数据表 2，将此时关键过程变量的数据传入数据库，并进行数据存储。

（13）数据库结果返回，主要分为更新操作、查询操作和程序端数据库/数据表对比操作，分别对应返回操作产生影响的记录数据，返回已选择的数据集对象和检查两表存在的差异。若无差异，则流程模拟仍平稳运行；若有差异，则再次调用智能算法，重新优化流程模拟中的操作参数，在稳定运行后再次回到步骤（10）。

## 3. 基于粒子群优化算法的天然气脱碳稳态流程模拟参数优化

### 3.1 天然气脱碳稳态流程模拟

本文以天然气脱碳过程为具体工艺过程，构建基于智能算法的稳态流程模拟参数优化模型。首先在 Aspen HYSYS 中搭建模拟流程，为智能算法调优提供基础。以某天然气净化装置（体积基准为 $5.80 \times 10^6$ m³/d、20 ℃、101.325 kPa）为研究对象，该装置年生产时间为 330 天，原料气压力为 9.1 MPa，温度为 55 ℃。原料气组分组成如表 1 所示。使用甲基二乙醇胺（MDEA）水溶液（51.99 wt%）脱除天然气中的酸性气体（$H_2S$ 和 $CO_2$），使用 Aspen HYSYS 软件中的酸性气体－化学溶剂物性包作为本设计的物性方法。采用 Aspen HYSYS 中多种类别的模块来模拟对应的工业设备或单元操作，具体的单元模块选择如表 2 所示。

表 1　原料气组分组成
Table 1　Composition of feed gas

| 组分 | 摩尔含量/% | 组分 | 摩尔含量/% |
| --- | --- | --- | --- |
| $H_2S$ | 4.4821 | $i\text{-}C_4H_{10}$ | 0.0598 |
| $CO_2$ | 6.1817 | $i\text{-}C_5H_{12}$ | 0.0298 |
| $H_2O$ | 0.2105 | $n\text{-}C_6H_{14}$ | 0.0890 |
| $CH_4$ | 87.1909 | $n\text{-}C_7^+$ | 0.0907 |
| $C_2H_6$ | 1.2267 | $N_2$ | 0.2993 |
| $C_3H_8$ | 0.1395 | — | — |
| 摩尔含量合计/% | 100 | | |

表 2　单元模块的选择
Table 2　Selection of unit model

| 序号 | 设备或操作 | 模块 |
| --- | --- | --- |
| 1 | 分离器 | 分离器 |
| 2 | 填料吸收塔 | 吸收塔 |
| 3 | 降压阀 | 控制阀 |
| 4 | 闪蒸罐 | 分离器 |
| 5 | 贫/富液热交换器 | 换热器 |

续表

| 序号 | 设备或操作 | 模块 |
|---|---|---|
| 6 | 再生塔 | 精馏塔模块 |
| 7 | 胺液混合器 | 混合器 |
| 8 | 胺液循环泵 | 泵 |
| 9 | 贫液空冷器 | 冷却器 |
| 10 | 胺液循环 | 循环逻辑模块 |
| 11 | 塔顶回流循环 | 循环逻辑模块 |
| 12 | 调节参数 | 设置逻辑模块 |

天然气脱碳稳态模拟流程如图 2 所示，主要包含吸收、闪蒸、换热和汽提四大部分。原料气 B1 在约 55 ℃、9.1 MPa（g）的条件下进入本装置，经过进口分离器 V1 脱除气体中可能携带的小固体颗粒和液滴后进入吸收塔 T1 的底部。塔内含酸性气体的天然气自下而上与来自吸收塔 T1 顶部的 MDEA 贫胺液逆流接触，气体中绝大部分的 $H_2S$ 和 $CO_2$ 被胺液吸收脱除。湿净化气 B17 从吸收塔 T1 顶部离开，吸收了酸气的富胺液 B4（6.3 MPa（g）、74.51 ℃）从吸收塔 T1 底部抽出后经过减压阀 F1，压力降至约 0.87 MPa（g）后进入闪蒸罐 V2，闪蒸出部分溶解的烃类气体。从闪蒸罐底部抽出的富胺液 B7 经贫/富液换热器 E1 与再生塔 T2 塔底来的贫胺液换热，温度升至约 89.3 ℃后进入再生塔第 1 块塔板后自上而下流动，与塔内自下而上的蒸汽逆流接触，在上升的蒸汽中汽提出富胺液中的 $H_2S$、$CO_2$ 气体。再生热量由再生塔、再沸器提供。热贫胺液 B10（108.0℃）自再生塔底部引出，先经贫/富液换热器 E1 与富胺液换热至 84.57 ℃左右，经过 M1 后，再经过贫液空冷器 E2 冷却至约 41.65 ℃送至低压贫液泵 P1，升压后进入吸收塔 T1 循环使用。由于本装置用水不平衡，需向系统不断补充水，以维持溶液浓度，利用混合器 M1 将物流 B11 和水 B12 在等压下混合。

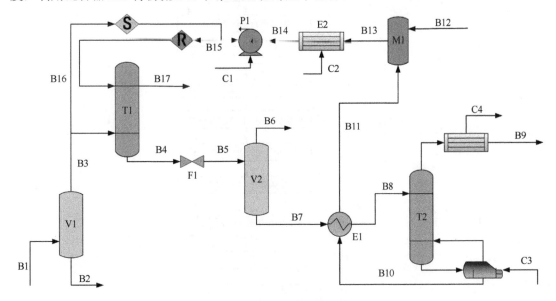

图 2 天然气脱碳稳态模拟流程

Fig.2 Simulation process of steady-state process of natural gas decarbonization

关键过程变量的 Aspen HYSYS 模拟值与装置当前仪表显示的实际值如表 3 所示。通过数据对比可知，关键组分流量的模拟数据与实际数据较为接近，可认为在 Aspen HYSYS 中搭建的模拟工艺过程足够准确，能够在一定程度上反应实际情况，为下文在此流程模拟基础上建立的基于粒子群优化算法的天然气脱碳稳态流程模拟操作参数的优化提供了可靠的基础。

表 3　实际数据与模拟数据过程变量对比
Table 3　Comparison of process variables between actual data and simulated data

| 过 程 变 量 | 实际数据 | 模拟数据 | 误差/% |
|---|---|---|---|
| 净化气流率/kmol·h$^{-1}$ | 9213.13 | 9113.00 | −1.09 |
| 净化气中 $H_2S$ 含量/ppm | <5 | 4.523 | — |
| 净化气中 $CO_2$ 含量/mol% | 0.16 | 0.16 | 0.00 |
| 酸气流率 kmol/h$^{-1}$ | 1097.20 | 1097.00 | 0.02 |
| 富胺液出吸收塔流率/kmol·h$^{-1}$ | 17263.60 | 17260.24 | −0.02 |
| 富胺液至再生塔流率/kmol·h$^{-1}$ | 17902.90 | 17215.16 | −3.84 |
| 贫胺液出再生塔流率/kmol·h$^{-1}$ | 16799.40 | 16118.16 | −4.06 |

## 3.2　粒子群优化算法

本文采用全局最优粒子群优化算法[16]，即每个粒子都被其他成员找到的最优解决方案所吸引，这种结构相当于一个完全连接的社交网络，最终跨越种群中所有粒子得到一个最优解决方案。粒子群优化算法流程如图 3 所示。

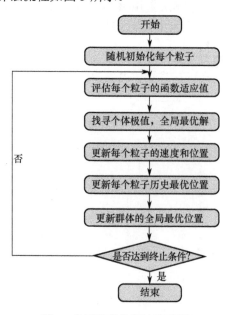

图 3　粒子群优化算法流程图

Fig.3　Flow chart of particle swarm optimization algorithm

粒子群优化算法的具体操作步骤如下。

（1）算法初始化，设定迭代次数阈值为 50，粒子种群数（swarm_size）为 20，变量数

(variables) 为 5, 设定粒子初始速度值为 0, 限制粒子绝对最大速度值为 5, 根据式（1）设定粒子初始位置, 粒子位置的上下界如表 4 所示。

（2）根据目标函数评估每个粒子的函数适应值, 得到粒子的个体极值。

（3）根据粒子个体极值寻找全局最优解, 速度更新公式如式（2）所示。优化参数含有连续与离散两种变量, 优化过程中含有连续与离散两种变量。优化过程中离散变量会存在小数, 需要进行四舍五入, 而后根据公式（3）进行位置更新。直接根据公式（3）对连续变量进行更新。

$$X_{i,d}^0 = \frac{1}{(u-1) \times \text{random}(\text{variables}, \text{swarm\_size})} \quad (1)$$

$$V_{i,d} = kV_{i,d} + K_1 \text{random}(1, \text{variables})\left(P_{i,d} - X_{i,d}^{\prime(0)}\right) + K_2 \text{random}(1, \text{variables})(G_{i,d} - X_{i,d}^{\prime(0)}) \quad (2)$$

$$X_{i,d}^\prime = X_{i,d}^{\prime(0)} + V_{i,d} \quad (3)$$

表 4  粒子位置的上下界
Table 4  The maximum and minimum data for particle position

| 优化参数 | 上界($u$) | 下界($v$) |
| --- | --- | --- |
| 吸收塔塔板数 | 30 | 20 |
| 再生塔塔板数 | 30 | 20 |
| 贫胺液入吸收塔温度/℃ | 45 | 30 |
| 吸收塔底部塔板压力/kPa | 8800 | 6500 |
| 再生塔回流比 | 4.0 | 3.0 |

在一个 $d$ 维搜索空间中, $k$ 称为惯性影响因子, $k=0.72$; $K_1$ 和 $K_2$ 称为搜索过程中速度的加速常数, $K_1 = K_2 = 1.49$。$P_{i,d}$ 表示维数为 $d$ 维时变量 $i$ 的个体极值, $G_{i,d}$ 表示维数为 $d$ 维时变量 $i$ 的全局最优解, 本文 $d=1$。

（4）根据全局最优解, 更新每个粒子的历史最优位置, 进而更新群体的全局最优位置。

（5）当迭代次数达到设定阈值或根据 2-范数计算的个体极值与全局最优值差距小于 $10^{-5}$ 时, 寻优结束; 否则重新评估粒子的函数适应值, 返回到步骤（2）。

实验结果表明, 当迭代次数达到设定的阈值时, 算法已经平稳收敛且损失值达到 $10^{-5}$, 优化效果满足流程需求。

## 3.3 粒子群优化算法与天然气脱碳稳态流程模拟的融合

本文采用 Aspen HYSYS 流程模拟软件对天然气脱碳工艺过程进行稳态模拟, 基于对象接口技术, 利用 Python 语言将 Aspen HYSYS 与粒子群优化算法相结合[17], 实现了 Aspen HYSYS 与粒子群优化算法之间数据的双向传递[18], 结合 SQLite 数据库操作实现了模拟稳态运行时的数据存储和异常操作后的重新调优, 从二氧化碳脱除率和装置整体运行成本两个方面综合评价装置操作参数选取的优劣, 最终实现了基于粒子群优化算法的天然气脱碳稳态流程模拟操作参数的最优化。

### 3.3.1 决策变量

工艺流程中的设计参数如塔板数和操作参数（如温度、压力等）均会对最终结果产生影响,本文提出的方法既可以实现对设计参数进行优化,也可以对操作参数进行优化。在天然气脱碳工艺过程中,吸收塔塔板数影响吸收塔的设计成本,塔板数增加,塔装置设计成本增加,但随塔板数的增加,酸气的脱除会更加彻底,因此要综合考虑酸气脱除和固定成本,合理选择吸收塔塔板数。与吸收塔类似,对于再生塔塔板数的选择要综合考虑再生效果和固定成本的均衡。因此本文优化的设计参数为吸收塔和再生塔的塔板数。如图 1 所示,程序找到合适的塔板数,模拟流程收敛后,通过粒子群优化算法对操作参数进行优化。粒子群优化算法的决策变量为贫胺液入吸收塔温度、吸收塔顶部塔板压力、再生塔回流比。

(1)贫胺液入吸收塔温度。综合考虑原料气和再生塔循环胺液的影响来确定贫胺液入吸收塔温度。二氧化碳与醇胺液的反应属于假一级可逆反应,总反应式为

$$CO_2 + H_2O + MDEA \rightleftharpoons HCO_3^- + MDEAH^+ \tag{4}$$

从反应动力学和传质角度出发,温度越高反应速度越快,并且随着温度升高溶液黏度会降低,更有利于传质。但伴随反应温度的升高,设备腐蚀加剧,此外,该反应为放热反应,提高温度会使反应平衡常数减小,反应正向进行程度减弱。一般温度越低,可溶组分的溶解度越高,溶质的平衡分压减小,吸收的推动力变大,完成规定的分离任务需要比高温下操作更小的液气比,或更少的塔板数。因此需要平衡多方因素选择适宜的贫胺液入吸收塔温度。

(2)吸收塔底部塔板压力。吸收塔内压力升高,会增加酸性气体组分的分压,气体分压的增高有助于增大传质推动力,提高气体净化效果,但同时会影响净化气的流量。吸收塔的压力和进料的压力有着紧密的联系,入口原料气压力升高或吸收塔内压力升高,都会使得酸性气体分压增大,但当吸收塔压力高于原料气压力时,需要增加原料天然气压缩功,进而提高能耗,因此需要平衡传质推动力,净化气的流量和能耗的影响吸收塔底部塔板压力的选择。单机压缩机绝热功率 $W_{gas}$ 为(单位为 kW)

$$W_{gas} = \frac{1}{1000} \cdot P_1 \cdot V_n \cdot n \cdot \frac{A}{A-1} \cdot \left[ \left( \frac{P'_2}{p'_1} \right)^{\frac{A-1}{A}} - 1 \right] \tag{5}$$

式中,$P_1$ 为压缩机入口处天然气压力,$P'_1$ 和 $P'_2$ 分别为压缩机入口处和出口处天然气的绝对压力,单位为 MPa;$V_n$ 为压缩机排气量,单位为 $m^3 \cdot s^{-1}$;$A$ 为压缩机绝热指数,值取为 1.32;$n$ 为压缩机转速,单位为 $r \cdot min^{-1}$。压缩机实际轴功率为摩擦耗功、风扇耗功和绝热功率之和,为简化计算,功率消耗按压缩机绝热功率计算。

(3)再生塔回流比。在醇胺法脱碳工艺中,再生塔回流比对富胺液再生程度影响较大,随着回流比的增大,回流量会增大,再生塔塔内的汽液相负荷也会随之增大,导致冷凝器和再沸器负荷都升高,而再生贫胺液的酸气负荷会降低,$CO_2$ 和 $H_2S$ 几乎全部进入塔顶酸气中。当再生塔回流比增至一定程度后,贫胺液酸气负荷会保持稳定,因此再生塔回流比也具有最优值。

### 3.3.2 目标函数

考虑工艺需求和装置整体运行成本,从最高脱碳率和最小装置运行成本两方面建立了

多目标函数。工程总投入 $Z_{capital}$ 分为固定成本 $C_{fixed,i}$ 和可变成本 $C_{variable,i}$，即 $Z_{capital}=\sum(C_{fixed,i}+C_{variable,i})$，对于大多数持续运行的工厂，其固定成本往往不会改变，需要优化的是可变成本，可变成本为

$$C_{variable}=P_{feed}\times M_{feed}+p\times W_{compressor} \tag{6}$$

$M_{feed}$ 与 $p$ 均为价格因子，优化时为定值，在实际天然气脱碳工艺过程中，$P_{feed}$ 进料也为定值。因此，可变成本的优化转化为对装置用能成本 $W_{compressor}$ 的优化。在天然气脱碳工艺过程中，含两个能量汲取点，泵用能 $E_1$ 和再生塔用能 $E_2$，当吸收塔底部塔板压力大于原料气进口压力时，增加额外的天然气压缩功 $E_3$，因此选用 $E_1$、$E_2$ 和 $E_3$ 之和 Energy 最小为目标函数，单位为 $kJ\cdot h^{-1}$。

多目标粒子群优化算法采用权重加全求和的方法进行求解，使得多目标问题单目标化，如式（7），不同的权值赋予获得 Pareto 解集。优化目标中二氧化碳含量变化范围的数量级远小于装置能耗，简单的随机权重分配会让算法过度优化整体流程的能量消耗而使脱碳率达不到标准。本文采用最大最小归一化方法，如式（8），使得两目标完成数量级上的匹配，从而进行优化，其中，$m_i$ 表示目标函数中的 profit(x) 和 Energy，$u$ 和 $l$ 分别对应其上下限，其中 Energy 的 $u=3.2\times10^8$，$l=2.4\times10^8$；profit(x) 的 $u=0.03$，$l=0$。本文优化时采用 $w_1=0.7$ 为 $w_2=0.3$ 的权值分配。

$$\min F(m_1,m_2)=w_1\cdot Energy+w_2\cdot profit(x) \tag{7}$$

$$\frac{m_i-u}{u-l} \tag{8}$$

相应的经济模型式为（10），符号说明如表5所示。

$$W_{compressor}=Q\times R\times H+M\times N\times H+C+W_{gas}\times N\times H \tag{9}$$

表5 经济模型的符号说明
Table 5 Symbolic description of economic model

| 符号 | 数值 | 意义 | 来源 |
|---|---|---|---|
| $M$ | 变量 | 泵功率 | Aspen HYSYS 接口传出 |
| $Q$ | 变量 | 再生塔中再沸器的耗热量 | Aspen HYSYS 接口传出 |
| $W_{gas}$ | 变量 | 压缩机天然气压缩功 | Aspen HYSYS 接口传出 |
| $R$ | $4.78\times10^{-9}$ 万元/kJ | 热力价格 | 常数 |
| $N$ | $5.50\times10^{-5}$ 万元/(kW·h) | 电力价格 | 常数 |
| $H$ | 7920h | 装置年均运行时间 | 常数 |
| $C$ | 20 万元 | 整体装置操作维修费用 | 常数 |

### 3.3.3 模拟与优化结果

使用 3.1 节中搭建的工艺模拟流程框架，保持原料气组成和处理量均不变，使用本文构建的基于智能算法的化工稳态流程模拟参数优化方法对工艺过程参数进行优化。本文采用的全局最优粒子群优化算法，其粒子种群数为 20，2 个连续变量，3 个离散变量，迭代 10 次左右时全局最优粒子和个体粒子的值已十分接近，如图 4 所示，y-gbest 代表全局最优粒子的寻优曲线，y-pbest 代表个体粒子的寻优曲线。基于粒子群优化算法优化后的模拟结

果与原稳态流程的模拟结果中关键过程变量的对比如表 6 所示。本文搭建的基于智能算法的化工稳态流程模拟参数优化方法能够在不依赖操作人员的情况下，快速找到全局最优操作方案。模拟结果表明，净化气中二氧化碳含量从 0.16 mol%降低到 0.05 mol%，同时能量消耗成本每年降低约为 12.96%，比 3.1 节中的工艺模拟流程效果更优。模拟优化结果表明，更少的吸收塔和再生塔塔板数即可满足酸性气体的脱除需求。

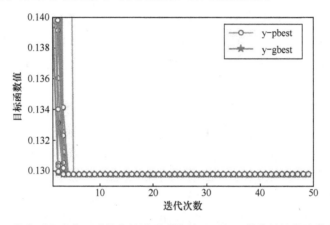

图 4　优化过程中粒子群优化算法种群的粒子目标函数值随迭代次数变化

Fig.4　Variation of PSO algorithm objective function with iteration times in the optimization process

表 6　智能算法优化前后过程变量对比

Table 6　Comparison of process variables before and after intelligent algorithm optimization

| 项　目 | 实际数据 | 优化数据 |
| --- | --- | --- |
| 再沸器能耗/kJ·h$^{-1}$ | 2.821×10$^8$ | 2.431×10$^8$ |
| 泵能耗/kJ·h$^{-1}$ | 6.024×10$^6$ | 5.982×10$^6$ |
| 泵功率/kW | 1673 | 1662 |
| 贫胺液循环量/kmol·h$^{-1}$ | 1.615×10$^4$ | 1.615×10$^4$ |
| 净化气流量/kmol·h$^{-1}$ | 9113 | 9094 |
| 贫胺液入吸收塔温度/℃ | 43 | 30 |
| 吸收塔底部塔板压力/kPa | 6300 | 7851 |
| 补给水用量/kmol·h$^{-1}$ | 33.16 | 5.78 |
| 吸收塔塔板数 | 28 | 23 |
| 再生塔塔板数 | 24 | 19 |
| 再生塔回流比 | 3.7 | 3.0 |
| 净化气中 CO$_2$ 含量/mol% | 0.16 | 0.05 |
| 净化气中 H$_2$S 含量/ppm | 4.523 | 1.484 |
| 装置总能耗/kJ·h$^{-1}$ | 2.88×10$^8$ | 2.49×10$^8$ |
| 能量消耗/(万/年) | 11428.69 | 9947.15 |

经过优化后的再生塔回流比相对于实际装置由 3.7 降至 3.0，随着再生塔回流比的减小，回流量减小，再生塔塔内的汽液相负荷较原流程模拟也有一定程度的减少，导致再沸器负荷有所降低。本文选用浮阀塔板，4 个矩形降液管，对再生塔回流比降低后精馏塔的第 4 块塔板（由上往下）进行了水力学核算，智能算法优化前后数据对比如表 7 所示。

### 表7 智能算法优化前后第4块精馏塔板水力学数据对比
Table 7 Comparison of hydraulic data of the 4st distillation column plate before and after intelligent algorithm optimization

| 项目 | 优化前 | 优化后 |
|---|---|---|
| 液泛率/% | 79.78 | 79.89 |
| 降液管持液量（已充气）/m | 0.3263 | 0.3306 |
| 堰上高度（已充气）/m | 0.2049 | 0.2117 |
| 塔板总压降/mbar | 13.91 | 13.95 |
| 中部降液管液体流速/（m/s） | 0.09625 | 0.09623 |
| 塔板间距/m | 0.6096 | 0.6096 |

结果表明，塔板泛液率升高，塔板上液层变厚，使得塔板压降升高。塔板总压降升高会使气体通过塔板的速度增大，上升气体通过开孔处的阻力和克服液体表面张力所形成的压降能够更好地抵消塔板上液层的重力，漏液现象发生的可能性将会降低。但总压降的升高会增大塔板的放大效应，即塔的操作性能会有所降低，同时体系的相对挥发度和降液管的液相处理能力也会有所下降，雾沫夹带和喷射泛液现象发生的可能性将会升高，但压降变化幅度较小，不足以使气体在液层中的气泡形式发生较大改变。再生塔回流比降低后，降液管中液体流速降低，液体在降液管中的停留时间变长，使被液体夹带进入降液管中的气泡更多地被释放出来，并且降液管中的液面仍超过堰上高度，没有阻碍液体在降液管中的正常下流。在塔的实际操作中，气液负荷时常是有变化的，但要将该变化维持在一定的范围内，使得塔板具有适宜的工作区，如图5、6所示。核算结果表明，优化后的再生塔回流比能够保证每层塔板均处于良好的操作状态。

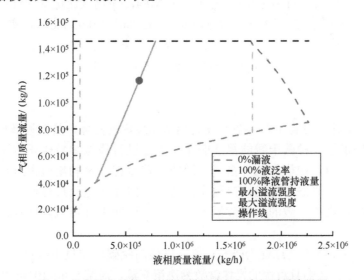

图 5 优化操作前第4块精馏塔板液相与汽相质量流量图

Fig.5 Mass flow diagram of the liquid phase and vapor phase of the 4st distillation column plate before optimization operation

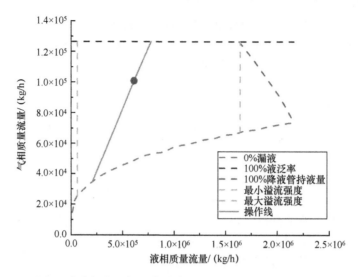

图 6 优化操作后第 4 块精馏塔板液相与汽相质量流量图

Fig.6 Mass flow diagram of the liquid phase and vapor phase of the 4st distillation column plate after optimization operation

贫胺液入吸收塔温度由 43℃ 降低到 30℃，同时在产品满足工艺要求的条件下，二氧化碳塔板数由 28 块降到了 23 块。实验结果表明，贫胺液入吸收塔温度降低，使得二氧化碳与醇胺液反应正向进行程度增大，吸收推动力变大，从某种程度上也减轻了设备的腐蚀程度。

吸收塔底部塔板压力由 6.3 MPa 升至 7.8 MPa，净化气流量从 9113 kmol·h$^{-1}$ 降至 9094 kmol·h$^{-1}$，净化气中的二氧化碳含量由 0.16 mol% 降至 0.05 mol%。实验结果表明，吸收塔压力的升高使传质推动力增大，但同时也减小了净化气流量。优化后的吸收塔底部塔板压力未超出天然气进塔压力，减少了压缩天然气的功率消耗。

## 4. 结论

（1）本文针对化工过程工艺参数难以达到全局最优的问题，将流程模拟技术与智能算法进行耦合，提出了一种基于智能算法的化工工艺过程模拟参数优化方法。具体实施方法为：一方面先利用流程模拟软件搭建合理的工艺流程，再利用数据对象接口技术开发流程模拟软件与智能算法之间的接口程序，通过智能算法选取最佳操作参数；另一方面结合数据库将流程模拟收敛的物流数据进行存储，以便进行模拟效果验证及异常操作后的重新优化。

（2）以天然气脱碳工艺过程为研究对象，以最高脱碳率和最小装置运行成本为目标函数，以对工艺有较大影响且可控的操作参数为决策变量，对某 $5.80×10^6$ m$^3$/d 天然气净化装置进行了操作参数的优化。模拟结果表明，通过调整吸收塔和再生塔塔板数，降低贫胺液入吸收塔温度和再生塔回流比，提高吸收塔底部塔板压力，使得净化气中二氧化碳含量从 0.16 mol% 降低到 0.05 mol%，同时能量消耗成本年降低约为 12.96%。

本文由朱春梦执笔，蓝兴英指导。本论文已在《石油科学通报》上发表。

## 参考文献

[1] 李睿, 胡翔. 化工流程模拟技术研究进展[J]. 化工进展, 2014, 33(S1): 27-31.

[2] 姚月华, 陈晏杰, 张香平, 等. 原油常减压蒸馏装置的流程模拟及参数优化[J]. 过程工程学报, 2011, 11(03): 405-413.

[3] 叶启亮, 罗静, 李玉安, 等. 醋酸乙烯精制工艺的流程模拟与优化[J]. 现代化工, 2017, 37(05): 197-200.

[4] 赵晓军, 陈伟军, 杨敬一, 等. 用 ASPEN PLUS 软件模拟优化卡宾达原油常压蒸馏的研究[J]. 炼油技术与工程, 2005, (11): 51-56.

[5] 熊俊文, 吕翠英. 催化裂化分馏塔多目标遗传算法优化[J]. 计算机与应用化学, 2006, (05): 462-464.

[6] 王珊珊, 杜文莉, 陈旭, 等. 基于约束骨干粒子算法的化工过程动态多目标优化[J]. 华东理工大学学报(自然科学版), 2014, 40(04): 449-457.

[7] 邓毅, 江青茵, 曹志凯, 等. 改进的粒子群算法在化工过程优化中的应用[J]. 计算机与应用化学, 2011, 28(6): 745-748.

[8] 耿志强, 毕帅, 王尊, 等. 基于改进 NSGA-II 算法的乙烯裂解炉操作优化[J]. 化工学报, 2020, 71(03): 1088-1094.

[9] 白桦. 国际天然气市场五年回顾与展望[J]. 国际石油经济, 2021, 29(06): 71-77.

[10] 胡鞍钢. 中国实现 2030 年前碳达峰目标及主要途径[J]. 北京工业大学学报（社会科学版）, 2021, 21(03): 1-15.

[11] 马云, 张吉磊, 王新星, 等. 天然气甲基二乙醇胺法脱硫脱碳工艺过程模拟分析[J]. 化学工程, 2015, 43(04): 69-74.

[12] 王茹洁, 刘闪闪, 陈博, 等. MEA 活化 MDEA 工艺天然气选择性脱硫脱碳研究[J]. 天然气化工（C1 化学与化工）, 2019, 44(05): 45-49.

[13] 常学煜, 李玉星, 张盈盈, 等. 天然气脱酸工艺参数优化及节能研究[J]. 天然气化工（C1 化学与化工）, 2017, 42(03): 67-72+92.

[14] 刘卜玮, 林文胜. 制氢中变气活化 MDEA 法脱碳工艺流程模拟与优化[J]. 天然气化工（C1 化学与化工）, 2021, 46(04): 78-83.

[15] 王东风, 孟丽. 粒子群优化算法的性能分析和参数选择[J]. 自动化学报, 2016, 42(10): 1552-1561.

[16] JAVALOYES-ANTON J, RUIZ-FEMENIA R, CABALLERO J A. Rigorous design of complex distillation columns using process simulators and the particle swarm optimization algorithm[J]. Industrial & Engineering Chemistry Research, 2013, 52(44): 15621-15634.

[17] 杨泽军, 朱海山, 刘向东. 利用 HYSYS Automation 大幅提高工艺模拟效率的方法[J]. 计算机与应用化学, 2016, 33(07): 827-832.

[18] 郑雪枫, 王红, 林畅, 等. 基于 HYSYS 模型和遗传算法的天然气液化流程参数优化[J]. 化学工程, 2014, 42(07): 66-69.

[19] 李泳江, 姚宇光, 徐畅, 等. 往复活塞式压缩机实际功率的计算模型及能耗分析[J]. 油气田地面工程, 2017, 36(2): 18-20.

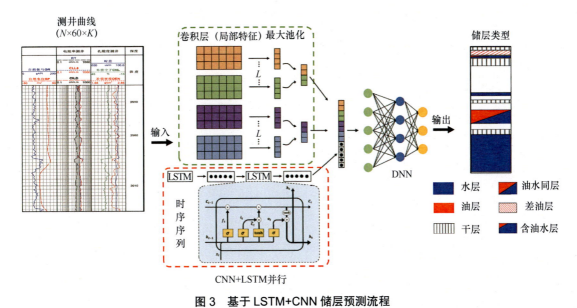

图 3 基于 LSTM+CNN 储层预测流程
Fig.3 Flow chart of reservoir prediction based on LSTM + CNN

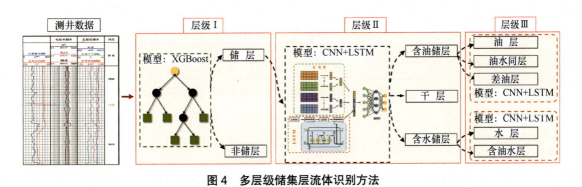

图 4 多层级储集层流体识别方法
Fig.4 Flow chart of multi-layer reservoir fluid identification method

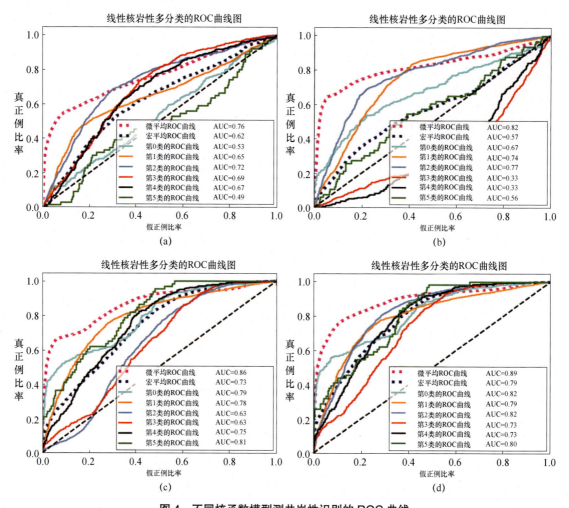

图 4 不同核函数模型测井岩性识别的 ROC 曲线
（a：线性核函数；b：多项式核函数；c：sigmoid 核函数；d：径向基核函数）
Fig.4 ROC curves for logging lithology identification of different kernel function models (a: linear kernel function; b: polynomial kernel function; c: sigmoid kernel function; d: radial basis kernel function)

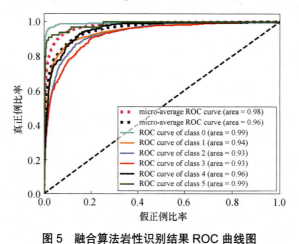

图 5 融合算法岩性识别结果 ROC 曲线图
Fig.5 ROC curve of lithology recognition results of fusion algorithm

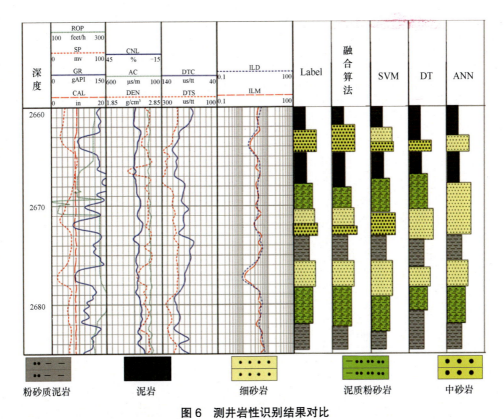

图 6 测井岩性识别结果对比

Fig.6 Comparison of logging lithology recognition results

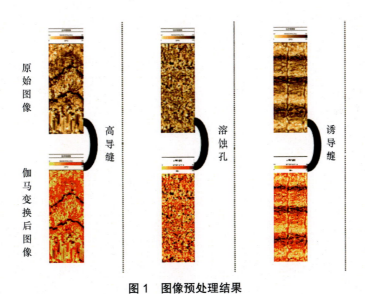

图 1 图像预处理结果

Fig.1 Image preprocessing results

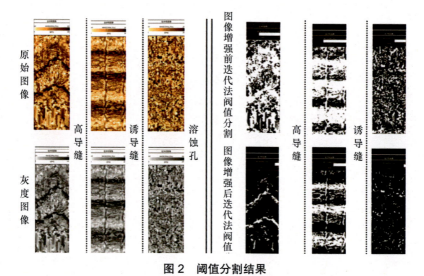

图 2 阈值分割结果
Fig.2 Threshold segmentation results

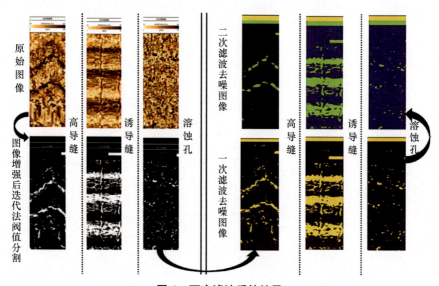

图 4 两次滤波后的结果
Fig.4 The results after two filtes

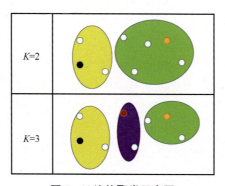

图 5 K 均值聚类示意图
Fig.5 K-means clustering diagram

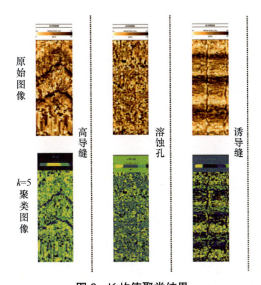

图6　K 均值聚类结果
Fig.6　K-means clustering results

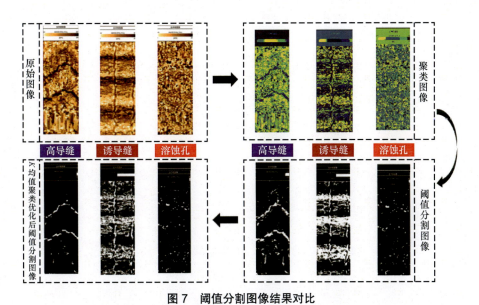

图7　阈值分割图像结果对比
Fig.7　Comparison of image threshold segmentation results

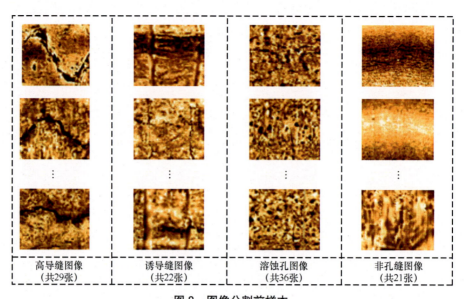

图 8 图像分割前样本

Fig.8 Sample before image segmentation

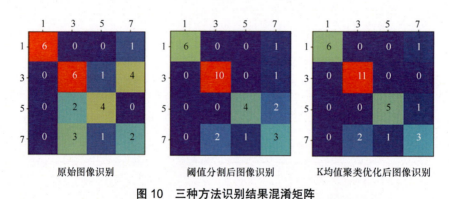

图 10 三种方法识别结果混淆矩阵

Fig.10 Three methods to identify the result confusion matrix

图 1 大牛地气田石盒子组－山西组不同岩性的岩心照片

Fig.1 Core photos of different lithology of Shihezi Formation Shanxi Formation in Daniudi gas field

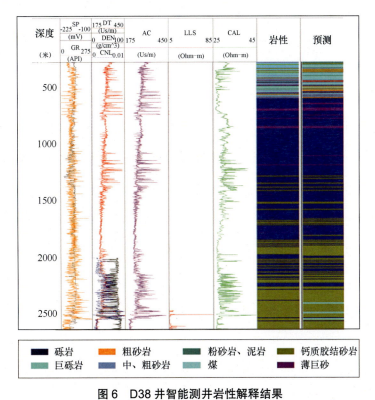

图 6　D38 井智能测井岩性解释结果
Fig.6　Intelligent lithology interpretation of well D38

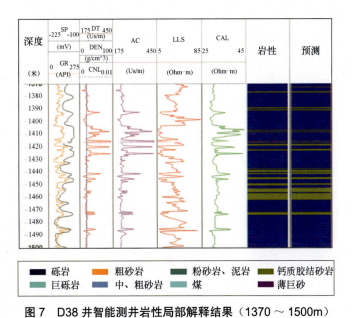

图 7　D38 井智能测井岩性局部解释结果（1370～1500m）
Fig.7　Intelligent lithology interpretation of well D38（1370～1500m）

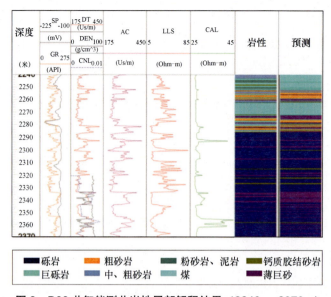

图8 D38井智能测井岩性局部解释结果（2240～2370m）
Fig.8 Intelligent lithology interpretation of well D38（2240～2370m）

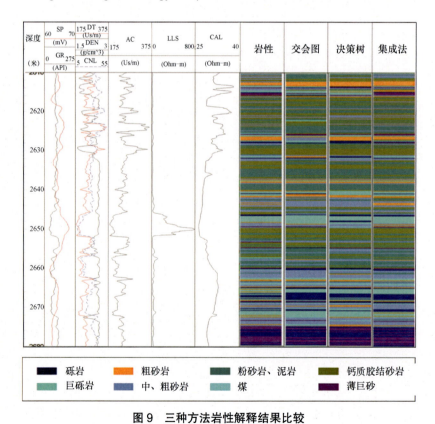

图9 三种方法岩性解释结果比较
Fig.9 Lithology interpretation results of three methods

 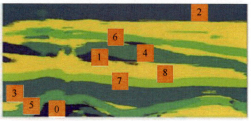

图 1 地震剖面及其地震相识别划分图

Fig.1 Seismic section and its seismic facies identification and division map

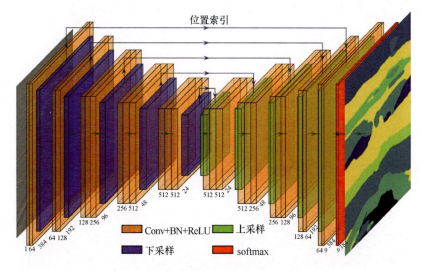

图 2 模型 1 结构示意图

Fig.2 Schematic diagram of model 1 structure

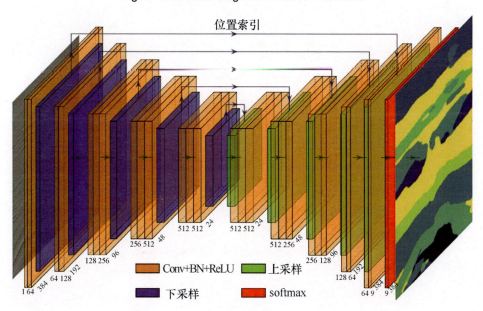

图 3 模型 2 结构示意图

Fig.3 Schematic diagram of model 2 structure

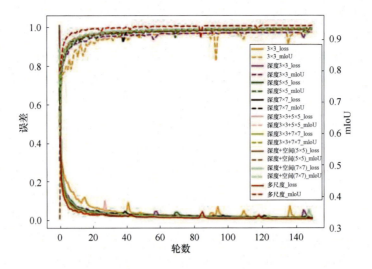

图 5　不同卷积核选取及其实验训练曲线图
Fig.5　Selection of different convolution kernels and experimental training curves

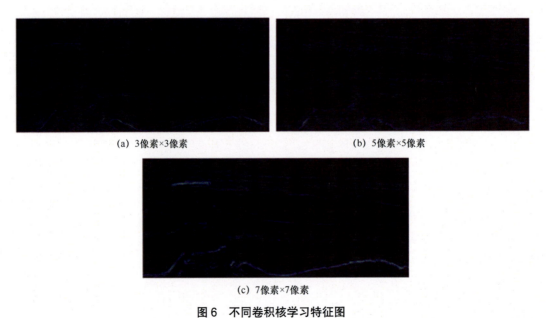

(a) 3像素×3像素　　　　(b) 5像素×5像素

(c) 7像素×7像素

图 6　不同卷积核学习特征图
Fig.6　Different convolution kernel learning feature maps

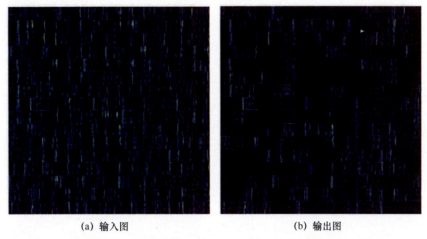

(a) 输入图　　　　　　　　　　(b) 输出图

图7　3像素×3像素空洞卷积核代替7像素×7像素卷积核学习特征图

Fig.7　3×3 Dilated Convolution instead of 7×7 convolution learning feature map

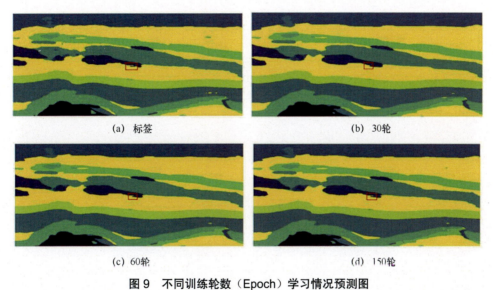

(a) 标签　　　　　　　　　　(b) 30轮

(c) 60轮　　　　　　　　　　(d) 150轮

图9　不同训练轮数（Epoch）学习情况预测图

Fig.9　The prediction diagram of the learning situation of different training rounds (Epoch)

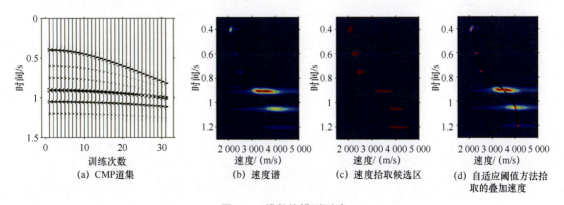

(a) CMP道集　　(b) 速度谱　　(c) 速度拾取候选区　　(d) 自适应阈值方法拾取的叠加速度

图1　一维数值模型测试

Fig.1　One dimensional numerical model test

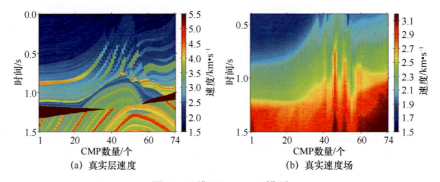

图 2  二维 Marmousi 模型
Fig.2  Two dimensional Marmousi model.

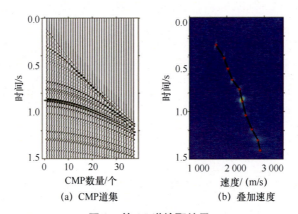

图 3  第 38 道拾取结果
Fig.3  Picking result of CMP 38

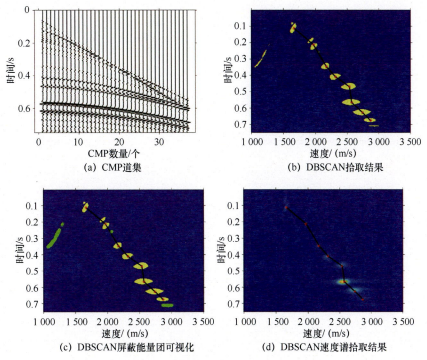

图 4 密度聚类算法噪声屏蔽特性测试
Fig.4 密度聚类算法 noise shielding test

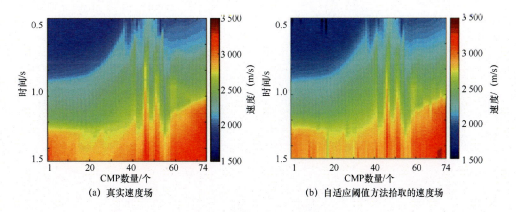

图 5 二维 Marmousi 模型测
Fig.5 Two dimensional Marmousi model test

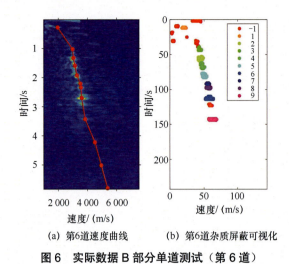

(a) 第6道速度曲线　　(b) 第6道杂质屏蔽可视化

**图 6　实际数据 B 部分单道测试（第 6 道）**
Fig.6　Visualization of impurity shielding for true data B

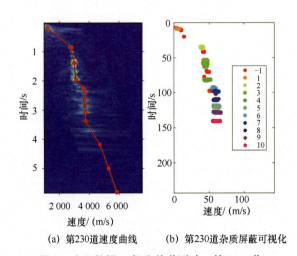

(a) 第230道速度曲线　　(b) 第230道杂质屏蔽可视化

**图 7　实际数据 B 部分单道测试（第 230 道）**
Fig.7　Visualization of impurity shielding for true data B

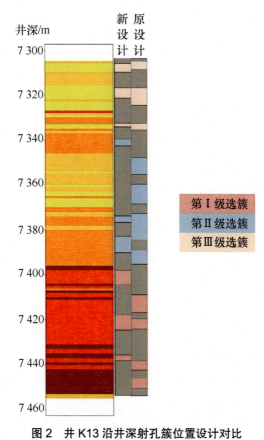

图 2　井 K13 沿井深射孔簇位置设计对比

Fig.2　Comparison of perforation cluster locations along the depth of well K13

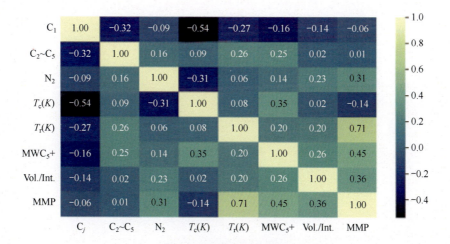

图 2　偏相关分析结果

Fig.2　Partial correlation analysis results

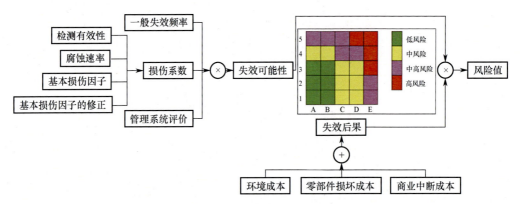

图1 储罐定量风险评价技术原理图
Fig.1 Schematic diagram of quantitative risk assessment technology for storage tanks

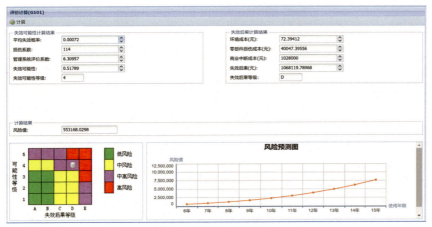

图2 评价计算截屏图
Fig.2 Screenshot of evaluation calculation

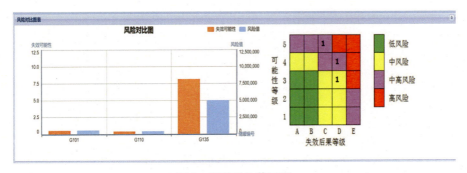

图3 风险对比截屏图
Fig.3 Screenshot of risk comparison